现代城市规划丛书

城镇密集区空间集约发展综合协调论
——以成渝地区为例

谭　敏　李和平　著

中国建筑工业出版社

图书在版编目（CIP）数据

城镇密集区空间集约发展综合协调论——以成渝地区为例/谭敏，李和平著．北京：中国建筑工业出版社，2012.10
（现代城市规划丛书）
ISBN 978-7-112-14683-3

Ⅰ．①城…　Ⅱ．①谭…②李…　Ⅲ．①城市空间—空间规划—研究—成都市②城市空间—空间规划—研究—重庆市　Ⅳ．①TU984.27

中国版本图书馆CIP数据核字（2012）第223079号

责任编辑：白玉美　率　琦
责任设计：张　虹
责任校对：陈晶晶　刘　钰

现代城市规划丛书
城镇密集区空间集约发展综合协调论
——以成渝地区为例
谭　敏　李和平　著
*
中国建筑工业出版社出版、发行（北京西郊百万庄）
各地新华书店、建筑书店经销
华鲁印联（北京）科贸有限公司制版
北京云浩印刷有限责任公司印刷
*
开本：787×1092毫米　1/16　印张：12½　字数：308千字
2013年3月第一版　2013年3月第一次印刷
定价：48.00元
ISBN 978-7-112-14683-3
（22756）

序

进入新世纪以来，“城市群”的崛起以及城乡一体化发展成为中国城市和区域空间发展的一个重要趋势。在国家“十一五”、“十二五”规划以及党的十七大报告等重要文件中，均将“城市群”作为一项重要的发展战略乃至于“推进城镇化的主体形态”。受此影响，近年来学术界也兴起了有关城市群、都市圈、大城市连绵区等系列研究。李和平、谭敏所著《城镇密集区空间集约发展综合协调论》，正是此背景下的产物。

作者以成渝地区为实证对象，以城镇密集区空间集约发展为目标和出发点，探索了城镇密集区空间集约发展的综合协调方法与对策，主要包括区域城镇协调发展、城镇空间有效拓展、生态空间有效保护和区域城乡空间统筹等四个方面的内容。论文基础工作扎实，资料丰富，内容相对系统、全面，有关对策建议对于推动成渝城镇密集区城乡空间协调发展具有重要借鉴意义。

本书的重要创新在于惯常的城市或用地“集约”思想拓展运用于城镇密集区的空间发展研究。作者认为区域层面上城镇密集区的空间发展目标具有经济有效、生态安全、社会认同、协调发展等多维内涵属性，从而提出在不同的空间层次上统筹运用协调的基本理念来解析空间目标体系内的复杂矛盾，以达到区域空间系统发展过程中经济、社会、生态综合效益的最大化，并将该方法称之为“综合协调论”。这对于从整体上认识城镇密集区空间集约发展问题具有重要价值。当然，有待进一步思考的问题是，由于不同空间尺度下城市和区域空间发展的基本属性和演化规律存在差异性，相对于一般地区而言，城镇密集区往往在有限的空间范围内，容纳了较多的人口、产业和城镇，其空间发展天然地具有“集约”特征（如书中列举成渝地区4大片区现状人均建设用地指标均低于全国平均水平）。那么，在区域的空间尺度下，针对城镇密集区这一特殊对象，倡导其空间集约发展的主旨内涵究竟是什么？成渝地区相对于其他城镇密集区的特殊性又体现在哪些方面？说明对此理论的研究尚有不够成熟的方面，需要今后深入和完善。

总的来看，本书的各项研究工作已取得一定的丰硕成果，值得广大读者认真研读和学习。是为序。

邹德慈

2012年2月26日

邹德慈，中国城市规划设计研究院学术顾问，中国工程院院士。

目　录

序
第1章　绪论 …… 1
1.1　研究背景 …… 1
1.1.1　城镇密集区在国家发展战略中日益突出的地位 …… 1
1.1.2　发展模式转型：我国城镇密集区发展亟待解决的问题 …… 2
1.2　国内外城镇密集区相关研究综述 …… 4
1.2.1　国外城镇密集区规划相关研究 …… 4
1.2.2　我国城镇密集区研究的现状 …… 6
1.2.3　对国内相关研究的简要评价 …… 11
1.3　研究意义、重点与框架 …… 12
1.3.1　研究意义 …… 12
1.3.2　研究重点 …… 13
1.3.3　研究框架 …… 14

第2章　困境与分析：成渝城镇密集区空间发展面临的主要问题 …… 15
2.1　成渝城镇密集区的范围及区域概况 …… 15
2.1.1　成渝城镇密集区的范围界定 …… 15
2.1.2　成渝城镇密集区的区域概况 …… 19
2.2　区域空间发展各自为政：有限的竞争型区域协调 …… 23
2.2.1　行政区划下的“诸侯经济”倾向 …… 23
2.2.2　竞争型区域协调：有限的区域协调手段 …… 24
2.2.3　成渝城镇密集区各自为政的空间发展倾向 …… 25
2.3　建设空间低效扩张：空间引导与控制机制失灵 …… 29
2.3.1　城镇化与工业化：城镇空间快速扩张的驱动力 …… 29
2.3.2　区域城镇空间集约利用的引导与控制机制失灵 …… 31
2.3.3　成渝城镇密集区建设空间低效扩张的现状 …… 33
2.4　生态环境问题突出：经济导向下的区域空间发展模式 …… 34
2.4.1　经济导向下区域空间发展对生态环境的漠视 …… 34
2.4.2　成渝城镇密集区突出的生态环境问题 …… 35
2.5　城乡二元结构突出：体制分割下的空间失衡 …… 39
2.5.1　城乡空间失衡背后的体制原因 …… 39
2.5.2　成渝城镇密集区相对突出的城乡二元空间结构 …… 40

第 3 章　城镇密集区空间集约发展的理论研究 …… 42
3.1　从经济效率到综合效益：城镇密集区空间集约发展的内涵 …… 42
3.1.1　“集约”概念的由来及相关研究综述 …… 42
3.1.2　多维性与层次性：城镇密集区空间集约发展的综合内涵 …… 45
3.1.3　从密集到集约：城镇密集区空间发展模式转型的必由之路 …… 47
3.2　城镇密集区空间集约发展的研究对象 …… 49
3.2.1　集约发展的空间要素：空间资源 …… 49
3.2.2　宏观层面：区域空间对象 …… 50
3.2.3　中观层面：城镇空间对象 …… 52
3.2.4　微观层面：建设空间对象 …… 52
3.3　城镇密集区空间集约发展的目标导向 …… 53
3.3.1　综合维度：区域空间的协调发展 …… 53
3.3.2　经济维度：城镇空间的紧凑拓展 …… 54
3.3.3　生态维度：生态空间的有效保护 …… 54
3.3.4　社会维度：人居空间的人文关怀 …… 55
3.4　综合协调：城镇密集区空间集约发展的方法论 …… 56
3.4.1　综合协调论的基本内涵 …… 56
3.4.2　综合协调的相关方法论 …… 58
3.4.3　综合协调论的基本原则与作用机理 …… 62
3.4.4　城镇密集区空间集约发展综合协调的路径 …… 65
3.5　小结 …… 67

第 4 章　竞争与合作：构建系统共生的区域城镇空间关系 …… 68
4.1　竞争与合作：城镇密集区城镇空间综合协调的核心关系 …… 68
4.1.1　城镇密集区城镇空间竞合关系形成的内涵 …… 68
4.1.2　成渝城镇密集区城镇空间“竞争大于合作”的不良倾向 …… 70
4.1.3　系统共生：区域城镇空间竞合关系综合协调的目标状态 …… 71
4.2　成渝区域城镇空间关系综合协调的对象分析 …… 74
4.2.1　区域城镇的职能结构 …… 74
4.2.2　区域城镇的规模结构 …… 75
4.2.3　区域城镇的空间结构 …… 77
4.2.4　区域城镇的支持系统 …… 78
4.3　成渝区域城镇空间关系综合协调的组织策略 …… 78
4.3.1　分工协作的区域城镇职能结构 …… 79
4.3.2　比例有序、体系均衡的区域城镇规模结构 …… 81
4.3.3　布局合理的区域城镇空间结构 …… 84
4.3.4　与城镇空间相耦合的支持系统 …… 87
4.4　成渝区域城镇空间关系综合协调的保障机制 …… 91

4.4.1 区域协调发展规划的理念创新 …… 91
4.4.2 区域城镇空间关系综合协调的机制创新 …… 94

第5章 集中与分散：引导紧凑的空间布局与建设模式 …… 98
5.1 集中与分散：城镇空间紧凑拓展综合协调的核心关系 …… 98
5.1.1 城镇空间集中与分散的理论释义 …… 98
5.1.2 城镇空间集中与分散的相关理论与实践 …… 99
5.1.3 适度集中：城镇空间紧凑拓展综合协调的目标状态 …… 101
5.2 成渝城镇空间紧凑拓展综合协调的对象分析 …… 102
5.2.1 城镇空间的用地布局 …… 103
5.2.2 城镇空间的密度分布 …… 106
5.2.3 建设空间拓展的不良倾向 …… 107
5.3 成渝城镇空间紧凑拓展综合协调的组织策略 …… 111
5.3.1 分散的集中化：城镇空间用地的紧凑布局 …… 111
5.3.2 疏密有致：城镇空间密度的紧凑分布 …… 115
5.3.3 典型建设空间紧凑开发的组织策略 …… 118
5.3.4 成渝城镇密集区城镇空间紧凑布局的理想模式探讨 …… 121
5.4 成渝城镇空间紧凑拓展综合协调的保障机制 …… 125
5.4.1 城镇空间紧凑布局综合协调的规划保障机制 …… 125
5.4.2 建设空间紧凑利用综合协调的导控机制 …… 127

第6章 空间拓展与生态保护：多层次生态化空间发展战略 …… 130
6.1 “人地关系”：生态空间有效保护综合协调的核心关系 …… 130
6.1.1 “人地关系”的生态学内涵 …… 130
6.1.2 协调“人地关系”的相关规划理论与实践 …… 131
6.1.3 人地和谐：生态空间有效保护综合协调的目标状态 …… 132
6.2 成渝生态空间有效保护综合协调的对象分析 …… 133
6.2.1 宏观层面：区域城镇空间与生态空间的“人地关系” …… 133
6.2.2 中观层面：城镇建设空间与非建设空间的“人地关系” …… 136
6.2.3 微观层面：建设空间的生态化建设方式 …… 138
6.3 成渝生态空间有效保护综合协调的组织策略 …… 139
6.3.1 宏观层面：规模适度、生态导向下的区域城镇空间分布 …… 139
6.3.2 中观层面：建立植根于自然环境的城镇空间结构 …… 142
6.3.3 微观层面：生态化空间设计的基本原则 …… 146
6.3.4 成渝城镇密集区生态区划下的区域城镇发展构想 …… 147
6.4 成渝生态空间有效保护综合协调的保障机制 …… 153
6.4.1 生态空间有效保护综合协调的规划保障机制 …… 153
6.4.2 生态空间有效保护综合协调的导控机制 …… 154

第 7 章　分离与融合：城镇密集区区域城乡空间统筹 …… 158
7.1　城乡关系：区域城乡空间统筹综合协调的核心关系 …… 158
7.1.1　城乡空间的概念界定 …… 158
7.1.2　城乡统筹发展的相关理论借鉴 …… 159
7.1.3　城乡空间融合：区域城乡空间统筹综合协调的目标状态 …… 161
7.2　成渝区域城乡空间统筹综合协调的对象分析 …… 163
7.2.1　城乡产业空间 …… 163
7.2.2　城乡住区空间 …… 164
7.3　成渝区域城乡空间统筹综合协调的组织策略 …… 165
7.3.1　城乡产业空间统筹的组织策略 …… 165
7.3.2　城市村庄：城乡住区空间统筹的组织策略 …… 168
7.3.3　三个集中：成都市城乡空间统筹协调的发展模式 …… 171
7.4　成渝区域城乡空间统筹综合协调的保障机制 …… 176
7.4.1　全域规划：区域空间城乡统筹综合协调的规划保障 …… 176
7.4.2　土地有序流转：区域城乡空间统筹综合协调的制度保障 …… 178

第 8 章　结语 …… 182
图表索引 …… 184
参考文献 …… 188

第1章 绪 论

1.1 研究背景

1.1.1 城镇密集区在国家发展战略中日益突出的地位

自20世纪80年代以来，我国的城市进入了快速发展的30年，取得了举世瞩目的成绩。中国的城市随着改革开放的扩大，开始逐渐成为国际网络经济的重要战略节点。与此相联系，产业布局、人口等生产要素开始在地理空间上发生巨变，城市之间的人才交流、资源交流、货物交流、信息交流、技术交流等日益密切和频繁，先是依托某些城市大规模聚集，之后又有规律地向周边地区扩散，并形成连续的、更大范围的空间集中，最终在我国版图上形成了若干个连绵网络状的城镇密集区。与发达国家相比，我国的城镇密集区虽然形成时间较晚，但成长迅速。进入21世纪以来，我国城镇密集区进入了快速成长期，区域城市发展的集群化趋势日益明显，已成为全国和区域人口、经济、城镇集聚的重点地区。

从规模大小和影响范围来看，我国城镇密集区的发展可以划分为全国性、区域性、地区性三个不同层次。长江三角洲、珠江三角洲和京津唐等城镇密集区，城镇、人口和经济的集聚规模大，是具有全国性影响的大型城镇密集区。这三大城镇密集区占全国的面积不到2%，但2008年的国内生产总值占全国的37.7%，社会消费品零售总额和全社会固定资产投资总额分别占全国的30.3%和31.5%，出口总额和实际利用外资额占全国的72.4%和68.4%（表1.1）。它们是引领中国现代化建设的三大引擎。辽中南、山东半岛、闽东南、中原、江汉平原、成渝、湘中、关中等城镇密集区，均是具有区域性影响的城镇密集区。这些城镇密集区的经济总量、人口和城镇数量在各所在省份占有相当大的比重，属于各省的经济核心区，同时也是所在经济大区最具综合竞争优势的地区，在区域发展中发挥重要的带动作用。此外，在不少省区内部还存在着一些以中小城市（镇）为主体的、规模较小、具有地方性影响的城镇密集区。从发育程度看，长江三角洲、珠江三角洲和京津唐地区整体发展水平高，发育比较成熟，而其他城市密集地区也正处于快速发展阶段。

从空间发展状况来看，东部沿海地带城镇密集区数量多、规模大，已经形成长江三角洲、珠江三角洲、京津唐、辽东南、山东半岛、闽东南等6个大型城镇密集区，整体发展水平高；中部地带分布有中原、江汉平原、湘中等城镇密集区，整体规模较大，发展水平较高；西部地带分布有成渝、关中等城镇密集区，整体规模和发展水平略逊于中部地区。这些城镇密集区均为东、中、西部的发展核心，呈强势发展状态。

2008年三大城镇密集区经济发展状况 表1.1

名称	GDP（亿元）	社会消费品零售总额（亿元）	社会固定资产投资（亿元）	出口额（亿元）	实际利用外资（亿美元）
长江三角洲	47600	13140	21730	3374	414
珠江三角洲	23400	7900	7800	3200	176
京津唐地区	20000	7300	9520	900	128
合计	91000	28340	39050	7474	718
占全国比重	37.71%	30.35%	31.49%	72.39%	68.41%

资料来源：《京津冀、长江和珠江三角洲统计年鉴2009》。

从经济发展态势来看，我国城镇密集区正处于快速成长阶段，经济持续快速发展，集聚效应不断增强。据中国工程院“大城市连绵区”课题研究的相关数据显示，长江三角洲、珠江三角洲和京津唐地区，2003～2007年四年间经济总量就增长了83.5%，远高于全国53.0%的平均增长水平；2005～2007年对全国经济增长的贡献率分别达到47.2%、50.2%、49.5%；经济总量在全国所占比重平均每年提高1.55个百分点，由2003年的31.5%，提高到2007年的37.7%。全国九大城镇密集区（长江三角洲、珠江三角洲、京津唐、辽中南、山东半岛、闽东南、中原、江汉平原、成渝）辖区面积仅占全国的5.5%，但集中了全国27%的人口，创造了超过全国60%的国内生产总值。特别是沿海六大城镇密集区，以3.8%的国土面积，集中了全国20%的人口，创造了超过全国50%的国内生产总值。

随着城镇密集区的成长壮大，我国经济将越来越偏重于各个城镇密集区，特别是沿海城镇密集区。在政府的引导和市场化的推动下，以城镇密集区为主导，推进全国区域经济整合，已成为大势所趋。

1.1.2 发展模式转型：我国城镇密集区发展亟待解决的问题

在我国城镇密集区快速发展的同时，存在的问题与发展取得的成果一样突出。区域协调、生态环境、资源瓶颈、社会公平等一系列问题伴随着城镇密集区的高速发展越来越突出。

据中国工程院“大城市连绵区”课题研究组对我国主要城镇密集区发展状况的比较分析来看，随着经济与人口的聚集发展，区域内生态环境系统退化、严重的污染问题、水资源和矿产资源的短缺、土地空间资源浪费等问题已经成为我国城镇密集区发展面临的共同问题（表1.2）。其中，高速城镇化与工业化过程中城镇空间的无序、低效扩张，成为造成我国城镇密集区面临一系列问题的重要因素之一。转变空间的发展模式，选择更集约、对区域生态环境影响更小的区域空间发展方式，是解决目前城镇密集区发展过程中主要矛盾，实现区域空间可持续发展的重要前提，也是摆在我国相关专业领域内亟待研究和解决的重要课题。

我国主要城镇密集区发展状况对比分析　　表 1.2

城镇密集区		人口密度	空间特征	动力机制	发展面临的问题
东部地区	长江三角洲（都市连绵区）	730 人/平方公里	城镇空间密集度极大，城市分布均匀，城镇空间分布呈Z形	区域制造业、市场发展迅速，外资、民资目前相互促进区域城镇建设发展	土地、水资源紧缺是长三角地区发展的突出问题，城镇建设用地需求与耕地保护之间的矛盾突出。环境污染问题较为严重，河流湖泊以及近海地区水环境质量不容乐观；部分地区由于工业快速发展造成大气污染、噪声污染和固体废弃物污染现象突出；城镇地区地面沉降现象时有发生
	珠江三角洲（都市连绵区）	770 人/平方公里	区内城镇密度接近每万平方公里 100 个。形成倒“V”字形城镇发展结构	凭借靠近港澳的区位优势，充分利用国际资本和技术，发展壮大了制造业，促进城镇发展	由于近十几年来的城市化、工业化的高速增长，对自然生态环境的负面影响十分突出，具体表现为耕地数量减少，原有基础生态系统退化严重；森林面积少，生态效益低；水、大气和固体废弃物污染加重，部分地区环境质量下降明显等
	环渤海地区（都市连绵区）	500 人/平方公里	北京至天津到滨海新城的连绵发展主轴已经确立。地区城镇密度相对较高，经济发达	受北京首都政治优势发展壮大，天津一系列的金融、机场港口的部署工作确立地区作为我国北方发展极核地位	由于地下水过度开采造成地面大量沉降，对城镇建设造成较为严重的负面影响；地下水已经受到不同程度的污染，对城乡居民健康造成危害；近年来大都市区的环境质量下降，大气粉尘、近郊垃圾污染现象时有发生
东部地区	山东半岛城镇密集区	330 人/平方公里	我国省域层面上覆盖最广的城镇密集区，形成“T”形城镇空间结构	受日、韩辐射影响，得益于农业产业化的进程和依托现代制造业为主的工业发展	水资源短缺，供需矛盾突出，部分城镇地下水超采严重；水环境质量不容乐观；沿海地区地质灾害频发，主要有海（咸）水入侵、地面塌陷、土壤盐渍化等灾害
	海峡西岸城镇密集区	480 人/平方公里	主要城镇位于福建省南北两端，连同若干中小城市形成“哑铃状”城镇结构	海峡西岸城镇密集区的迅速崛起得力于台资和产业的大量涌入	随着近年来工业快速发展，生态环境矛盾日益突出，主要表现在：耕地资源持续减少、土壤侵蚀加剧，地力衰退、土壤污染程度高等方面
	辽中南城镇密集区	270 人/平方公里	覆盖辽宁省的一半左右，依托沈阳、大连形成“V”字形结构	得力于区内资源的开发和国家持续的资金、技术、政策的支持	矿产、淡水、森林、耕地资源逐渐消耗，城市的可持续发展受到严重挑战；环境污染问题突出，大气、河流、农田污染和生态恶化、土地退化严重；沿海城镇水资源普遍缺乏，给发展建设带来极大负面影响
中部地区	郑州城镇密集区	780 人/平方公里	主要的城镇沿着京广铁路和黄河两岸布局，呈“十字”结构	地处我国北方地区的中心交通枢纽，交通因素是区域发展的首要因素	工业污染相当严重，废水、废气、粉尘、固体废物污染现象突出，对城镇发展影响十分明显；水环境污染普遍，部分河段污染仍十分严重，造成大部分城镇出现水质性缺水；部分城市环境问题相当突出，城镇功能布局混乱
	长株潭城镇密集区	340 人/平方公里	主要城市沿京广铁路、湘江沿线南北分布	城镇的发展主要受区域交通布局影响较大，产业门类偏向重工业	人口密度大，人地矛盾突出；水土流失较为严重，水土流失面积达 5858.3 平方公里，占区域总面积的 20.75%；工业三废排放量大，农用化肥农药及城市生活垃圾等造成土地污染严重
	江汉平原城镇密集区	380 人/平方公里	沿交通轴线的城镇分布相对集中。首位城市发展突出，中小城市数量众多	位于我国的陆路水路交通中心区位地区，凭借农业资源和传统工业部门促进城市经济发展	洪水内涝问题突出，城镇防洪形势严峻；区内存在斑点状不均匀沉陷、塌陷等地质灾害，这些沉陷现象多分布在一级阶地的沿江高河漫滩，对沿江城镇发展造成负面影响；城镇周边湖泊湿地众多，但近年来湖泊面积缩小，环境质量下降，也给城镇发展带来间接影响

续表

城镇密集区		人口密度	空间特征	动力机制	发展面临的问题
西部地区	成渝城镇密集区	500 人/平方公里	分为成都平原、重庆和川东南、川东北四个地区，成都、重庆核心城市地位突出，中等城市数量较多	三线工程为成渝城镇的发展奠定了基础，区内拥有丰富的矿产资源，依托资源开发逐步建设了若干中等城市	川东地区和重庆市由于地表径流极不均匀，旱灾、涝灾频繁，对城镇发展建设影响较大；资源的粗放利用，以及粗放加工，对区内的环境压力逐步加重，更影响到长江中下游的生态环境安全；区域城镇发展不均衡，竞争大于合作
	西安城镇密集区	400 人/平方公里	地区城镇密度较大但中小城市发展相对滞后。城镇布局较为松散，呈东西狭长分布	依托区内的农业资源、矿产资源发展，新中国成立后的前 30 年里国家对于三线工程的投入促进了大中城市发展	城镇水资源极为紧张，大量的生活和生产用水需求将成为关中未来发展的重要制约因素；农业与城镇建设用地的矛盾也较为突出，土地资源利用不充分，生产效率较低；渭河污染严重，对沿途城镇发展的影响十分突出

资料来源：根据《我国大城市连绵区国内案例研究》相关资料整理。参见：中国工程院．我国大城市连绵区国内案例研究［R］．2007。

1.2 国内外城镇密集区相关研究综述

1.2.1 国外城镇密集区规划相关研究

国外特别是西方发达国家的城市化和城镇发展已经相对成熟稳定，本书将西方国家具有典型意义的城镇群规划、大都市地区规划等视做城镇密集区规划类型。

1. 国外区域规划理论研究

总结分析国外区域规划理论研究的情况，可以将有影响的理论体系分为两大类：

1）有关区域发展和区域空间结构的理论。如劳动地域分工论、区位论、中心地理论、增长极理论、核心—边缘理论、圈层结构理论、生产综合体理论、区域发展阶段理论等。现代城市—区域空间结构模式主要有迪金森（Dikinson）的三地带模式、塔弗（Taafe）的理想城市模式、穆勒（Muller）的大都市结构模式和洛斯乌姆（Russwurm）的区域城市结构模式。其中洛斯乌姆的区域城市结构模式反映了城市与其邻近腹地构成的空间结构关系，他将区域城市空间结构描述为城市核心区（CoreBuilt-up Area）—城市边缘区（Urban-Fringe）—城市影响区（Urban Shadow）—乡村腹地（Rural Hinterland）。穆勒提出的大都市结构模式则由衰落的中心城市（Declining Central City）—内郊区（Inner Suburb）—外郊区（Outer Suburb）—城市边缘区（Urban Fringe）四部分构成，在郊区正在形成若干个小城市，依据各自的自然环境、区域交通网络、经济活动的区域内部化，形成各自特定的城市地域，再由这些特定的城市地域组合成“大都市地区”（Metropolitan Area）。上述理论被广泛应用于城镇密集区的发展战略研究、空间结构分析、城镇体系研究等多方面，并在很多国家得到进一步延伸和发展。

2）从发展面临的问题出发研究区域空间规划的理论。主要学术思想包括：霍华德的田园城市理论、苏格兰学者格迪斯的集合城市理论、伊利尔·沙里宁（E. Saarnen）的有机疏散理论、斯坦因（Clarence Stein）的区域城市理论、法国地理学家戈特曼的大都市带理论、波兰科学院院士萨伦巴（Zaremba）的整体规划理论。其中，格迪斯在19世纪末预见性地提出了城市扩散到更大范围内而集聚、连绵形成新的群体形态，首创了区域规划综合研究，并就城镇密集区研究的方法论进行了探讨。为解决城镇密集区面临的城镇空间无序扩张问题，沙里宁于1918年将有机疏散理论模式进一步延展：一是以解决城市蔓延为目标，规划楔形绿带来分割建成区，有计划地疏散城市人口，改善城市环境；二是通过在大城市中心城区外围建设各类卫星城镇，以起到疏散中心区人口、经济活动和环境压力的作用，或对涌到城市中心区的人口和经济活动起到"截流"的作用；三是规划规模相近的城镇单元组成城镇组团，以取代大城市，各城镇组团之间通过快速交通系统联系起来，形成相互联系的有机整体。斯坦因提出以"区域城市"（Regional City）来取代大都市（Metropolis），强调区域城市体系是一个开放的系统，应打破行政边界，从城市与区域的角度来规划建设城市。芒福德（L. Mumford）提倡"区域整合论"（Regional Integration），主张大中小城市相结合，城市与乡村相结合，人工环境与自然环境相结合，通过整体化的、清晰的、高速的区域交通体系的联系，最终形成网络化的空间结构体系。波兰科学院院士萨伦巴教授提出整体规划理论，包括四个方面：不同层次的地域空间的结合、功能上的结合、地域规划与部门规划之间的结合、时间上的结合。20世纪后期，可持续发展理论的出现，对区域规划的原则和指导思想产生了重要影响。其后，一些新的理论思想和精明增长理论、紧凑理论等，也被广泛运用于城镇密集区的规划研究与实践中。

2. 国外城镇密集区空间规划实证研究

早期的区域规划是工业革命以后为了解决工业发展、城市扩大而引起的一系列社会经济问题而产生的。初期的规划一是着重于工业集聚和城市规模扩大后，对各类空间和设施的区域性协调和对城市周边区域空间的整体规划；二是普遍关注城市化和工业化加快发展之后的城乡空间关系协调、地区空间发展关系平衡等问题。19世纪末期德国编制的《首都柏林扩展规划》，具备了城镇密集区规划的雏形。20世纪20年代，德国编制了鲁尔区区域居民点总体规划，美国编制了纽约的城市区域规划。1933年，国际现代建筑协会提出的《雅典宪章》以"城市规划大纲"的形式，明确规定城市要与其周围影响地区作为一个空间整体来研究，要与城市规划工作结合起来。第二次世界大战后，城镇密集区规划的重点是以重建城市和经济发展为目标，在资源开发的基础上，实现新的生产力空间布局，如法国巴黎、波兰华沙、德国汉堡等许多大城市地区都先后开展区域规划。20世纪60年代，由于工业迅速发展和城市化进程加快，发达国家内部经济发展不平衡加剧了城市和区域的社会矛盾，以法国、联邦德国为代表，城镇密集区规划的目标转向"加快落后地区发展、消除或减少区域差异、促进区域空间共同发展"。

早期的城镇密集区规划受格迪斯集合城市、斯坦因区域城市等理论的影响较大，主要立足于解决工业化过程中城市经济快速扩张后区域空间功能的协调、平衡发展问题。20世纪70年代起至80年代，人口、资源、环境矛盾的日益尖锐引起了各国的普遍关注，"可持续发展、为居民创造良好的就业和居住环境"成为新时期城镇密集区规划的主流，以城镇密集区规划为代表的区域规划进入了一个新的发展阶段。进入20世纪90年代，经济全球化带来的城市与区域发展国际竞争的加剧，大都市区、都市圈、城市群等成为参与全球竞争的基本空间单元。在世界范围内兴起了新一轮城镇密集区规划的高潮。这一时期的城镇密集区规划旨在通过区域空间整体协调来实现城市与区域空间的有序整合发展，进而促进城市、区域、国家竞争力的提升。世纪之交完成的大巴黎空间发展规划、大伦敦规划、第三次纽约区域规划和大多伦多、大温哥华等大都市地区的空间协调发展规划等，都着重以提升城市的国际竞争力为目标来重组这些特大城市区域的空间体系。

3. 国外城镇密集区规划研究的简要评价

1）规划研究具有鲜明的阶段性和针对性。国外城镇密集区规划的理论和实证研究的历程，具有鲜明的阶段性特征，每个阶段的规划研究均立足于解决自身关注的焦点问题，与区域经济社会发展的主要问题和目标紧密联系。早期的城镇密集区规划主要解决工业化引发的经济社会问题，第二次世界大战后的规划以地区重建为目标，20 世纪 60 年代的规划着重促进区域平衡发展，70 年代后可持续发展成为规划的主题，90 年代后全球化带来的区域竞争力成为规划关注的焦点；当前的城镇密集区规划则更加体现对经济增长的支撑和关注社会公平。

2）规划立足于空间，解决综合性问题的属性不断增强。城镇密集区规划在全球化时代成为区域应对外界激烈竞争的重要手段，具有超越空间形态规划以外的广泛内涵。随着区域经济社会发展阶段的变迁，规划的任务和使命也在从单纯的物质空间形态规划向以空间为物质载体的经济社会综合发展领域延伸。除了空间规划既有的对空间资源配置的引导和调控作用，城镇密集区规划逐渐更为关注区域和城市空间发展过程中的经济、社会、环境问题，成为提升整个区域在国际国内综合竞争力的一种手段和途径，具有更多的综合性特点。

3）规划的公共政策与法制化属性不断增强。在西方国家不断的空间规划实践过程中，城镇密集区规划逐渐具有较强的公共政策属性，规划的编制和管理基本实现制度化。空间规划已经被视为国家干预经济社会发展的一种重要的政策手段和机制，城镇密集区规划的制定和实施成为广泛的区域政策的组成部分，规划注重对人口、环境、土地利用、基础设施等重要问题的引导和管理，重视城镇、乡村等个体利益和国家（区域）利益在空间上的相互协调，突出体现了公共政策的属性。为了更好地实现规划目标，规划的编制和管理已经形成了相对成熟的有效机制，国家、地方（城市）政府、官方和民间机构、市民等在规划中的责任和利益十分清晰，以法律或制度的形式得到保障，确立了规划作为一种重要的公共政策的法定地位。

1.2.2 我国城镇密集区研究的现状

国内关于城镇密集区的研究伴随着改革开放后城市及城市群的迅猛发展而逐渐繁荣，主要集中于 20 世纪 90 年代左右至今的 20 多年间。在借鉴国外经验的基础上，众多地理学、社会学、经济学及城市规划学领域的学者对城镇密集区作了广泛的研究，成果可归为基础概念研究、理论方法研究和实证研究三个方面。

1. 基础概念研究

由于翻译用语、使用目的和学科视角的不同，我国学者在不同时期、不同类型的学术研究和规划实践中使用了大量与城镇密集区相关的概念，其中主要概念包括：（大）都市区、城市群、大都市带、都市连绵（区）带、城市经济区等。

1988 年，周一星在分析中国城市概念和城镇人口统计口径时，借鉴西方城市不同尺度空间单元体系，较早提出了市中心—旧城区—建成区—近市区—市区—城市经济统计区—都市连绵区这样一套中国城市的地域概念体系。其后，周一星将其发展成比较完整的中国城市空间单元体系，其中与功能地域概念—都市区相对应的为城市经济统计区（Urban Economic Statistical Areas，UESA），与 Megalopolis 相对应的中国概念是都市连绵区（Metroplitan Interlocking Region，MIR）。

顾朝林（1991）[1] 指出，国外有关城市经济区的表述概括起来主要有三种：第一，以中心城市辐射范围为依据，称“城市经济圈”；第二，从各城市地区的相互关系出发，称“城市经济共同体”；第三，从生产力布局出发，称“城市地域生产综合体”。城市经济区不是一种经济类型或部门经济区，而是一种为协调城市经济及其周围地区经济发展，更好地发挥中心城市作用，为整个国民经济发展战略部署提供科学依据服务的区域。

1992 年，姚士谋等出版了《中国的城市群》一书（2001 年第二版），提出了城市群（Urban Agglomeration）的概念：在特定的地域范围内具有相当数量的不同性质、类型和等级规模的城市，依托一定的自然环境条件。以一个或两个特大或大城市作为地区经济的核心，借助于综合运输网的通达性，发生与发展着城市个体之间的内在联系，共同构成一个相对完整的城市“集合体”。

1995 年，孙一飞在《城镇密集区的界定——以江苏省为例》一文中给出了城镇密集区的定义：在一定地域范围内，以多个大中城市为核心，城镇之间及城镇与区域之间发生着密切联系，城镇化水平较高，城镇空间密集分布的连续地域。城镇密集区从其本质含义上看，不仅存在着城镇间的紧密联系，而且城乡之间也发生着强烈的相互作用。这种联系不仅体现在经济方面，并且反映到社会、历史及文化等诸多侧面。而且，这些联系具有紧密性、高强度等特征。文中指出，城镇密集区是社会、经济及城镇发展到一定阶段的产物。它反映了随社会经济发展，城镇空间不断扩展，影响范围日渐扩大，城镇之间及城镇与区域之间联系逐步加强，城乡社会经济文化等一体化的趋势，是城镇区域化和区域城镇化两种过程相互作用的结果。

2001 年，邹军等在《城镇体系空间规划再认识——以江苏为例》一文中提出江苏省的都市圈界定标准为：中心城市（城市区域）人口规模在 100 万人以上，且邻近有 50 万人以上城市；中心城市（城市区域）GDP 中心度＞45％；中心城市（城市区域）具有跨越省际的城市功能；外围地区到中心城市（城市区域）的通勤率不小于其本身人口的 15％。其后，在其出版的《都市圈规划》一书中，将“都市圈”定义为：以一个或多个中心城市为核心，以发达的联系通道为依托，核心城市吸引辐射周边城市与区域，并促进城市之间的有机联系与协作分工，形成具有区域一体化发展倾向、并可实施有效管理的城镇空间组织体系，其英文可译为 Metropolitan Coordinating Region，简称 MCR。

2000 年后，城镇密集区相关研究逐渐成为学界关注的热点，特别是伴随着沿海一些重要城镇密集区实证项目研究的开展，提出了更多的概念：2000 年，周玲强在《长江三角洲国际性城市群发展战略研究》一文中提出国际性城市群的概念。2002 年，吴志强提出全球城盟（Global-Region）的概念，他认为针对广州城市的发展，应该以 Global-Region 的概念来研究和规划珠江三角洲。2003 年，周干峙在《高密集连绵网络状大都市地

---

[1] 顾朝林．城市经济区理论与应用［M］．吉林科学技术出版社，1991。

区的新形态—珠江三角洲地区城市化的结构》一文中提出“高密集连绵网络状大都市地区”的概念，用以描述城市化不仅促使大、中、小城市和建制镇都有增长，而且反映在城镇布局结构上产生的一些新形态中。

2. 理论与方法研究

对于城镇密集区的理论与方法，国内不同学者分别在各自不同的领域进行了研究，可以概括为研究城镇密集区自身规律、研究引导控制城镇密集区发展的规划理论和规划方法三个主要方面。

1）城镇密集区发展和演化机制研究。关于城镇密集区发展和演化机制的研究，国内学者较多使用空间扩散学说阐述城市群体空间发展机理（孙臃社，1994；顾朝林 2000）。张京祥（2000）从区域层面对城镇群体空间的演化进行了深入分析，认为城镇群体空间演化的基本机理是空间自组织和他组织两者相互作用的过程，构筑了从城镇组织体系、城乡关联体系、网络联通体系、空间配置体系等四个方面组成的城镇群体空间运行系统。刘荣增（2003）首次把生态学中共生理论引入城镇密集区研究中，提出了城镇密集区发展阶段的理论，构建了城镇密集区发展阶段判定的指标体系。李浩（2008）将生物群落的产生与演化规律引入城镇密集区的研究中，提出了城镇群落的基本概念，并对城镇群落的自然演化规律进行了研究。

2）城镇密集区规划理论研究。城镇密集区研究作为区域规划研究的一个重要内容，伴随着我国区域规划研究工作的开展而逐渐繁荣。我国过去的区域规划，备受苏联生产布局理论的约束。随着改革开放政策的实施，西方规划理论逐渐被引入，区域规划的研究主要基于国外区域发展、区域经济、城市地理、经济地理等方面的研究成果。区位论、中心地理论、梯度发展理论、增长极理论、聚集理论、空间结构理论等被运用到区域规划的实践，且丰富和发展了点—轴开发模式、圈层开发理论等。城镇体系规划是区域规划的一种重要类型，在我国具有特殊的地位，各类研究成果非常丰富。20 世纪 80 年代初，南京大学提出了城镇体系规划的“三结构—网络”体系，即城镇体系规划的等级规模结构、职能组合结构、地域空间结构和网络系统结构，成为中国城镇体系规划的主导理论。进入 20 世纪 90 年代后期，城镇体系规划的研究得到了进一步延伸。针对新的社会经济背景，特别是全球化和世界城市体系的建立对中国城镇发展的影响，顾朝林（1997）、周一星（1997）、崔功豪（1999）、林炳耀（1997）、胡序威（2000）、邹军（2001，2004）等对完善城镇体系规划理论与方法提出了自己的观点。

3）城镇密集区规划方法研究。近年来，国内学者非常关注新时期区域规划编制内容和方法的改革。崔功豪（2000），张京祥、吴启焰（2003），王兴平、易虹（2004），胡序威（2006）等先后从不同的研究角度和深度对新时期中国区域规划的问题、发展态势、规划理念与内容的改革和完善等进行了研究，提出了有关中国区域规划改革和发展完善的建议，为区域规划内容和方法的系统研究奠定了很好的学术基础。崔功豪、王兴平（2006）等在借鉴当前国外新的规划理念的基础上，对新时期传统规划理论如区位理论、增长极理论的发展和新理论的应用等提出了较为系统的观点，并提出新国际劳动分工理论、竞争力与产业集群理论、共生理论、新增长理论、新经济地理学“集聚”理论、地区现代化理论、城乡融合设计理论、城市与区域管治理论等新时期中国区域规划可资借鉴的理论，并对区域规划的新类型、内容和方法改革进行了较为系统的阐述。单锦炎（2002）从措施的角度探讨了城镇密集区的城镇群规划问题；一些学者针对城镇密集区发展过程中出现的土地过度开发、环境污染严重、基础设施重复建设等，提出了中国区域空间管治的规划理念（林涛，1999；张京祥，1999）；吴良镛（2003）对大北京地区（京津冀）城乡空间发展进行了研究，提出了城市地区理论等。

3. 城镇密集区规划实证研究

我国城镇密集区发展的实证研究主要集中在沿海地区。如许学强、郑天祥、阎小培等对珠江三角洲城市群发展进行了比较系统的研究；曾尊固（1991）、张尚武（1999）、宁越敏等（1998）、顾朝林（2000）、齐康（2000）等分别对长江三角洲城镇密集区的形成和发展、空间形态等方面进行了研究；胡序威和吴良镛分别主持了众多学者参与的“沿海城镇密集经济、人口集聚与扩散的机制与调控研究”（1997）和“发达地区城市化进程中建筑环境的保护与发展”研究项目（1997），分别对沿海城镇密集区、经济发达地区的形成演化机制以及发展过程中出现的环境问题进行了深入分析。

1995年，广东省开展了“珠江三角洲城市群规划”。以城市群为重点对珠江三角州的区域经济和空间发展进行整体规划，首次将“大都市区”的概念引入城市群规划中，提出都会区、市镇密集区、开敞区和生态敏感区，开创了城市群跨境空间协调规划的新理念。其后，针对日益尖锐的区域性问题，从沿海到内地，很多省区开展了各种类型的城镇密集区规划，城镇密集区规划开始作为我国区域性规划体系的一种重要类型，在国内许多地区开展（表1.3）。例如，江苏省制定了南京、徐州、苏锡常3个都市圈规划；吴良镛先生主持了京津冀——大北京地区城乡空间发展规划研究；浙江省制定了环杭州湾地区城市群空间发展战略规划；山东省制定了山东半岛城市群总体规划；河南、湖北、湖南等中部省份，也相继以郑州、武汉、长株潭等中心城市为核心编制城镇密集地区发展的整体协调规划。2004年，广东省和建设部联合完成了新一轮珠三角城市群协调发展规划的修编工作。随着“十二五”规划的开展，国家发改委正组织编制成渝城镇密集区区域规划，2009年底，由国家发改委牵头，会同住房和城乡建设部、四川省、重庆市共同开展了成渝经济区规划的编制工作。

我国近年来有关“城镇密集区规划”部分项目一览表 **表1.3**

项目名称	规划（研究）范围	组织机构	编制时间
珠江三角洲经济区城市群规划	珠江三角洲经济区范围，共25市3县，约4.16万平方公里	广东省委、广东省政府	1994～1995年
辽宁中部城市密集区专题规划	沈阳、鞍山、抚顺、本溪、辽阳、铁岭六市的市域，约5.9万平方公里	辽宁省建设厅、六市政府	1999～2000年
长株潭城市密集区规划	长沙、株洲、湘潭三市，约2.8万平方公里	湖南省发展和改革委员会	2002～2005年
山东半岛城镇密集区总体规划	济南、青岛、烟台、淄博、威海、潍坊、东营、日照等8个设区城市，约7.4万平方公里	山东省委、山东省政府	2003～2007年

续表

项目名称	规划（研究）范围	组织机构	编制时间
浙江省环杭州湾地区城市群空间发展战略规划	杭州、宁波、绍兴、嘉兴、湖州、舟山六市，约4.54万平方公里	浙江省委、浙江省政府	2004年
中原城镇密集区总体规划	郑州、洛阳、开封、新乡、焦作、许昌、平顶山、漯河、济源9市，约5.87万平方公里	河南省委、省政府	2004～2005年
武汉都市圈总体规划	武汉、黄石、鄂州、孝感、黄冈、咸宁、仙桃、潜江、天门9市，约5.78万平方公里	湖北省推进武汉城市圈建设领导小组	2004～2006年
京津冀城镇密集区规划	北京、天津及河北两市一省，约9万平方公里	建设部、北京市政府、天津市政府、河北省政府	2006～2009年
长三角城镇密集区规划	苏、浙、沪、皖三省一市，共约10万平方公里	建设部、上海市政府、江苏省政府、浙江省政府、安徽省政府	2006年至今
北部湾城镇密集区规划	南宁、崇左、防城港、钦州、玉林、北海6市，约7.30万平方公里	北部湾（广西）经济区规划建设管理委员会办公室、广西壮族自治区建设厅	2006年至今
辽宁沿海城镇密集区规划	大连、丹东、营口、盘锦、锦州、葫芦岛6市，约5.60万平方公里	辽宁省建设厅	2006年至今
海峡西岸城镇密集区协调发展规划	福建省全省，约12.14万平方公里	福建省建设厅、福建省发展和改革委员会	2006年至今
成渝城镇群协调发展规划	重庆市27个区县和四川省15个地级市，约16.9万平方公里	建设部、重庆市政府、四川省政府	2007～2010年

注：本表仅对国内属于空间规划层面有一定影响的“城镇密集区规划”实践项目进行了统计，未包括研究性项目。
资料来源：根据李浩博士论文《城镇群落自然演化规律初探》相关成果整理。

分析近年来全国各地所开展的“城镇密集区规划”实践，主要呈现出以下特点：1）从早期的主要以“珠三角”、“长三角”为主，扩展到目前的各种空间尺度（包括跨省域的国家层面，也包括省域内的地区层面，地域面积从不足1万平方公里到几十万平方公里不等）的“城镇密集区规划”争相开展；2）早期由建设部系统组织编制“城镇密集区规划”的单一格局被打破，发改委、国土部门等其他系统也逐渐开始编制“城镇密集区规划”或同样意义上的区域规划；3）“城镇密集区规划”呈现出明显的区域差异，自东部向中部和西部依次递减，东部如“长三角”、“京津冀”等不断由多个部门分别组织编制各种规划，而西部地区跨省域的“城镇密集区规划”的编制则起步较晚[1]。

1.2.3　对国内相关研究的简要评价

在城镇密集区发展方面，国内相关研究已经取得了不少可喜的成果，相关研究工作成果的取得，对于正确认识并积极推动我国城镇密集区的健康与可持续发展，做出了十分重要的贡献。综合前人的研究成果，笔者认为，我国城镇密集区相关研究存在以下特征与问题：

1）从概念的界定来看，目前国内对城镇密集区相关基础概念的界定存在一定程度的混乱。虽然相关概念较多，但综合分析几个主要概念往往是对同一对象在不同发展阶段、不同学科视角下的描述。“城市群”是指一定数量、相互关联并形成一定秩序的城市构成的集合体；“大都市区”则强调是由某个大城市发展到一定阶段后向周边扩展和辐射的结果；“大都市带”指多中心城市区域，其中中心城市具有门户位置、发展的枢纽及高密度特征；“都市连绵区”指以若干大城市为核心并与周围地区保持强烈交互作用的巨型城乡一体化地区。对于“城镇密集区”的概念，笔者认同孙一飞关于“城镇密集区”的基本定义：在一定地域范围内，以多个大中城市为核心，城镇之间及城镇与区域之间发生着密切联系，城镇化水平较高，城镇空间密集分布的连续地域。相对于其他概念，城镇密集区更强调对区域城镇空间分布状态的描述，作为区域空间规划的理论与方法，可以将“城镇密集区”作为开展相关研究的概念基础。

2）从研究的类型来看，对规划的实证研究较多，对城镇密集区规划理论与方法的研究相对滞后。总结我国城镇密集区规划研究的进程，从区域规划到城镇体系规划到更加专业化的城镇密集区规划，城镇密集区规划的对象、目的、内容和方法等，已经逐步显示出与区域规划、城镇体系规划的不同特点。随着城镇密集区在国家发展战略中地位的不断提高，城镇密集区规划作为综合调控手段对于提升区域综合竞争力的作用正逐渐被社会所广泛认同，城镇密集区规划的实践工作正呈现出逐渐加强的趋势。但与此同时，目前国内专门针对城镇密集区规划的具体方法与理论研究相对滞后，对可供操作的、系统的规划思路和手段的研究还有待加强。

3）从理论研究的针对性来看，对国外城镇密集区普适性经典理论与方法的总结归纳较多，而基于本土区域发展现实问题（如区域空间集约发展问题）的针对性理论与方法研究还有待加强。规划理论与方法的提出应立足于解决现实的问题，这也是国外城镇密集区规划相关研究发展过程的重要特征。如格迪斯的集合城市理论、斯坦因的区域城市理论立足于解决工业化过程中城市经济快速扩张后区域功能的协调、平衡发展问题，沙里宁的有机疏散理论立足于解决城镇空间无序蔓延的问题等，这些理论与方法分别与西方城市发展过程中各阶段的主要矛盾与问题相契合。

我国目前的城镇密集区理论方法研究总结与借鉴的多，基于本土国情和本土城镇密集区发展过程中主要矛盾解决的针对性理论与方法研究偏少。国外城镇密集区规划理论研究和实证对我国城镇密集区规划理论和实践起了很好的借鉴作用，构成了我国城镇密集区学术研究的重要基础。但由于体制、发展模式、发展阶段等方面差异，我国的城镇密集区规

[1] 李浩　邹德慈．当前“城镇群规划”热潮中的几点“冷思考”[J]．城市规划 2008（3）：79－85。

划研究工作应当立足于自身特点并解决自身发展过程中的核心问题。如前文所述，随着城镇密集区在我国发展战略中日益突出的地位，发展模式的转型成为我国城镇密集区发展过程中亟待解决的问题，成为我国城镇密集区现阶段发展过程中的核心矛盾，而目前国内在空间规划方面针对城镇密集区空间集约发展模式转型问题的系统理论与方法研究还十分缺乏。

4）从理论研究的学科视角来看，从经济地理学科研究的较多，从其他领域研究的偏少。目前我国城镇密集区的研究学者主要集中在地理学、经济学和区域规划等领域，城镇密集区作为综合且独特的地域空间单元，理应需要有多维度视角、多学科、多层次的综合研究。但是长期以来除了相关的实证研究，理论方法层面从空间规划的角度对城镇密集区进行研究的成果相对较少，尤其是多学科综合的研究成果更少。城镇密集区往往是多种因素强烈交互作用的复杂空间系统，基于社会学、生态学等多学科方面的空间规划理论研究工作理应得到加强。

5）从研究的地域性来看，对东部沿海经济发达地区城镇密集区的研究较多，对中西部内陆经济欠发达地区城镇密集区的研究较少。与经济发展的趋势和阶段相一致，我国目前的城镇密集区研究也呈现出“东热西冷”的基本状况，基于城镇密集区的实证研究大都集中于东部沿海地区。我国是一个幅员辽阔、地域差异较大的国家，东、中、西部城镇密集区的发展既具共性，同时也具有较强的地域性。东部地区城镇密集区发展的经验为中、西部地区城镇密集区的发展提供了很好的借鉴，但也不能简单地照搬经验，加强中西部地区重要城镇密集区的针对性研究具有重要意义。

1.3 研究意义、重点与框架

1.3.1 研究意义

如前文所述，目前国内关于城镇密集区理论方法的研究在现实针对性、地域性和多学科视角方面还有待加强，针对我国现阶段区域发展模式亟待转型的核心问题，还缺乏从空间集约发展模式等视角进行的系统研究。另一方面，国内关于集约发展的相关研究工作，较多地关注于城市建设空间层面（如城市土地集约利用），对于城市层面特别是宏观区域层面的相关研究则十分缺乏。

因此，本书选择立足于成渝城镇密集区作为实证研究的对象，以城镇密集区空间集约发展为目标和理论出发点，对城镇密集区空间集约发展的理论方法进行针对性研究，并提出成渝城镇密集区空间集约发展的相关对策。研究具有理论与现实两方面的意义：

1. 理论意义

本书研究的理论意义在于从集约发展的角度研究城镇密集区的空间发展模式，建立关于城镇密集区空间集约发展研究的理论框架和方法体系，对于丰富和补充城镇密集区空间规划的理论体系和相关方法论具有一定的学术意义。

2. 现实意义

近年，《珠三角改革发展规划》、《广西北部湾经济区发展规划》、《关中—天水经济区发展规划》等一批以城镇密集区为对象的发展规划在国家层面陆续出台，标志着城镇密集区的发展上升为一种国家发展战略并引起广泛关注，同时，区域发展规划的颁布实施已成为振兴区域经济、实现区域一体化发展的重要抓手。作为我国重要的人口、城镇、产业聚集区，成渝城镇密集区是引领西部地区加快发展、提升内陆开放水平、增强国家综合实力的重要支撑。为进一步加快成渝城镇密集区的发展，深入推进西部大开发，2009 年底由国家发改委会同重庆市人民政府、四川省人民政府联合开展了《成渝经济区发展规划》的编制工作。随着国家战略层面《成渝经济区发展规划》的即将出台，相关政策和项目的支持必将加速区域一体化发展的进程。

以成渝城镇密集区为例，研究区域空间集约发展的规划方法与对策，可以为目前成渝城镇密集区内各层次的规划编制、管理工作提供理论指导，对于在成渝地区社会经济快速一体化发展的过程中，充分利用城市规划作为空间发展的调控手段来促进成渝城镇密集区的空间集约发展具有一定的现实意义。

1.3.2 研究重点

本书从集约发展的视角开展对城镇密集区发展规律的研究工作，主要着眼于城镇密集区的空间问题。本书共分三部分，重点研究以下内容：

1）提出问题——在绪论的基础上，本书第 2 章重点论述了成渝城镇密集区空间发展过程中的四大问题：区域空间发展各自为政、建设空间低效扩张、生态环境问题突出、城乡空间二元结构突出，并对其形成原因进行了分析。

2）理论构建——本部分集中于第 3 章，通过分析内涵、明确对象、具体目标、构建方法论来完成对城镇密集区空间集约发展的理论构建。①在总结集约相关概念的基础上，提出了城镇密集区集约发展应具有多维性和多层次的综合内涵，并分析论证了集约发展是城镇密集区发展模式转型的必由之路。②在城镇密集区集约发展多维性、多层次综合内涵研究的基础上，通过分析论证明确了城镇密集区空间集约发展的多层次研究对象和多维性空间目标。③在总结相关方法论的基础上，本章最后重点提出了以综合协调作为城镇密集区空间集约发展研究的方法论，明确了综合协调论的基本原则和作用机理，梳理了城镇密集区空间集约发展的综合协调路径。

3）实践运用——第 4、5、6、7 章为理论的实践运用部分。运用综合协调论的基本方法，分别就如何达成成渝城镇密集区空间集约发展的区域城镇协调发展、城镇空间有效拓展、生态空间有效保护和区域城乡空间统筹四大空间目标进行研究，重点论述了达成各空间目标需要进行综合协调的核心关系、调控对象、组织策略和保障机制。通过分析论证，我们认为：①要实现区域城镇协调发展，应当从综合协调城镇空间的竞争与合作关系入手，构建系统共生的区域城镇空间关系；②要实现城镇空间有效拓展，应当从综合协调空间的集中与分散关系入手，引导紧凑的城镇空间布局与建设模式；③要实现生态空间有效保护，应当从综合协调建设空间与生态空间的关系入手，形成多层次的生态化空间发展战略；④要实现区域城乡空间统筹，应当从综合协调城乡空间的分离与融合入手，促进区域城乡空间的融合发展。

1.3.3 研究框架

本书拟采用如下框架展开研究：

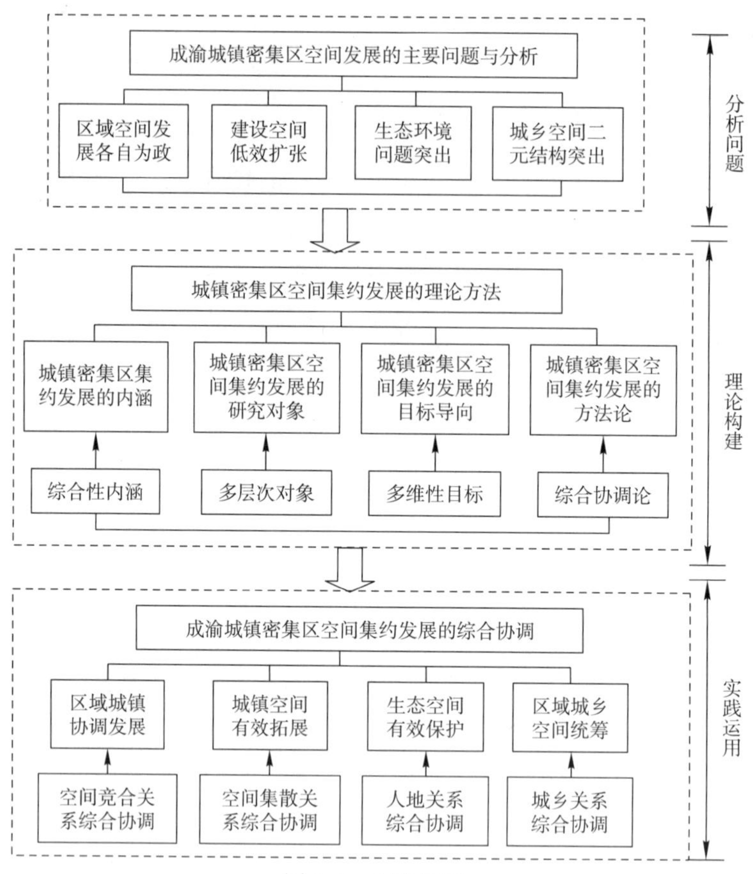

图 1.1 研究框架

第2章　困境与分析：成渝城镇密集区空间发展面临的主要问题

城镇密集区作为一种复杂的区域城乡空间分布状态，其内部空间发展有自身的规律。本章将以成渝城镇密集区为例展开研究，剖析成渝城镇密集区空间发展的特征规律和存在的相关问题，并剖析其背后存在的内因。

2.1　成渝城镇密集区的范围及区域概况

2.1.1　成渝城镇密集区的范围界定

国内目前的研究对于成渝城镇密集区的具体边界虽然没有统一的界定，但对其构成的主体范围有基本共识。对于成渝城镇密集区的范围，目前有两种代表性的界定：

一是由建设部牵头，重庆市政府和四川省政府共同组织编制的《成渝城镇群协调发展规划》项目确定的“成渝城镇群”范围，它包括重庆市27个区县和四川省15个地市，地域面积16.9万平方公里（图2.1），分别是：重庆市主城9区（渝中区、大渡口区、江北区、沙坪坝区、九龙坡区、南岸区、北碚区、渝北区、巴南区）、万盛区、双桥区、万州区、涪陵区、长寿区、江津区、永川区、合川区、南川区、綦江县、潼南县、铜梁县、大足县、荣昌县、璧山县、梁平县、垫江县、开县。四川省成都市、德阳市、眉山市、内江市、资阳市、自贡市、宜宾市、泸州市、遂宁市、南充市、广安市、达州市全部，绵阳市涪城区、游仙区、江油市、安县、梓潼县、三台县、盐亭县，雅安市雨城区、名山县，乐山市市中区、沙湾区、五通桥区、金河口区、夹江县、井研县、犍为县。

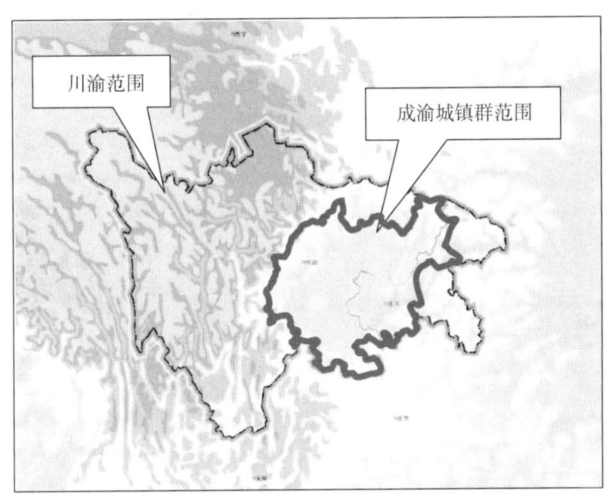

图2.1　成渝城镇群的区域范围

资料来源：中国城市规划设计研究院．成渝城镇群协调发展规划总报告[R]．2008。

另一个是由国家发改委牵头，重庆市政府、四川省政府共同组织编制的《成渝经济区区域规划》确定的“成渝经济区”（图 2.2）范围，它包括重庆市的万州、涪陵、渝中、大渡口、江北、沙坪坝、九龙坡、南岸、北碚、万盛、渝北、巴南、长寿、江津、合川、永川、南川、双桥、綦江、潼南、铜梁、大足、荣昌、璧山、梁平、丰都、垫江、忠县、开县、云阳、石柱 31 个区县（自治县）和四川省的成都、德阳、绵阳、眉山、资阳、遂宁、乐山、雅安、自贡、泸州、内江、南充、宜宾、达州、广安 15 个市，区域面积 20.6 万平方公里。成渝经济区与成渝城镇群范围划分的区别在于前者将渝东北的忠县、云阳和石柱县均纳入了研究范围。

图 2.2　成渝经济区的区域范围

资料来源：林凌．共建繁荣：成渝经济区发展思路研究报告——面向未来的七点策略和行动计划［M］．北京：经济科学出版社，2005。

城镇密集区具有开放性、边界模糊的特征，区内各类城市的规模、结构、形态和空间布局都处于不断变化的过程中，因此，城镇密集区范围的界定，不可能有明确、绝对的界线。加之成渝城镇密集区本身正处于快速的城市化、工业化过程中，这本身也为明确界定它的地域范围增加了难度。因此，在保持国内学者对成渝城镇密集区范围界定研究主体不变的基础上，为了便于研究，笔者考虑以下三个原则界定成渝城镇密集区：

第一，目前中国各类统计数据是以各级行政区为框架收集的，缺乏反映城市与城市、城市与区域之间经济社会联系的整体统计数据。为了便于数据的收集，在成渝城镇密集区界线划定中尽量保持了完整的城市行政区。第二，城镇密集区的意义已经超越了城市的集合，成为一个区域概念。城镇密集区的发展必须依托一定的域面，成渝城镇密集区是在成渝经济区中逐步形成的。因此，在本书的研究中，笔者参考《成渝经济区区域规划》课题组对成渝经济区的划分标准，通过计算经济区内各城市的经济辐射范围，考虑各个城市之间的经济联系程度，并根据城镇密集区的概念及基本特征来界定成渝城镇密集区。第三，成渝城镇密集区的界线确定要便于描述，能够用相对明确、简洁的语言表述成渝城镇密集区的范围，便于社会广泛接受。

根据以上原则，在成渝地区相关传统研究的基础上，将目前区域内相对完整并有共识的几大片区纳入成渝城镇密集区范围：分别是成都平原城镇密集区、川南城镇密集区、川

图 2.3　成渝城镇密集区范围

资料来源：作者自绘。

东北城镇密集区和重庆一小时经济圈范围内的相关城市（图 2.3）。成都平原城镇密集区范围包括：成都市、德阳市、绵阳市、眉山市、资阳市，以及雅安的雨城区、名山县，乐山的市中区、沙湾区、五通桥区、金口河区、峨眉山市和夹江县❶，总面积约 6 万平方公里，现状总人口约 3129 万，2008 年地区生产总值约 5766 亿元。川南城镇密集区范围包括：内江、自贡、泸州、宜宾四个地级市所辖范围。包括 4 个地级市、18 个县城、366 个镇❷，总面积 3.4 万平方公里。现状总人口约 1713 万人，2008 地区生产总值约 1858 亿元。川东北城镇密集区范围包括：遂宁、南充、达州、广安、广元和巴中市，包括 6 个地级市，3 个县级市，23 个县城，586 个镇❸，总面积 6.9 万平方公里，现状总人口约 2932 万，2008 年地区生产总值约 2332 亿元。重庆一小时经济圈范围包括：主城 9 区渝中区、大渡口区、江北区、沙坪坝区、九龙坡区、南岸区、北碚区、渝北区、巴南区，以及涪陵区、江津区、合川区、永川区、长寿区、万盛区、南川区、双桥区、綦江县、潼南县、铜梁县、大足县、荣昌县、璧山县共 23 个区县❹；总面积 2.87 万平方公里，现状总人口约 1674 万

❶ 四川省城乡规划设计研究院．成都平原城镇群发展规划说明书［R］．2009。

❷ 四川省城乡规划设计研究院．川南城镇密集区规划说明书［R］．2005。

❸ 四川省城乡规划设计研究院．川东北城镇群协调发展规划［R］．2009。

❹ 重庆市规划设计研究院．重庆市一小时经济圈城乡总体规划［R］．2008。

人，2008 年地区生产总值约 3547 亿元。

成渝城镇密集区范围内共涉及四川省 17 个地级市、重庆 23 个区县（表 2.1），总用地面积为 19.17 万平方公里，现状常住人口约 9450 万人，2008 年地区生产总值约为 1.35 万亿元。本书对成渝城镇密集区范围的划定与成渝城镇群、成渝经济区的主要区别在于对川东北达州、广元、巴中三地市和重庆境内一小时经济圈外部分区县的判定上。需要说明的是，本书研究的主体是城镇密集区空间集约发展的对策而非城镇密集区本身，作为实证研究的对象，对成渝城镇密集区范围界定上的局部差别，不会对本研究结果的科学性造成影响。

成渝城镇密集区范围 **表 2.1**

地级市	市辖区		县级市		县		面积（万平方公里）
	数量	地区	数量	地区	数量	地区	
成都平原城镇密集区							
成都市	9	锦江区、青羊区、金牛区、武侯区、成华区、龙泉驿区、青白江区、新都区、温江区	4	都江堰市、彭州市、邛崃市、崇州市	6	金堂县、双流县、郫县、大邑县、蒲江县、新津县	1.2
德阳市	1	族阳区	3	广汉市、什邡市、绵竹市	2	中江县、罗江县	0.6
绵阳市	2	涪城区、游仙区	1	江油市	6	安县、梓潼县、三台县、盐亭县、平武县、北川县	2
资阳市	1	雁江区	1	简阳市	2	安岳县、乐至县	0.8
眉山市	1	东坡区			5	仁寿县、彭山县、洪雅县、丹棱县、青神县	0.7
乐山市	4	市中区、五通桥区、沙湾区、金口河区	1	峨眉山市	6	犍为县、井研县、夹江县、沐川县、马边县、峨边县	1.3
雅安市	1	雨城区	0		7	名山县、荥经县、汉源县、石棉县、天全县、芦山县、宝兴县	1.5
川南城镇密集区							
自贡市	4	自流井区、贡井区、大安区、沿滩区	0		2	荣县、富顺县	0.4
泸州市	3	江阳区、龙马潭区、纳溪区	0		4	泸县、合江县、叙永县、古蔺县	1.2
内江市	2	市中区、东兴区	0		3	资中县、威远县、隆昌县	0.5
宜宾市	1	翠屏区	0		9	宜宾县、南溪县、江安县、长宁县、高县、筠连县、珙县、兴文县、屏山县	1.3

续表

<table>
<tr><th rowspan="2">地级市</th><th colspan="2">市辖区</th><th colspan="2">县级市</th><th colspan="2">县</th><th rowspan="2">面积（万平方公里）</th></tr>
<tr><th>数量</th><th>地区</th><th>数量</th><th>地区</th><th>数量</th><th>地区</th></tr>
<tr><td colspan="8">川东北城镇密集区</td></tr>
<tr><td>广安市</td><td>1</td><td>雨城区</td><td>1</td><td>华蓥市</td><td>3</td><td>岳池县、武胜县、邻水县</td><td>0.6</td></tr>
<tr><td>南充市</td><td>3</td><td>顺庆区、高坪区、嘉陵区</td><td>1</td><td>阆中市</td><td>5</td><td>南部县、西充县、营山县、仪陇县、蓬安县</td><td>1.2</td></tr>
<tr><td>达州市</td><td>1</td><td>通川区</td><td>1</td><td>万源市</td><td>5</td><td>达县、宣汉县、开江县、大竹县、渠县</td><td>1.6</td></tr>
<tr><td>广元市</td><td>3</td><td>市中区、元坝区、朝天区</td><td>0</td><td></td><td>4</td><td>苍溪县、旺苍县、剑阁县、青川县</td><td>1.6</td></tr>
<tr><td>遂宁市</td><td>2</td><td>船山区、安居区</td><td>0</td><td></td><td>3</td><td>蓬溪县、射洪县、大英县</td><td>0.5</td></tr>
<tr><td>巴中市</td><td>1</td><td>巴州区</td><td>0</td><td></td><td>3</td><td>通江县、南江县、平昌县</td><td>1.2</td></tr>
<tr><td colspan="8">重庆一小时经济圈覆盖区域</td></tr>
<tr><td>主城区</td><td>9</td><td colspan="6">渝中区、大渡口区、江北区、沙坪坝区、九龙坡区、南岸区、北碚区、渝北区、巴南区</td></tr>
<tr><td>市辖区</td><td>8</td><td colspan="6">涪陵区、江津区、合川区、永川区、长寿区、万盛区、南川区、双桥区</td></tr>
<tr><td>市辖县</td><td>6</td><td colspan="6">綦江县、潼南县、铜梁县、大足县、荣昌县、璧山县</td></tr>
<tr><td colspan="2">辖区面积</td><td colspan="6">2.87 万平方公里（重庆市辖区面积 8.24 万平方公里）</td></tr>
</table>

2.1.2 成渝城镇密集区的区域概况

1. 环境地理概况

成渝城镇密集区地处我国西部，距离长江三角洲、珠江三角洲和京津冀地区的交通距离都在 2000 公里左右，是内陆地区重要的城镇密集区之一。

四川盆地北靠秦巴山地，西邻青藏高原，南望云贵高原，东出长江三峡，是相对独立的自然地域单元，成渝城镇密集区占据了四川盆地大部分地区。盆缘山地主要位于秦巴山地南缘和川南地区。在川渝地区的喀斯特地貌环境中，成渝城镇密集区所占据的四川盆地区域基本上是地质条件较为良好的区域，满足大量城镇密集建设与发展的客观条件。

2. 社会发展沿革

巴蜀文化源远流长，成都、重庆两市分别为蜀文化、巴文化的中心。自古以来，成都、重庆两市和周围城市有密切的联系和往来。抗日战争时期，成渝公路沿线地区对发展大后方的工业生产、农业生产及军用物资的调配起了重要作用。成渝公路沿线地区不但为抗战胜利提供了坚实的物质基础，其自身也获得了良好的发展。解放初，为了加快成渝地区的工农业生产、支援抗美援朝战争、促进西南经济发展及实现国家的战略布局，率先建成了成渝铁路，铁路沿线地区形成了我国战略后方的重工业基地。20 世纪 60 年代初开始了大三线建设，大量资金、企业、技术、人才云集成渝沿线城市，强化了成渝沿线地区在四川省和西南经济中的地位。改革开放后成渝地区的经济发展，使原有的公路和铁路已不能适应经济发展的需要，成渝高速公路的修建和通车又掀起了新一轮成渝地区发展的建设高潮。成渝城镇密集区有悠久的开发史，丰富的地域文化。在长期发展过程中，整个地域内已形成千丝万缕的联系，具有较强的生命力和整合力。

3. 经济产业发展概况

2008年，成渝城镇密集区GDP总量1.35万亿元，占西部地区的24%，全国的6%；人均GDP为14285元，低于全国人均值（21476元/人），高于西部的人均值（11708元/人）❶；三次产业结构为17：44：39，就业结构为48：24：28。各类产业与发展阶段分析如下：

成渝城镇密集区历来是我国农牧业最发达的地区。该地区处于亚热带湿润季风区，无霜期长，具有丰富的水资源，农业自然条件良好，劳动力成本和土地资源成本比较低，能源和水的保障程度高，生产要素组合条件较好，复种指数高。古代就有“天府之国”的美誉，新中国建国后有粮储安天下的称颂。第一产业在成渝地区经济中仍占据重要地位，2008年增加值比重达到15%，就业份额更达到50%以上。

从1891年以后，成渝地区就开始了近代工业化的进程，经过抗日战争时期沿海工业大规模内迁、三线建设时期的国防工业和重化工业的布局、改革开放后新兴工业建设和传统工业改造，已形成3000多亿元的工业固定资产，约占西部工业资产总量的1/3，形成了电力、天然气和天然气化工、汽车摩托车、重型机械装备、仪器仪表、钢铁、医药、电子、食品饮料等在全国具有优势的十大制造业，涌现了一批在全国有一定影响的大型企业集团，其中能源工业、重化工业、国防工业在全国具有特殊优势❷。

成渝城镇密集区第三产业比重约占GDP的40%，在成渝经济发展中占有举足轻重的地位。第三产业主要以传统服务业为主，生产型服务业和科教医疗事业还需要进一步提升。第三产业布局呈现明显的空间极化效应，较高层次的生产性服务业主要集中在重庆和成都两大城市，重庆是长江上游重要的物流中心和区域性商贸金融中心，成都则承担着我国西部科技教育中心和商贸金融中心等功能。

成渝城镇密集区城镇空间层级结构 **表2.2**

等级（万人）	数量	城市名称（2008年中心城区非农人口规模/万人）
超大城市	2	重庆（571）成都（460）
特大城市>100	0	—
大城市>50	8	绵阳（67）、乐山（58）、南充（62.7）、自贡（64）、宜宾（57）、泸州（63）、达州（58.2）、遂宁（56.3）
中等城市（20～50）	20	广元（42.2）、广安（24）、内江（48）、巴中（23）、德阳（48）、眉山（40）、资阳（34）、雅安（26）、都江堰（30）、彭州市（22）、邛崃市（21）、崇州市（23）、广汉市（27）、江油市（28）、简阳市（22）、双流县（35）、永川区（28.5）、綦江县（22.5）、江津区（38.5）、合川区（29）、涪陵区（32.5）

❶ 资料来源：根据《重庆统计年鉴2009》、《四川省统计年鉴2009》、《中国统计年鉴2009》整理。

❷ 资料来源：中国城市规划设计研究院．成渝城镇群协调发展规划总报告［R］．2008：6－7。

续表

等级（万人）	数量	城市名称（2008年中心城区非农人口规模/万人）
小城市（县城）<20	86	长寿区、南川区、铜梁县、大足县、荣昌县、什邡市、绵竹市、峨眉山市、金堂县、郫县、大邑县、蒲江县、新津县、中江县、罗江县、安县、梓潼县、三台县、盐亭县、平武县、北川县、安岳县、乐至县、仁寿县、彭山县、洪雅县、丹棱县、青神县、犍为县、井研县、夹江县、沐川县、马边县、峨边县、名山县、荥经县、汉源县、石棉县、天全县、芦山县、宝兴县、荣县、富顺县、泸县、合江县、叙永县、古蔺县、资中县、威远县、隆昌县、宜宾县、南溪县、江安县、长宁县、高县、筠连县、珙县、兴文县、屏山县、岳池县、武胜县、邻水县、南部县、西充县、营山县、仪陇县、蓬安县、达县、宣汉县、开江县、大竹县、渠县、苍溪县、旺苍县、剑阁县、青川县、蓬溪县、射洪县、大英县、通江县、南江县、平昌县、万盛区、双桥区、潼南县、璧山县

资料来源：《重庆统计年鉴2009》、《四川省统计年鉴2009》。

4. 空间分布概况

1）区域城镇空间结构现状。目前已经形成包括2个超大城市、8个大城市、20个中等城市、86个小城市（县城）（建制镇未作统计）等的层级结构（表2.2）。

在成渝城镇密集区的空间结构中，重庆和成都为两个核心城市，二者在成渝城镇密集区中的地位至关重要，在很大程度上影响和决定着成渝城镇密集区的性质。

重庆是我国重要的中心城市之一，国家历史文化名城，长江上游地区经济中心，国家重要的现代制造业基地，西南地区综合交通枢纽，1997年3月14日经八届全国人大五次会议审议批准成为中国第四个直辖市。在成渝城镇密集区的空间层次上，作为核心城市的重庆即《重庆市城乡总体规划（2007～2020）》中的"重庆都市区"概念，在以山水环境为特色的8.24万平方公里的重庆市域内，重庆都市区为人口最密集、城镇建设条件最佳和建城历史最悠久的区域（图2.4）。重庆都市区在空间上分为主城区和郊区两个部分，主城区为集中进行城市建设的区域，范围为2737平方公里；截至2008年末，重庆都市区的户籍总人口为730万人，占重庆市总人口的24.3%；其中非农业人口660万人，占都市区总人口的比重为90.4%[1]。重庆都市区初步形成了以重工业为主导逐步向轻工业转向的产业体系，具有相对较好的产业基础和明显的科技、教育及人才优势，具备领先我国西部地区并与东部地区基本同步发展的基础条件，是重庆建设长江上游经济中心的核心区。

成都是四川省省会，西南地区科技、金融、商贸中心和交通、通信枢纽，中国西部主要中心城市、新型工业基地，国家历史文化名城和旅游中心城市（图2.5）。成都市域总面积1.239万平方公里，2008年末总人口数为1082万人，其中非农业人口543.9万人，占总人口的比例为50.26%。成都都市区是四川省城镇发展条件最好的地区，近几年人口和经济的增长显著快于其他地区，典型的首位城市地位决定了其强大的集聚和扩散效应，在四川省城镇化发展中的战略地位十分重要。

2）主要片区。成渝城镇密集区的城镇发展空间，主要分布在四个主要片区：一是以重庆都市区为中心的重庆片区，包括重庆一小时经济圈的区域范围，城镇发展受重庆市的行政体制和区域发展政策的影响较大，是重庆都市区职能集聚和扩散的主体空间；二是以成都都市区为中心的成都平原经济区，包括德阳、绵阳、江油、眉山、雅安等城市，这一

[1] 重庆市规划设计研究院．重庆市一小时经济圈城乡总体规划（2007～2020）说明书［R］.2007。

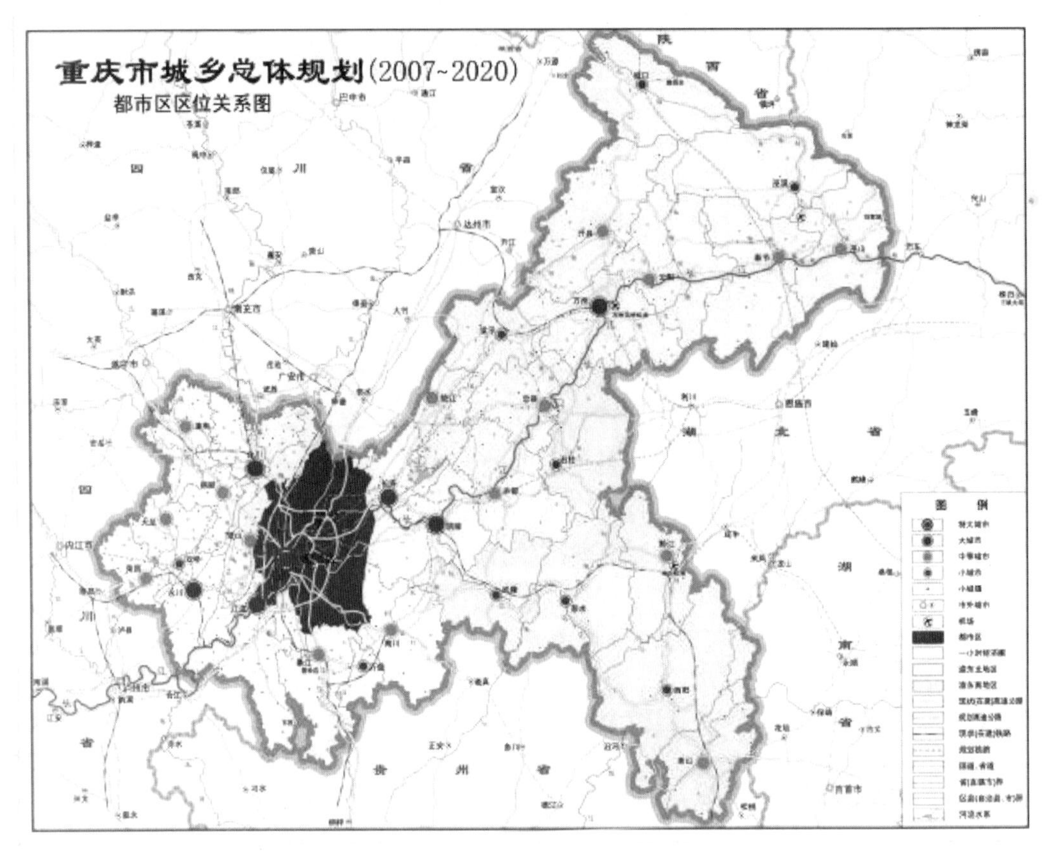

图 2.4 重庆都市区在市域内的区位

资料来源：重庆市人民政府．重庆市城乡总体规划（2007～2020）[R]．2007。

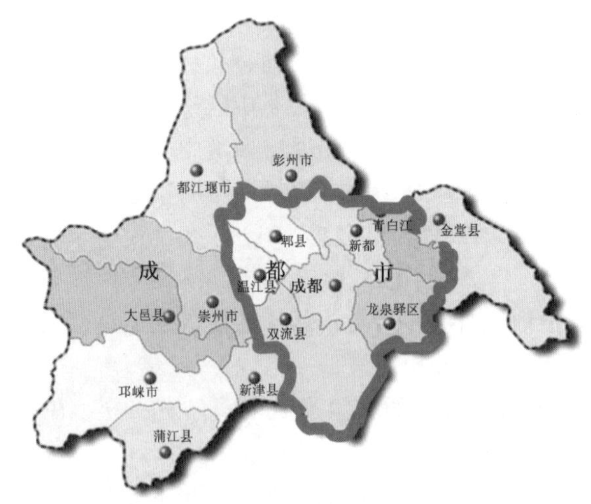

图 2.5 成都都市区在市域内的区位

资料来源：成都市人民政府．成都市总体规划（2004～2020）[R]．2005。

片区大致是成都平原的地理范围，城镇发展受到四川省行政体制和区域发展政策的影响较大，是四川省经济最为发达和城镇化发展的先导区域；三是川南片区，包括内江、自贡、宜宾、泸州；四是川东北片区，包括南充、遂宁、广安、广元、巴中、达州（图2.6）。

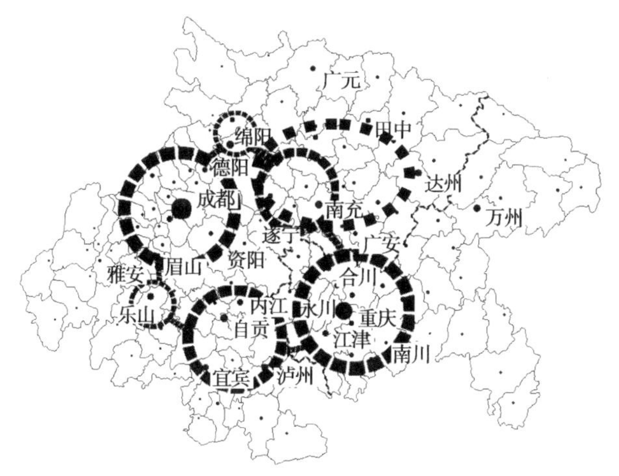

图2.6　成渝城镇密集区片区分布图

资料来源：作者自绘。

2.2　区域空间发展各自为政：有限的竞争型区域协调

区域发展的各自为政缘于区域被行政体制分割后，缺乏有效的宏观协调机制与手段。在我国强势政府的主导下，着眼于局部的“诸侯经济”倾向明显，如果缺乏区域协调发展的理念及必要的统筹机制与手段，各自为政是区域发展的必然走向，并将反映到区域内各城镇空间发展的过程中。

2.2.1　行政区划下的“诸侯经济”倾向

由于行政区划分割造成区域内城市联系受阻等问题在本应各方面实施密切联系的城镇密集区之内的广泛存在，当行政区划和政治、经济体制相叠置后，在地方政府强烈追求局部利益最大化的动机驱使下，政府对经济的不合理干预行为就可能变得十分严重，使经济运行带有强烈的政府行为色彩，形成所谓的“诸侯经济”。其特点是：一旦触及局部与整体、地方与中央的利益关系，在内外运行环境允许的空间内，这种政府行为就往往容易演变成地方本位主义和保护主义，此时行政区划界线就如同一堵“看不见的墙”（即“行政区划壁垒”）❶，成为阻滞经济、社会要素自由流动的强大障碍。

区域行政体制分割下的“诸侯经济”制约了城市空间之间的有效联系，加剧了区域城市间的无序竞争。以川渝分治后成渝城镇密集区内两大核心城市成都、重庆为例：川渝分治以后，使过去隶属于同一行政区的两大城市——成都和重庆从行政关系上分离，导致“行政门槛”的出现。近年来，由于缺乏统一的协调机构，两地政府之间难以进行有效及时的沟通，

❶　李广斌，谷人旭．政府竞争：行政区经济运行中的地方政府行为分析［J］．城市问题2006（6）：70-75。

使得两个城市在城市空间整体发展目标和城市性质的确定上存在重复、雷同的现象，彼此在川渝地区的地位问题长期无法达成共识，重大基础设施建设和重大区域空间政策长期脱节。长期下去，不仅浪费资源，还会相互制约，对两大城市都会产生不利的影响。

相比成渝两个中心城市，区域内次级中心城市空间之间的联系更为削弱。川渝分治后分别提出了各自的发展目标，如四川有成都平原都市区、川南经济区，川北经济区、攀西经济区等，重庆提出了主城区都市圈、渝西经济走廊、三峡库区生态经济区等。可以看出两地都十分重视本地各区域之间的经济联系和协作。但是对于两地之间特别是作为成渝城镇密集区空间内的次级城市之间的联系就研究和重视不够。如川南的泸州、宜宾与渝西南的永川、江津是成渝城镇密集区沿长江经济带上的重要经济中心城市，作为成渝之间联系纽带上的“点”，它们之间的联系和交流对成渝城镇密集区空间发展和整体提升具有不可低估的价值，但由于分属四川、重庆两个省级行政区内而缺乏联系。由此可见，区域行政体制分割下的“诸侯经济”倾向制约了成渝地区城镇空间之间的有效联系，加剧了区域城镇空间发展过程中的无序竞争。必须在加强成渝两个核心城市协作的基础上进一步促进次级城市之间消除行政壁垒，加快区域空间一体化发展的进程。

2.2.2 竞争型区域协调：有限的区域协调手段

市场化的改革在中国地方政府之间营造了一个高度竞争的环境，从而极大地改变了中央与地方政府及地方政府之间的角色与关系。地方政府更像企业一样关注自身的经济利益，出现了明显的“政府企业化”倾向[1]。区域内诸多行政单元各自进行“理性选择”，整体结果却表现为区域空间整体发展中的无序和恶性竞争。许多学者认为，改革开放以来我国主要城镇密集区的竞争内耗问题、外部性问题不是降低了，而是随着经济总量的扩大越来越严重了[2]，直面和协调这些矛盾成为城镇密集区地方政府无法回避的问题，但目前我国城镇密集区内的区域协调手段十分有限，难以高效解决区域空间发展之间存在的矛盾。

相对于西方通过共同协商、共同准则、谈判等成熟、公正、规范、法制的手段，谋求区域整体竞争力和可持续发展能力的“协商型区域协调”（Consultative Regional Governance，CNRG），目前我国在内外高度竞争环境中所进行的有限度、非完全的“区域协调”，就可以称其为“竞争型区域协调”，它具有以下特征：

1. 政府主导性

改革开放以后，中央通过“放权、让利、简政”将地方政府推上了主导地方经济社会发展的舞台，地方政府处于社会经济生活的主体位置，它既是体制变革的设计者、组织者、操作者，同时又是“利益诱导”下的参与者。在竞争型区域协调的体系中，地方政府扮演着主导角色，以成渝地区为例，地方联动、政府主导的区域协调方式发挥了一定的区域协调作用，如：

2001年12月21日成都—重庆经济合作座谈会上，成渝两地政府达成共识，签订一系列合作协议，双方提出近期合作方向：一是强化基础设施建设方面的工作；二是联合开发

---

[1] Wu，F. China's changing urban governance in the transition towards a more market-oriented economy [J]. Urban Studies，2002 (7)：71～93。

[2] 顾朝林．论城市管治研究 [J]．城市规划，2006，(9)：7～10。

旅游资源；三是积极推进统一市场建设；四是建立产业化分工体系；五是建立两地间信息网络通道；六是发挥两市新闻媒体作用，促进企业合作；七是建立两市间交流、沟通机制。

2003年7月26日川渝两地政府举行川渝经济合作座谈会，双方就合作原则、远景规划等方面达成初步一致意见，会议提出，两地在今后合作中要遵循互惠互利、优势互补、市场主导、系统协调等四项基本原则，以建立有序竞争机制，实现双赢目标。

2005年初，重庆市近百人高规格党政代表团赴蓉就《关于加强川渝经济社会合作共谋长江上游经济区发展的框架协议》和交通、旅游、农业、公安、文化、广播电视等部门的合作签署了协议，统称为"1+6"川渝合作框架协议。开始了两地政府联手打造中国西部最具活力、最富吸引力和最有竞争力的增长极的历史进程。

2007年2月27日川渝确定实行高层联席会，建立两省市党委、政府高层领导定期联系机制，每年定期召开两省市高层领导联席会议，就双方合作中的重大问题进行协商沟通。同时，建立两省市政府秘书长协调机制，两省市部门和行业对口合作机制，两省市的市、区、县对口联系机制，加强两地联系合作。

2. 竞争主导性

竞争型区域协调是由于区域内部恶性竞争引起整体与个体发展的不经济性，在内外竞争压力影响下，各发展主体为规避自身的不经济性、增加自身的竞争资本，而通过必要的协作、联合与整合，来谋求个体发展利益最大化的过程。因此，这个有限目标的区域协调，也是地方政府间利益反复争夺的过程，协调的基础比较脆弱，竞争依然是第一主题。

成渝城镇密集区沿江各城镇的发展过程中，在区域水环境保护与利用方面，竞争型区域协调的竞争主导性特征表现得就较为明显：一方面在整体水环境保护唇齿相依的利益关系下，流域内各城镇间在水环境保护方面的合作与交流日益频繁，比如自2008年起四川省沿长江流域城市乐山、宜宾、泸州开始每年定期举行市、县环保局长联系会议，来综合协调和磋商流域内的环境保护问题；另一方面，在发展地方经济的驱动下，各市县在沿江布置大量工业组团、在自身辖区的下游、对方辖区的上游布置污水厂等缺乏协调的现象仍然不断发生，区域协调的竞争主导性明显。

3. 有限目标性

"功利性"是地方政府集政治、经济利益主体于一身的必然产物。作为地区的制度供给主体，其经济利益与行政利益紧密结合，行为必定带有很大的功利性，遵循"最小风险"、"短期时效"的原则，并进而体现为竞争型区域协调中的有限目标性特征。

检讨成渝城镇密集区在推进区域合作过程中的成果，可以明确地看到：由于在"诸侯经济"的格局下，地方政府成为区域发展中需要协调的对象，竞争型区域协调方式成为区域协调的主要手段。由于竞争型协调机制下存在的一些固有缺陷，系统、常态的协调机制尚未形成，致使许多调控职能缺失或调控不到位。而城镇密集区作为建设空间高度密集的城镇发展区域，在空间发展的过程中会有大量的问题与矛盾需要突破行政区划实现跨区域的协调，这种有限的竞争型协调方式很难满足城镇密集区区域空间发展中的众多协调问题。

2.2.3 成渝城镇密集区各自为政的空间发展倾向

在目前有限的、不完全的竞争型区域协调手段下，成渝城镇密集区各自为政的空间发展倾向已十分明显，具体表现在以下几方面：

1. 区域空间发展水平不均衡

区域发展的各自为政，首先表现在成渝城镇密集区内区域空间发展水平的极度不平衡。2008年，成渝城镇密集区人均GDP为14285元，其内部人均GDP最高的地区达到77030元（成都市锦江区），最低的地区只有4041元（古蔺县），发展水平差异悬殊。从空间分布看，发展水平最高的地区主要分布在成德绵乐及重庆周边地区，宜宾市区与自贡市区发展水平也较高。而在成渝中部、四川东北部、泸州南部存在着明显的经济发展水平的低谷区（图2.7）。成渝城镇密集区地均产值分布也存在明显差距。2008年成渝城镇密集区地均GDP为704万元/平方公里，成渝内部各区县中地均GDP最高的达到每平方公里15亿元以上（重庆市渝中区），最低的只有80万元。从区域来看，重庆市周边和成德绵地区地均GDP最高，达州北部和宜宾南部地均GDP最低（图2.8）。

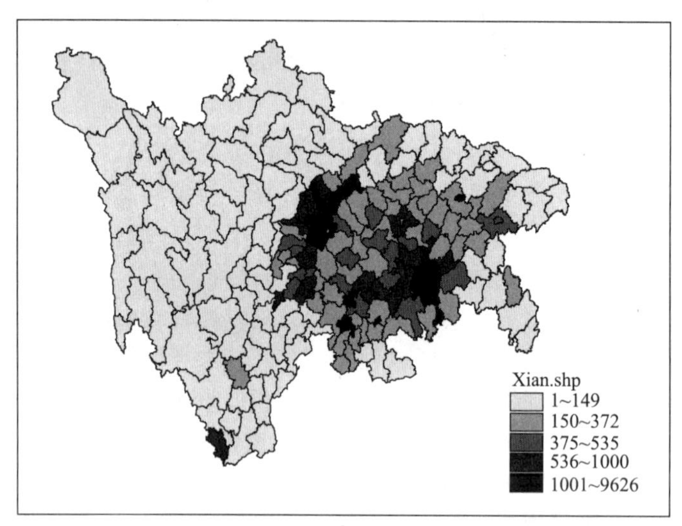

图2.7　川渝地均GDP分布（2008年，万元/平方公里）

资料来源：根据《成渝城镇群协调发展规划》相关成果改绘。

成渝城镇密集区内部各城镇空间内的城镇化水平分布也存在着明显的不均衡。2008年成渝地区城镇化水平43%，重庆都市区城镇化水平为85%，成都市城镇化水平达到64%，涪陵、永川、江津、合川、长寿等地的城镇化水平也超过40%，其他地区都低于城镇化平均水平（图2.9）。广安、资阳等地城镇化水平仅有32%。城镇化水平的不均衡，是区域各城镇空间发展不均衡的综合体现。

2. 产业空间协作不充分

川渝之间产业空间的协调合作是二者健康发展的必然趋势，现在二者之间也开始逐步加强产业的协作，但合作的程度仍然不够充分，涉及多边联合大的投资项目很少。重庆市工业以汽摩制造和重型机械为支柱，成都的电子科技比较发达。重庆汽摩制造中的核心之一汽车电子是重庆的弱项，但没有与成都合作，而是从湖北、广东或国外进口，成都则在尽力引进大型汽车制造企业。

在成渝两地的中小城市中，提出要建设大规模天然气化工基地的有：南充、广安、达州、长寿、泸州，其中长寿提出建设世界级的天然气化工基地，泸州提出要建设我国最大

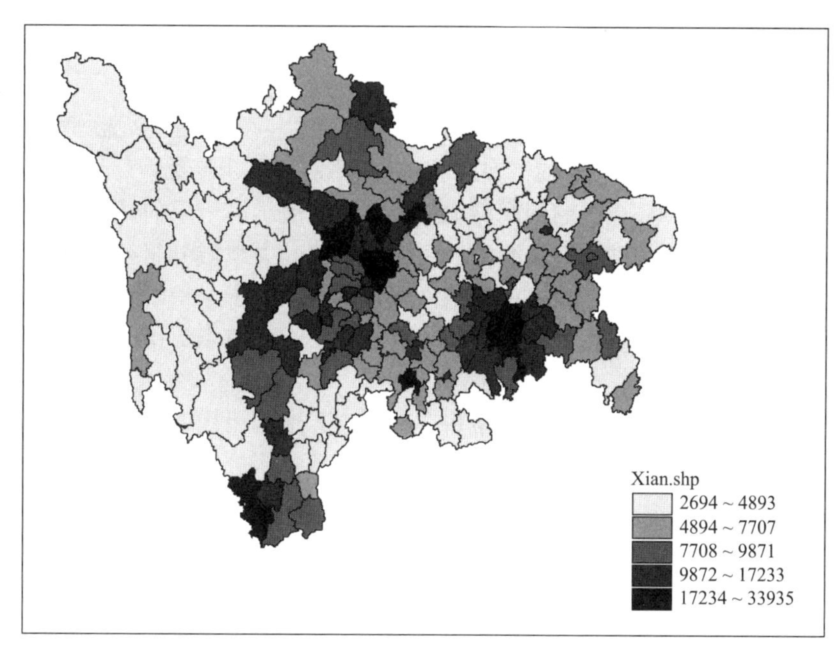

图 2.8 川渝人均 GDP 分布（2008 年，元/人）

资料来源：根据《成渝城镇群协调发展规划》相关成果改绘。

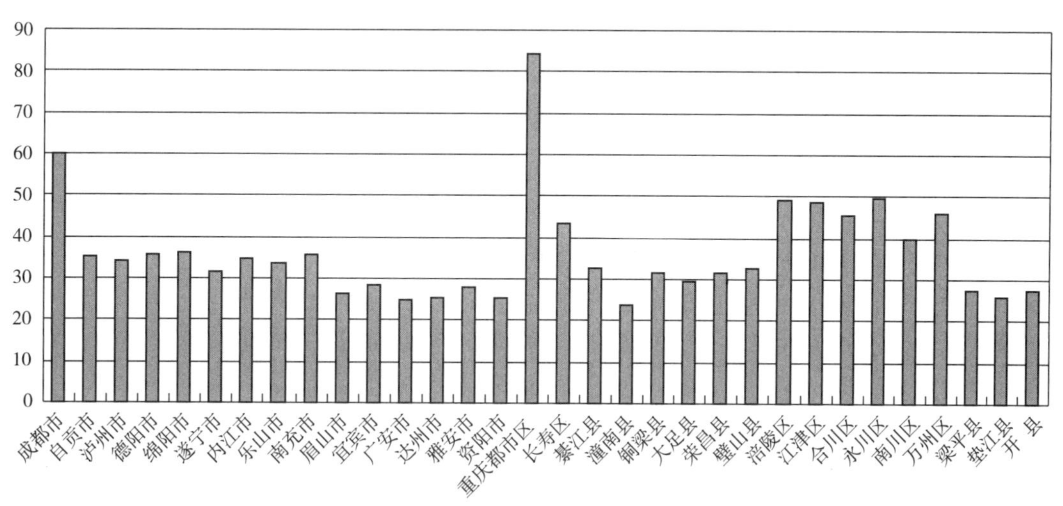

图 2.9 成渝城镇密集区城镇化水平分布（2008 年，%）

资料来源：《重庆市统计年鉴 2009》、《四川省统计年鉴 2009》。

的天然气化工城，达州要成为“中国气都”，南充则要成为亚洲第一气田。另外，成渝地区卤盐资源丰富，除传统的盐城自贡外，遂宁、泸州、宜宾、万州、广安等卤盐资源也十分丰富，各城市均提出大规模发展盐化工。再如，宜宾、泸州、永川、江津在争夺长江岸线资源，都想建设成区域性物流中心，依托长江的各港口大规模扩建，遂宁、南充、合川也在争夺区域性中心城市和物流中心。不仅如此，川渝煤储量本不丰富，地质储量仅有 90 亿吨，但宜宾、泸州、合川等均在试图打造煤炭开采与化工能源基地，相互攀比必然导致资源的无序利用，在长江上游争相发展煤化工产业❶。

3. 行政壁垒造成市场分割

川渝分治后，行政界线的分割加大了成渝地区行政协调的难度，成渝地区内的协调工作变为重庆与四川省之间的省际关系协调，协调的层次上升、难度加大。各地区因行政分割导致的利益取向的差异，也影响到成渝地区的协调发展。最严重的是造成地区内的市场分割，阻碍产品、资本、劳动力等资源的自由流动，劳动力地域分工很难向多领域、深层次、专业化方向发展；特别是在买方市场条件下，各地区为了保护本地产品的销售或限制本地资源的流出，纷纷采取各种手段和措施，形成了严重的市场封锁，进而导致地区的闭锁与经济低水平循环。

市场分割影响到两地正常的经济联系，在川渝交界地区出现明显的经济洼地，一个重要的代表就是内江的衰落。内江市位于四川盆地的腹地，水陆交通十分发达，是成渝、内昆、隆泸三条铁路，成渝、内宜、隆纳三条高速公路的交会处，发展条件得天独厚。但是随着川渝分治以及内江行政区划调整，内江在四川省的经济地位下降，1985 年内江市 GDP 占全省的 4.3%，2008 年内江 GDP 占全省的 3.3%；经济增长速度则在 1997 年跌到谷底。尽管内江衰落有其自身产业结构调整的原因，但是不可忽视行政区划调整后两地缺乏协作对其发展的影响。经济联系是空间一体化发展的重要内因，行政壁垒造成的市场分割最终必然会反映到区域空间的发展上，进一步加剧了区域空间各自为政的发展倾向。

4. 空间规划各成体系

区域发展不协调也直接体现在空间规划中。目前重庆与四川的现有规划均未将“加强合作、共谋发展”的理念在空间上予以落实，而是仍旧按照各自的发展思路，分别以成都、重庆为各自区域的核心，独立发展（图 2.10）。

在两地的城镇体系规划中，重庆空间发展更多强调的是以重庆为核心，圈层加向外放射的发展方向为主；四川省确定的主要发展轴线是沿宝成—成昆交通通道组成的成—德—绵—乐一线，成渝发展轴的地位不突出。成渝之间北线城镇轴作为成达发展轴的一部分，东端指向没有指向重庆，而是向达州方向偏离。《成都市总体规划》通过将绵—德—成—眉—乐城市带打造成为成都平原经济区主要发展轴，加快成都平原经济区一体化进程，形成西部重要的增长极。正在编制的《成都经济区区域规划研究》中，同样选择绵—德—成—眉—乐城市带作为主要发展轴线，将向重庆方向延伸的成都—遂宁—重庆、成都—内江—重庆的两条轴线定位为区域发展的次要轴线。《重庆市一小时经济圈空间发展战略》中规划了四条功能拓展带——长江功能拓展带、成渝功能拓展带、南部功能拓展带和北部功能拓展带，成渝功能拓展带在重庆空间发展战略中的地位与其他三个方向平分秋色，为同级发展轴。

而在川渝分治前的原四川时期，其空间发展战略是依托“两市”、抓好“两线”、开发“两翼”：两市为成都市、重庆市；两线为成都—重庆、江油—峨眉山；两翼为川东三峡库区、攀西川南地区。当时成渝发展轴线与成—德—绵—乐发展轴线的地位旗鼓相当。目前川渝地区一系列自成体系的空间规划，正是两地发展缺乏协调观念的空间体现❷。最近，成都市提出打造西部经济高地和西部综合交通枢纽，而重庆市则提出要建设国家级中心城

---

❶ 中国城市规划设计研究院．城渝城镇群协调发展规划总报告 [R] 2008：16-17。

❷ 中国城市规划设计研究院．成渝城镇群协调发展规划总报告 [R] 2008：18-20。

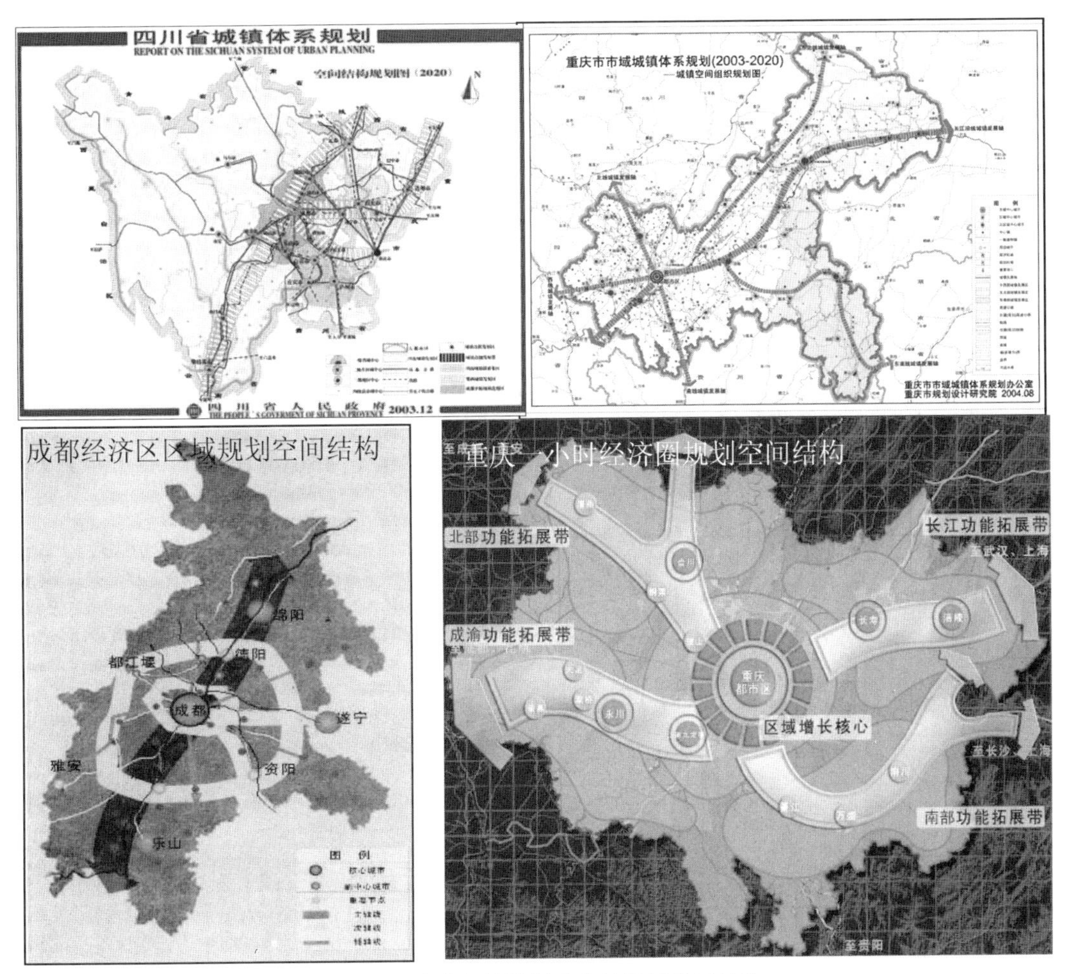

图 2.10　成渝相关规划确定的区域发展结构

资料来源：四川省建设厅、成都市规划局、重庆市规划局相关规划成果。

市，从两市各自发展的实际情况来看，提出的目标均有其各自的客观条件支撑，但成渝城镇密集区内这两大中心城市的这种城市定位缺乏关联，从目前情况看，各自为政的空间发展状态还将在未来一段时间内继续。

2.3　建设空间低效扩张：空间引导与控制机制失灵

城镇化与工业化是我国特别是中西部城镇密集区快速发展的基本动力。城镇化与工业化的发展都以城市建设空间的发展为载体，因此城镇密集区建设空间的快速扩张具有区域发展阶段的必然性。对快速扩张下建设空间的引导和控制，在土地资源紧缺的城镇密集区内显得十分重要，然而，目前成渝城镇密集区建设空间扩张的效率堪忧。

2.3.1　城镇化与工业化：城镇空间快速扩张的驱动力

城镇化过程系指工业化过程中生产力发展在地域空间上引起城市数量增加和城市规模扩大、人口向城市（镇）集中（包括农村剩余劳力向城市流动）、农业用地变为城镇用地的过程。城镇化与工业化是城镇密集区产生和发展的根本动力。国外城镇密集区的兴起、发展都是以城镇化与工业化为基础、先导的。工业革命始于英国，在工业革命的推动下，英国的城镇化进程十分迅速，曼彻斯特、伯明翰、利物浦等一大批工业城市迅速崛起、成长，在英格兰中部地区形成了由伦敦、伯明翰、利物浦、曼彻斯特等城市聚集而成的英格兰城镇密集区。随着资本、工厂、人口向城市的迅速集中，在德国鲁尔、法国北部、美国大西洋沿岸和五大湖沿岸等地区，都在工业革命的进程中形成了城市密集地区。

成渝城镇密集区的产生与发展也伴随着本地城镇化与工业化的发展过程。新中国成立以来，成渝地区城镇化可以分为两个阶段：1952～1978 年为第一阶段，期间城镇化发展非常缓慢；改革开放以后，成渝地区城镇化进入了快速发展期。1982～2008 年，川渝城镇化水平从 14%增加到 40%，平均每年增加近 1 个百分点；同期全国城镇化水平从 20%增加到 46%，与全国增长速度基本持平。2003～2008 年，重庆市城镇化水平年均增加 1.9 个百分点，四川省年均增加 1.3 个百分点，川渝城镇人口年均增长速度为 4.2%，同期全国城镇化水平年均增加 1.36 个百分点，城镇人口年均增长速度 4.1%。2008 年成渝城镇密集区城镇人口 3885 万人，城镇化水平为 42%，高于川渝两地平均水平（40%），比全国平均水平低 4 个百分点（图 2.11）。相关统计数据显示，目前成渝城镇密集区城市化正进入快速发展的时期。

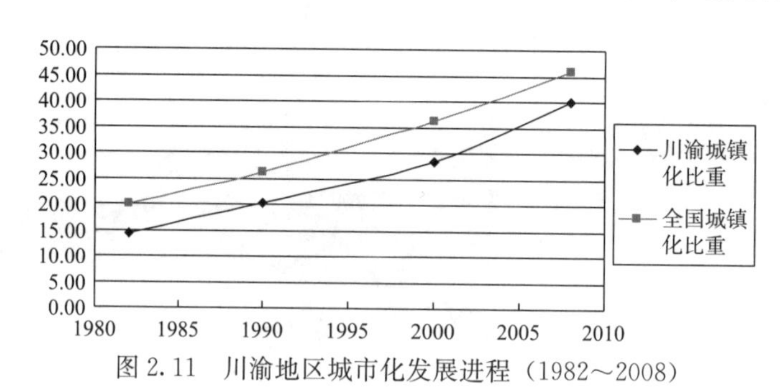

图 2.11　川渝地区城市化发展进程（1982～2008）

资料来源：《四川省统计年鉴 2009》、《重庆市统计年鉴 2009》。

在城镇化与工业化快速发展的推动下，成渝城镇密集区城镇空间也在迅速扩张之中。2003～2008 年，川渝两地所有建制城市建设用地年均增长速度分别为 7%和 15%，其中居住用地年均增长速度分别为 8%和 19%，工业用地年均增长速度分别为 5%和 17%（图 2.12），由此可见，工业化与城镇化带来的城镇空间需求增长强劲。同期，重庆城区和成

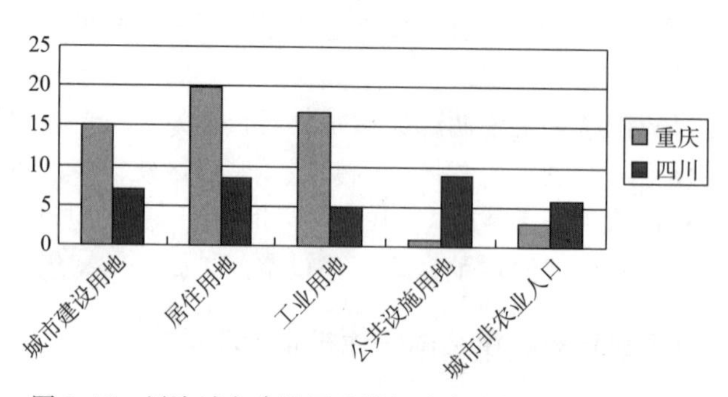

图 2.12　川渝城市建设用地增长速度比较（2003～2008）

资料来源：《川渝城市建设统计年报 2009》。

都城区建设用地和人口增长速度明显快于其他地区，其中建设用地增长速度分别为16%和13%，居住用地增长速度为21%和9%（图2.13）。2003～2008年两市的建设用地在川渝城市中的比例从35%提高到46%；非农业人口比重从45%提高到48%，工业增加值比重从45%提高到55%。由此可见，随着成渝两市产业发展在区域经济中的地位逐渐提高，成渝城镇密集区城镇空间发展的“两极”特征更加突出。

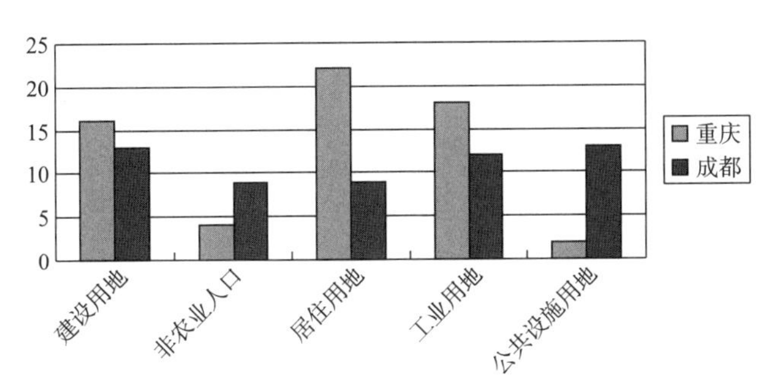

图2.13　成渝城市建设用地增长速度比较（2003～2008）

资料来源：《成渝城市建设统计年报2009》。

2.3.2　区域城镇空间集约利用的引导与控制机制失灵

除了城镇化与工业化作为驱动城镇空间快速扩张的客观动力，由于对政府行为的评价体系与监管体制的错位，行政主导型投资过热是造成目前土地粗放利用、空间低效扩张的主观原因，需要通过有效的机制与手段对城镇空间的扩张进行控制和引导。然而，我国目前城镇密集区内尚未建立起系统、有效的引导与控制手段，导致区域内城镇空间快速、低效扩张的情况普遍存在。

1. 宏观层面：城市空间用地规模的决策与引导机制失灵

通过对一定期限内城市总体用地规模的控制可以在一定程度上避免城市建设空间的过度扩张。目前宏观层面对城市用地规模的决策主要依托于国土部门的土地利用总体规划和城市规划部门的城市总体规划。前者大体上可以概括为计划经济思维下“分土地指标”的方式，在保耕地的大前提下由国土资源部将新增建设用地指标下到各省，再由各省将指标分给各市，各市依据上级主管部门下达的新增建设用地总规模再来编制本市的土地利用总体规划。自从国土部门实行垂直管理以来，这种高度集权的“指标式管理”对于控制各省市建设用地过度扩张的状况起到了一定的作用；城市总体规划则由地方政府委托规划设计单位采用“城市人口预测+人均建设用地指标判定”的基本方式来对城市总体规模进行预测，再按程序报批后确定城市的总体人口和用地规模，这种自下而上方式产生的城市用地规模由于地方政府主导下的投资冲动往往大于国土部门土地利用规划确定的规模，造成“两规”之间在用地规模决策上的长期矛盾，因此，促进“两规”协调的决策机制还有待完善。

另一方面，通过促使城市从外延向内涵式空间拓展模式的转变，可以引导城市形成合理的用地规模。目前以各类开发区、工业园区为主要形式的新区拓展模式成为城镇密集区内城市用地空间扩张的主要手段，以四川省为例，截至2010年，全省各类产业园区（包括各类开发区和工业集中区）237 个，至 2020 年规划用地规模 252777.67 公顷[1]，占 2020 年土地利用总体规划确定城镇用地面积的 69.67%[2]。在土地资源日益紧张的城镇密集区，在经历了前期快速的空间拓展后，城市内有大量需要改造的旧城区、棚户区，采用对城市建设用地范围内旧城区、棚户区进行改造的方式对城市空间规模进行内涵式拓展，可以在一定程度上避免城市用地规模的快速、无序扩张，但目前促使空间拓展模式转变的机制与手段尚未完全建立。

2. 中观层面：城镇空间密度分布的控制手段缺位

为避免城镇空间的低效扩张，如何保持城镇空间合理的建设强度是一项十分关键的因素，它首先依赖于城市规划在中观层面对整个城镇空间内各片区、各地块开发强度的科学管理。

目前的城市总体规划在城市建设用地规模控制方面基本形成了一套从宏观到中观、微观的管理体制，基本能够做到总体规划、分区规划、控制性详细规划层层落实，但对于城市建设开发容量方面的控制却显得相对薄弱。目前城市总体规划和分区规划都没有从总体上明确城市建设的总体规模和整体开发强度，使得控制性详细规划所确定的开发强度由于缺乏上位规划的依据而易陷入无序状态。

运用 GIS 系统对重庆市主城区范围内的现存建筑总量和现状毛容积率按密度控制单元进行统计汇总，可以分析得出目前重庆市主城区内空间强度分布高度集中于以渝中区为核心的市中区，局部区域的毛容积率已达 5 以上，而其他城市新区的开发强度则明显偏低，毛容积率在 0.6 以下的区域占城区总面积的 62%，城市空间内密度的分布存在明显的不合理（图 2.14）。在重庆市主城土地开发的过程中，由于不同利益主体的驱动，同时存在中心地区特别是旧城区土地开发强度过高与城市新区部分土地开发强度过低的不合理现象，这说明城市规划在对城市空间资源的分配过程中，对空间密度分布的控制与引导不够，存在缺位的现象。

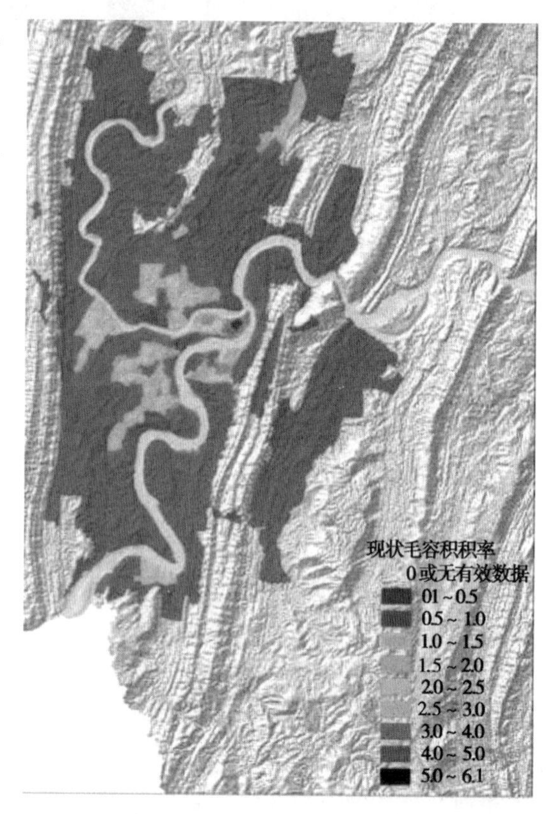

图 2.14　重庆市主城区现状毛容积率分布图

资料来源：重庆市规划设计院．重庆市主城区密度分区规划［R］.2008。

---

[1] 资料来源：四川省国土资源厅．加快我省新型城镇化对策研究——四川新型城镇化进程中土地资源集约节约利用研究［R］.2010。

[2] 规划产业园区用地占 2020 年城镇用地面积比例接近 70%的数据显示，一方面产业园区用地已成为成渝城镇密集区城镇空间发展极为重要的组成部分，另一方面，如此比例的形成也是由于经济产业规划和城市规划、土地利用规划之间缺乏衔接造成的，说明“多规”不协调的状况在城市用地的决策机制中是极为普遍的现象。

3. 微观层面：城市建设空间强度引导的政策失灵

除了城市规划的控制，微观层面引导城市建设空间集约、节约利用土地资源相关政策手段的失灵也是导致城市建设空间低效扩张的重要原因。这其中以工业用地的利用最为明显，由于工业化背景下城镇密集区内工业用地所占比重往往较大，工业用地的低效利用对城市空间的整体扩张效率影响也最大。

与通过招拍挂途径取得的城市商业用地不同，工业用地虽然也实施出让制度，但由于地方政府招商引资、投资冲动的价值取向，工业用地取得的成本往往十分低廉，通过返还税收等手段“零地价”招商的情况在各地政府招商的过程中并非个案。低廉的工业用地取得成本使得工业用地低效使用、闲置的现象在我国城镇密集区各城市中不同程度地存在，对于招商引资相对困难的西部地区城市几乎是一种普遍现象。虽然目前对于工业用地的集约使用已经逐渐引起社会的广泛重视和共识，但目前尚未建立起成熟、系统的约束与激励机制来引导工业用地的集约使用，使其成为各地城镇空间低效扩张的重要原因。

2.3.3 成渝城镇密集区建设空间低效扩张的现状

作为我国西部正处于工业化、城镇化快速发展的地区，成渝城镇密集区的建设空间扩张迅速，但效率堪忧，表现在以下几个方面：

1. 土地城镇化速度快于人口城镇化

近年来，成渝地区城镇建设用地扩张迅速，土地城镇化速度远快于人口城镇化速度。2003～2008年，成渝城市建成区面积年均增长速度9.2%，城镇人口年均增长速度为4.2%，同期全国城市建成区面积年均增长速度为7.7%，城镇人口年均增长4.1%[1]。从以上数据可以看到，近年来土地城镇化速度快于人口城镇化是一个全国性的现象，说明我国城市发展过程中存在人均建设用地逐渐增大的趋势，而这一趋势在成渝城镇密集区内表现得更加突出：成渝地区城镇人口增长速度仅比全国平均水平高0.1个百分点，而城市建成用地扩张速度却高于全国平均速度1.5个百分点，人均城镇建设用地面积逐渐增大，正是城镇建设空间低效扩张在宏观层面的重要表现之一。

2. 土地集约利用程度不高

虽然重庆等山地城市具有很高的建设强度，但是整体来看，成渝地区土地利用集约程度仍然有待进一步提高。目前成渝地区的建设用地多以外延拓展为主，少数地区利用不充分，经济效益差；征而不用、闲置撂荒、重复建设、浪费土地现象时有发生。部分农用地实际利用水平和产出率低。

用土地产出率指标进行比较，2008年上海、北京、天津三大直辖市GDP的土地产出率都在每平方公里2450万元以上，江苏、浙江、山东、广东等沿海发达省区的每平方公里土地产出都在900万元以上。而重庆市的土地产出率只有373万元/平方公里，四川省只有152万元/平方公里，成渝城镇密集区平均也只有536万元/平方公里（图2.15）。用土地投入强度指标进行比较，四川省住宅、商业用地容积率普遍低于2.0，工业容积率普遍低于0.6，有的只有0.3。四川省工业区土地投资强度一般为30万～50万元/亩；产出效率一般为50万～80万元/亩。2008年上海市工业区每亩产值346万元，深圳市工业区

[1] 资料来源：《重庆统计年鉴2009》、《四川省统计年鉴2009》、《中国城市建设年鉴2008》。

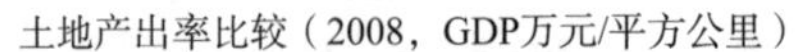

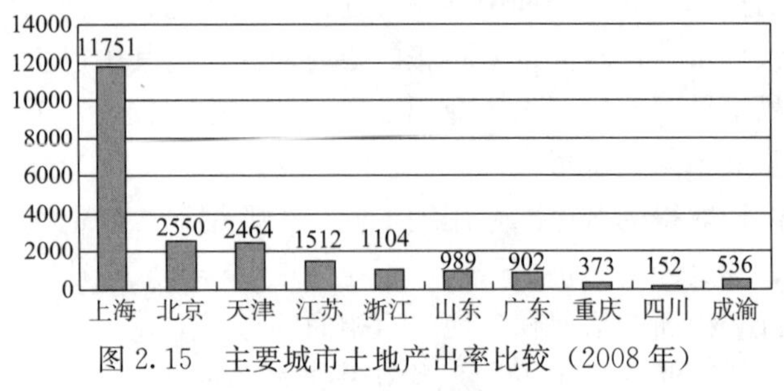

图 2.15　主要城市土地产出率比较（2008 年）

资料来源：《中国城市建设统计年报 2009》。

每亩产值 520 万元。北京经济技术开发区每亩产值 1320 万元；青岛保税区每亩产值 1260 万元❶。

3. 耕地迅速减少，人地矛盾突出

成渝地区城镇建设用地的扩张，一方面使得耕地面积减少，人地矛盾更加尖锐；另一方面导致失地农民增多，加大了解决三农问题的难度。据统计，2003～2008 四川全省耕地净减面积 52.56 万公顷，年均减少 8.76 万公顷；1996～2006 年重庆市共减少耕地 31.44 万公顷，平均每年减少 2.86 万公顷。2008 年成渝地区人均耕地面积只有 1 亩，川渝地区的人均耕地面积为 1.11 亩，全国人均耕地面积为 1.39 亩。成渝地区人均耕地水平低于川渝地区和全国的平均水平，已经临近国际公认的耕地警戒线水平❷。

2.4　生态环境问题突出：经济导向下的区域空间发展模式

生态环境瓶颈是现阶段我国城市可持续发展过程中普遍面临的重要障碍。在人口密集、生态环境相对脆弱的城镇密集区，生态环境保护与城市社会、经济发展之间的矛盾更为尖锐。虽然生态环境问题的产生有诸多因素，但作为城镇密集区内社会、经济活动的物质载体，区域内人工空间不当的拓展方式无疑是导致生态环境问题加剧的重要诱因。

2.4.1　经济导向下区域空间发展对生态环境的漠视

城镇密集区的形成与发展必须依托能够承载大量人口和密集城镇的自然生态环境，共同的、山水相连的区域自然生态环境又将区域内孕育的城镇群体紧密联系成一个休戚与共的整体。由于城镇密集区内建设空间蔓延，人口和经济活动都高度密集，对有限的区域生态环境承载力构成严重挑战，同时，城镇之间在有限的地域上共享并维护着区域内的绿地、水系等自然生态环境，使得城镇密集区内城镇空间的内外部生态环境同时具有脆弱性与关联性特征。

在目前以经济为导向的区域空间发展模式下，生态优先的理念并未落到实处，在城镇密集区对城镇空间发展的管理与控制过程中，忽视生态环境及其背后生态规律的现状，加

❶ 资料来源：《中国工业园区建设统计年鉴 2009》。

❷ 资料来源：国家发改委，重庆市人民政府，四川省人民政府．成渝经济区区域规划［R］．2010。

剧了一系列生态问题的产生。

1. 宏观层面：城市空间用地规模决策的生态缺位

城镇密集区内建设空间相对密集，城市建设空间规模的安全底线应当与区域的生态承载能力相适应，并将其作为前置条件引导区域城镇空间规模的扩张。

目前的城市总体规划由人口预测＋人均建设用地指标的方式来确定城市用地规模，这种城市用地规模的决策方式忽视了环境对城镇发展的制约。对于建设空间比例大、生态环境资源脆弱的城镇密集区，由于缺乏对区域生态承载能力的研究，单个城市用地规模的不断膨胀其累加效应有可能导致区域内建设用地规模的失控，超越城镇密集区生态环境的容量而造成生态危机。如前几年沿海发达城镇密集区内频发的如太湖的蓝藻暴发、珠江流域水污染等生态危机事件，虽然存在环境保护不力等多方面原因，但过度密集的城市建设规模对区域生态承载能力造成的巨大压力显然是重要的诱发因素。

2. 中观层面：城镇空间规划的建设用地导向

受经济导向下发展模式理念的影响，目前的城镇空间规划以建设用地空间布局为导向，生态空间规划布局仅作为专项规划进行补充。以建设用地为导向的建设规划忽视城镇生态空间的生态联系和分布规律，使城镇生态空间转变为建设空间的过程带有盲目性，不能反映区域生态环境的特征和规律。

忽视城镇自然生态环境及分布规律的空间拓展方式，对城镇密集区内原本脆弱的生态环境和稀缺的生态资源进行盲目的使用，加大了城镇空间使用的生态代价。从生态学的视角对城镇生态空间用地进行规划，作为建设规划的前置条件，对于城镇生态空间的有效保护有重要意义。但目前在城市规划管理中尚未建立起系统有效的以生态空间为导向的城镇空间规划体系。

3. 微观层面：建设空间设计生态观的缺失

所谓生态设计观，是按照自然环境存在的原则和规律设计人类的居住形式和居住环境，其基本出发点是试图为人类寻找一种在地球上愉快生活而同时减小对地球生态造成破坏的生活方式。将生态设计观落实于城镇建设空间的实施中，有助于从微观层面最大限度地降低人类人工活动对自然生态环境的影响，缓解区域的生态环境问题，提高区域生态环境的承载能力。

目前在我国城市建设中对于生态设计观的普及和实践还有待加强，特别是处在西部地区的成渝城镇密集区，在城市建设过程中不注重生态的建设方式普遍存在：如长江水系各城市内普遍只关注防洪功能而建设的大量挡墙式岸线，使得原有沿江岸线的生态功能严重退化。又比如在成渝地区复杂地形下城市建设对原有地形地貌的忽视，导致对自然山体、水系的破坏，增大建设资金投入的同时加剧了区域生态环境问题的产生。

2.4.2 成渝城镇密集区突出的生态环境问题

多层次空间拓展过程中生态观念的缺失，加剧了成渝城镇密集区的生态环境问题。作为长江上游重要的生态屏障，西部地区人口与城镇最稠密的地区，虽然近年来成渝地区环境恶化的趋势得到一定控制，但环境污染仍然严重，生态环境还十分脆弱，环境形势依然严峻。

全国及川渝主要污染物排放强度统计表（2008年） **表2.3**

指标名称	全国	重庆	四川
万元GDP废水排放强度（吨/万元）	28.65	47.25	35.48
万元GDP化学需氧量排放强度（千克/万元）	7.7	8.8	10.6
万元工业产值化学需氧量排放量（千克/万元）	6.37	9.44	9.41
万元GDP氨氮排放强度（千克/万元）	0.8	0.9	0.9
万元工业产值氨氮排放量（千克/万元）	0.603	0.97	0.67

资料来源：《中国统计年鉴2009》、《中国环境统计年报2009》。

全国与川渝废污水收集处理指标对比表（2008年） **表2.4**

指标名称	全国	四川省	重庆市
工业废水达标排放率	91.2%	88.26%	93.66%
城镇生活污水处理率	37.4%	30.6%	20.5%
城市污水处理率	51.95%	42.69%	34.65%
城市污水集中处理率	39.36%	36.05%	22.2%

资料来源：《中国环境统计年报2009》、《中国城市建设统计年报2009》。

1. 水环境问题

成渝城镇密集区地处长江上游水系，水环境问题严峻，城市废污水排放量大，主要污染物排放强度高。2008年在全国废水排放量超过20亿吨的12个省区中，四川省排在第7位；在全国化学需氧量排放量超过60万吨的10个省区中，四川排在第5位；在全国氨氮排放量超过6万吨的11个省区中，四川排在第10位。成渝地区2008年的废污水排放量占长江流域接纳废污水排放量的18%；废污水中化学需氧量的排放量对长江流域化学需氧量污染的贡献率为21%；氨氮的排放量对长江流域氨氮污染的贡献率为18%。2008年四川和重庆的万元GDP废水排放强度、万元GDP化学需氧量排放强度和万元工业产值化学需氧量排放量、万元GDP氨氮排放强度和万元工业产值氨氮排放量均大于全国平均水平（表2.3）。区域废污水收集处理系统不完善。2008年，除重庆的工业废水达标排放率高于全国平均水平外，四川与重庆的废污水收集处理指标大都低于全国平均水平（表2.4）。成渝地区设市城市中，城市污水处理率高于全国平均水平（51.95%）的城市只有6个，它们是成都、绵阳、自贡、南川、泸州和江津。2008年，四川省地表水监测断面中有71.2%的断面满足水环境功能要求，在诸子流域中，嘉陵江流域水质状况最好，95.4%的断面满足规定的水质标准；其次为岷江流域，68.4%的断面满足规定的水质标准；水质状况最差的是沱江流域，仅有17.6%的断面年均值达标。长江、嘉陵江、乌江（简称“三江”）重庆段水质保持稳定，27个监测断面均满足三类水标准（粪大肠菌群不参加评价），重庆市66条主要次级河流168个监测断面中满足三类水标准断面为63.7%（图2.16、图2.17）。受工业和生活废污水的污染，岷江、沱江干流和支流在成都段的水质较差为Ⅳ～劣Ⅴ类。在沱江上游的绵远河八角段（德阳）水质为劣Ⅴ类，自贡市的釜溪河以劣Ⅴ类水质为主。重庆市属于Ⅴ类和劣Ⅴ类水质的河流均为支流，如小安溪、高滩河。在缺水地区，如成都和自贡，年内各月的河流水质均较差；而在地表水资源相对丰富的地区，在雨季，受降雨的影响，地面污染物被带入水系，使水质变差。

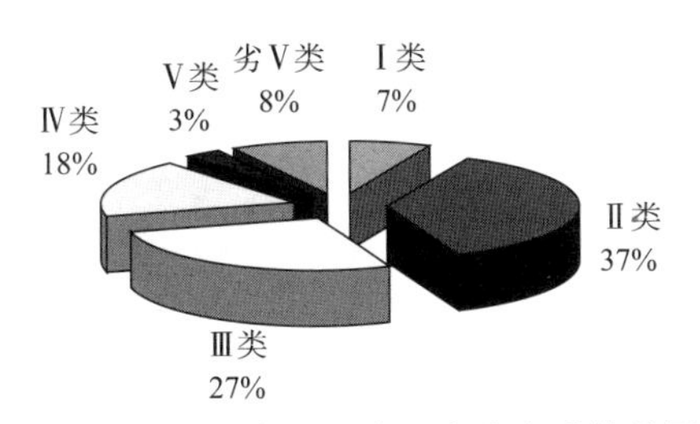

图 2.16　2008 年四川省地表水水质状况图

资料来源：《四川省统计年鉴 2009》。

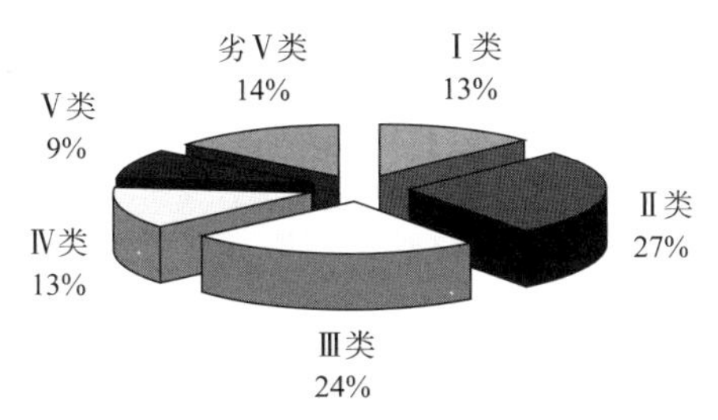

图 2.17　2008 年重庆市次级河流水质状况图

资料来源：《重庆统计年鉴 2009》。

2. 水土流失问题

川渝地区是我国水土流失最严重的地区之一。三峡库区 60％的泥沙来自四川，20％的泥沙来自重庆。根据第二次全国水土流失遥感普查成果，四川省水土流失面积 15.65 万平方公里，占长江上游水土流失面积的 56％，占全省土地总面积的 1/3。四川省每年土壤侵蚀总量达 10 亿吨，每年流入长江的泥沙总量达 3 亿多吨。重庆市水土流失面积为 4 万平方公里，约占全市总面积的一半，土壤侵蚀总量达 1.46 亿吨，流入长江的泥沙约 1 亿吨（图 2.18）。川渝地区水土流失很大程度上来自人类经济活动。

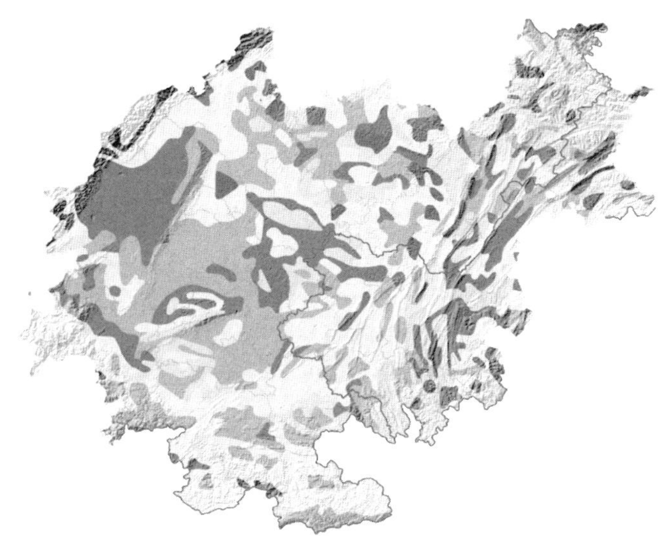
图 2.18　成渝地区水土流失分布图

资料来源：中国城市规划设计研究院．成渝城镇群协调发展规划．2008。

3. 酸雨问题严重

西南地区是我国仅次于华东的酸雨区。重庆市自 20 世纪 80 年代以来就是我国酸雨问题最为严重的地区之一。川渝地区酸雨具有污染面积大、降雨 pH 值低、酸度高、发生频率高的特点。酸雨污染总体上呈下降趋势。酸雨频率缓步减小，降雨酸度有所降低，但趋势不明显，年际变化幅度大（图 2.19）。2008 年，四川省酸雨覆盖的城市达 75％，酸雨频率为 37.4％，降水 pH 均值 4.55，地区酸雨中心为南充、宜宾。重庆市酸雨频率为

51.9%，降水 pH 均值 4.72。酸雨较严重的地区，如重庆市区、宜宾、南充等地的酸雨问题未得到明显改善。川渝地区酸雨成因主要与工业大气污染、地形地貌和气象条件有关：川渝地区是我国老工业基地，能源需求大；能源结构仍以煤为主；本地煤含硫量高(3%～5%)；烟气脱硫刚开始在区内推广。盆地地形闭塞，大气稳定度大，静风频率高，不利于大气污染物扩散❶。

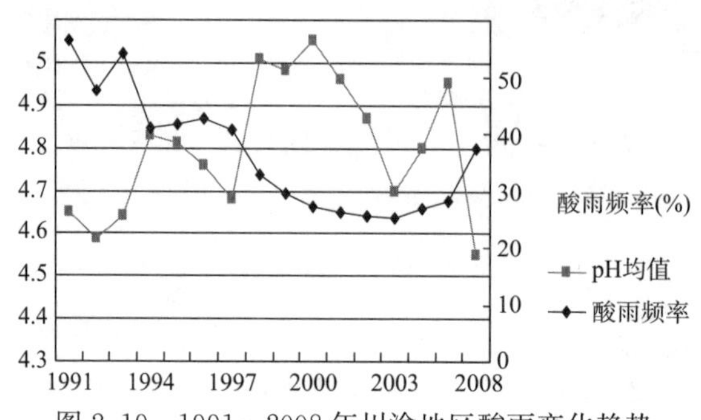

图 2.19　1991～2008 年川渝地区酸雨变化趋势

资料来源：《中国统计年鉴 2009》、《中国环境统计年报 2009》。

4. 森林生态功能退化

川渝地区范围内的森林是长江上游的主要水源涵养林，对于防止山地灾害，调节和稳定长江流量，减少洪涝灾害有着十分重要的作用。但由于近几十年来，森林集中过度采伐，使长江上游地区的大面积原始森林遭到严重破坏，森林覆盖率曾一度下降到 20%以下，沿江地区甚至降到 5%～7%。自 20 世纪 80 年代中后期以来，由于采取了一系列的封山育林措施，特别是启动“天保工程”以来，森林恢复效果显著，森林覆盖率呈上升趋势，2000 年恢复到 24.23%，2005 年已达到 28.98%（图 2.20）。近年来，尽管森林覆盖率、林木蓄积量逐年上升，但保持水土、涵养水源、保护生物多样性等生态功能显著的原始林、混交林、成熟林的比例却不断下降，加之幼林较多，森林生态系统稳定性差。人工林面积有所扩大，但林相单一，生物多样性和抵御虫害能力、水土保持功能还较低下。

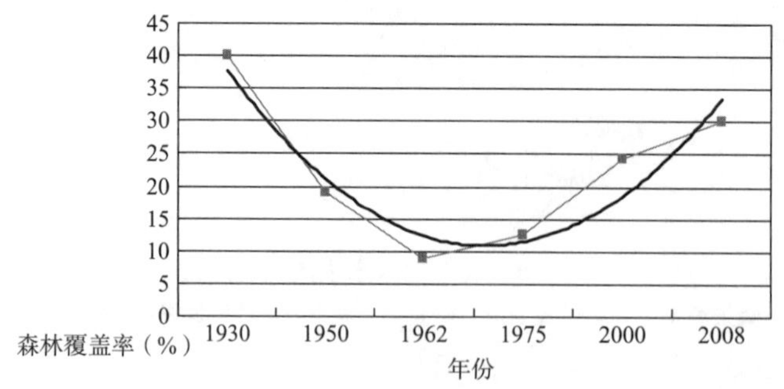

图 2.20　川渝地区森林覆盖率历史变化

资料来源：《中国统计年鉴 2009》、《中国环境统计年报 2009》。

❶ 资料来源：中国城市规划设计研究院．成渝城镇群协调发展规划总报告［R］.2008。

5. 生物多样性受到威胁

川渝地区地处亚热带，地域辽阔，地形复杂，高差大，土壤、气候和植物的垂直地带变化和水平地带变化都很明显，为生态系统多样性和生物种类多样性创造了良好条件，是全球25个生物多样性热点地区之一。由于森林面积减小、环境污染、水利水电工程建设以及对自然资源的不合理利用，川渝地区生态多样性逐渐下降，野生动植物资源逐渐减少并消失。近几十年来，仅川西北地区就有约5%的生物种类已经灭绝，约10%～20%的生物种类也处于濒危的境况。由于掠夺性捕捞、江河水质污染及梯级水电开发的影响，水生生物资源也遭到很大破坏，许多珍稀鱼类及其他水生生物也随之消失❶。

生态环境问题的产生有其背后多方面的原因，但作为各种社会、经济活动的物质载体，经济导向下的区域空间发展模式对区域生态环境的忽视，无疑加剧了成渝地区社会经济发展过程中面临的各种生态环境问题。如前文提到的宜宾、泸州、合川等长江水系城市沿江布局大量煤炭开采与化工能源基地，这种在长江上游争相发展煤化工的产业空间分布状态无疑会对水环境安全造成严重隐患。又如绵阳、雅安、乐山、宜宾等四川盆周山地区，是四川盆地水资源的重要补给区和森林生态系统、生态多样性保存最完整的地区，具有重要的生态意义，但近年该区域内布局的矿产资源、能源型产业空间对区域水土保持、森林和生物多样性的保护造成隐患。成渝城镇密集区空间发展过程中存在的生态环境忽视问题，有其内在的体制原因，在我国城镇发展过程中具有一定的共性。但由于成渝城镇密集区长江上游独特的生态屏障地位和相对敏感脆弱的区域生态特征，在区域空间发展过程中所面临的生态环境保护问题显得更为紧迫。

2.5 城乡二元结构突出：体制分割下的空间失衡

新中国成立后国家一系列制度选择如重型工业化道路、户籍政策、工农产品价格政策等，形成了我国典型的城乡二元经济结构，城乡产业发展失衡和城乡体制分割带来的城乡空间差距越来越大。成渝城镇密集区内由于城市经济的快速发展和传统大城市带大农村的基本空间格局，使得城乡二元结构所表现的城乡空间失衡问题更加突出。

2.5.1 城乡空间失衡背后的体制原因

城镇密集区内城乡空间发展的差距有其背后深刻的体制原因，正是由于体制上的分割构成了区域内城乡空间发展失衡的基本内因。

1. 城乡二元政策体制的先天缺陷

城镇密集区内城乡发展差距的形成，城乡分割的二元政策体制是基本的原因之一。城市和农村实行不同的管理体制，彼此处于相对独立和分割的状态，城乡二元的土地和户籍政策是这种二元管理体制的突出表现和反映。从城乡产业空间的发展来看，城镇密集区内城市经济发展的市场化改革和市场化趋势越来越明显，在市场化的道路上不断摸索和探索；而农村经济的发展，无论是农业生产的组织形式，还是农产品的经营方式，基本上都以分散的生产和经营为主体，与现代市场经济要求的大规模、集约化的组织生产有一定的

❶ 中国城市规划设计研究院．成渝城镇群协调发展规划总报告［R］．2008：28-33。

差距，因而导致农业经济的总体竞争力呈弱势发展状态。从城乡空间的人居环境发展来看，城市与农村无论是在基础设施、公共服务、医疗、卫生、社会保障等诸多方面都实行不一样的管理体制与管理政策，这种制度安排上的先天缺陷导致城镇密集区内城乡空间人居环境的发展差距日益扩大。

2. 相关部门在农村地区职能延伸的缺位

现代公共管理学普遍认为：政府的职能就是提供让人民满意的公共服务和公共产品，也就是说，提供良好的公共产品及服务是政府最基本和最重要的职能。然而这种职能的提供在一些政府职能部门中表现得也相当不均衡，政府职能的发挥更多地注重城市，而在农村地区严重缺位，导致广大农村地区接受不到政府的公共服务。还有一种表现就是，一些政府部门的工作职能在城市地区极为通达和顺畅，在城市地区的工作体系和工作网络也比较密集，而在农村地区，不仅工作体系不健全，工作网络不贯通，覆盖面也完全不及城市地区。

比如在城乡规划管理上，虽然从名称上各地的规划管理部门均更名为城乡规划管理部门，管理的依据也为《城乡规划法》，但由于实际行政管理职能的设定就是以城市为主要规划管理和实施的重点区域，因而目前的城市规划管理基本没有覆盖到乡村的职能，这也直接导致城乡规划在城乡之间的不平衡。由于规划管理部门的主要精力投放在城市区域，而对于农村地区则有所忽视，因此农村建设的规划管理特别是在西部地区还普遍处于“起步”状态。

3. 统筹城乡发展的工作机制和工作体系尚不健全

尽管中央提出统筹城乡发展已经有多年的时间，但事实上，由于受到城乡分割的二元管理体制的限制，统筹城乡发展的工作机制和工作体系尚未真正建立起来，城市和农村依然按照各自的运作模式运作。完善健全的城乡统筹协调组织机构是实行城乡统筹的重要保证，而目前现行的组织架构难以胜任和完成城乡统筹任务。成渝城乡统筹综合配套改革实验区的设立，实际上就是中央在试点建立统筹城乡发展工作机制与体系上的有益探索。

此外，重城市轻农村、重工业轻农业的传统发展观念对于城乡空间发展差距的不断增大也起了重要作用。当前，各级地方政府都把招商引资作为重要的工作任务加以推进，对招商引资表现出了极大的热情。然而，在招商引资的过程中，各级政府重视的也是工业大项目，那些投入大产出快的工业项目受到各级政府的热捧，而对农业的招商引资则动力明显不足。不仅如此，在人们久已形成的惯性思维和政绩观中，总是认为抓城市建设，搞城市经济容易出成效，彰显政绩，而搞农村经济不仅投入大、周期长，而且成效不明显，因而对农村工作既不主动也不热心，导致农村空间的发展水平远远落后于城市发展。

2.5.2 成渝城镇密集区相对突出的城乡二元空间结构

体制分割下的城乡空间失衡问题是我国区域空间发展的共性。成渝地处我国内陆地区，人多地少，经济发展水平不高，城乡二元空间结构相对于沿海发达地区更为突出，主要表现在以下方面：

1. 现代工业带传统农业：城乡产业空间发展差距较大

成渝地区现代工业发展得益于三线时期国家重点建设，经过多年的发展壮大，电子信息、冶金化工、汽车摩托车、输变电设备、工程机械、航空航天、铁路交通设备、数控机床、仪器仪表、彩色电视和通信设备、食品饮料和国防军工等产业都具有相当的优势，特别是国防科技工业和成套机械装备制造业，是成渝地区具有全国领先地位的重要优势行业。这些发达的现代工业集中布局在以重庆、成都为重点的大城市中，如重庆是我国重要的汽车摩托车生产基地，成都是全国四大电子工业基地之一，绵阳是全国重要军工研发和电子工业生产基地，德阳是全国重型机械装备工业基地，自贡、泸州等地是全国重要的化学、工程机械工业基地，宜宾是食品工业和能源工业基地等。

与之形成明显对比的是成渝地区分布广泛的传统农业。除了成都平原地区农业机械化、水利化水平相对较高外，成渝大部分地区以丘陵、山地为主，农业生产现代化程度不高。从每公顷耕地农业机械总动力指标来看，全国平均水平为 5.3 千瓦/公顷，而川渝地区的平均水平为 4.9 千瓦/公顷，低于全国平均水平。四川省农田机械化水平为 5.6 千瓦/公顷，重庆市农田机械化水平只有 3.7 千瓦/公顷[1]。成渝地区相对落后的传统农业使得区域内城乡产业空间发展的差距相对沿海发达地区城镇密集区更大，城乡二元的经济结构特征更趋明显。

2. 超大城市带超大农村：城乡住区空间发展相对分离

重庆、成都是西部第一大和第二大城市，2008 年城市人口规模分别为 571 万和 460 万人，早已步入超大城市行列，在全国城市人口中分别排名第 8 和第 11 位。而川渝两地农业人口规模庞大，2008 年农业人口规模达到 8230 万人，是渝蓉两大城市人口的 9 倍。由于庞大的人口基数，渝蓉两市在各自行政区总人口中的比重并不高，形成川渝地区“超大城市带超大农村”的格局。由于超大城市的生活水平高，导致该地区城乡差异更为突出。2008 年重庆农民人均纯收入为 3307 元，四川省农民人均纯收入为 3363 元，全国为 3906 元，比全国平均水平低 550 元左右。重庆市城市人均可支配收入 2008 年达到 12291 元，成都市达到 15346 元，与本省市农民的收入差分别达到 3.7∶1 和 4.5∶1，同期全国城乡收入差为 3.2∶1[2]。

从总体上看，超大城市带超大农村的基本城乡格局，反映到幅员相对广阔的成渝地区表现为显著的城乡空间相对分离的特征，这一点与沿海发达城镇密集区内城乡空间相互交织的状况有较大不同；另一方面，由于城乡产业发展的相对不均衡和城乡收入的悬殊差距，反映到成渝地区城乡生活空间上则表现为城乡住区空间发展水平的失衡。乡村住区空间在教育、医疗、交通、卫生等公共服务配套设施上与城市空间存在巨大差异，乡村人居环境的现代化水平明显滞后于城市。

城乡二元结构会伴随着一系列社会、经济问题。城乡二元体制下城乡空间发展的失衡问题，一方面会加剧当前我国城乡社会经济和政治发展的结构性障碍，造成城乡之间、工农之间以及国家与农民之间的矛盾；另一方面从城镇密集区空间发展的角度来看，城乡空间相对分离发展的状态不利于城镇密集区区域空间的协调发展。在城乡空间缺乏统一管理的情况下，乡村空间相对粗放的空间利用状态成为城镇密集区内土地资源集约利用的重要障碍之一。城乡二元的空间发展状态已成为我国城镇空间发展的重要特征，而这一特征所带来的矛盾和空间问题在城乡建设空间相对密集、城乡空间各类联系更为密切的城镇密集区显得尤为突出。

---

[1] 根据《四川省统计年鉴 2009》、《重庆统计年鉴 2009》整理。

[2] 根据《四川省统计年鉴 2009》、《重庆统计年鉴 2009》整理。

第 3 章　城镇密集区空间集约发展的理论研究

成渝城镇密集区面临的空间发展问题在我国城镇密集区的发展进程中带有一定的共性。粗放的空间拓展方式在资源紧缺、环境脆弱的城镇密集区内难以持续，必须实现空间发展模式向集约型转变。本章将就集约发展模式在城镇密集区发展中的内涵及必要性进行探讨，并对城镇密集区空间集约发展的研究对象、空间目标及方法论进行理论构建，为成渝城镇密集区空间集约发展的对策研究提供理论基础。

3.1　从经济效率到综合效益：城镇密集区空间集约发展的内涵

3.1.1　“集约”概念的由来及相关研究综述

“集约”（Intensive）是来自经济学领域中的一句术语，其本意是泛指在充分利用一切资源的基础上，更集中合理运用现代管理和技术，充分发挥人力资源的积极效应，以提高工作效益和效率的一种形式。将“集约”概念运用到城市科学中形成最完善、系统研究成果的概念莫过于“城市土地的集约利用”。该概念在现代土地经济学、区域经济学、地理学中已成为一个重要的理论研究平台，对其相关研究的梳理与总结无疑有助于系统深入地认识集约发展的概念与内涵。

关于土地集约利用的概念，不同领域的学者从不同的角度给予了定义（图 3.1）。

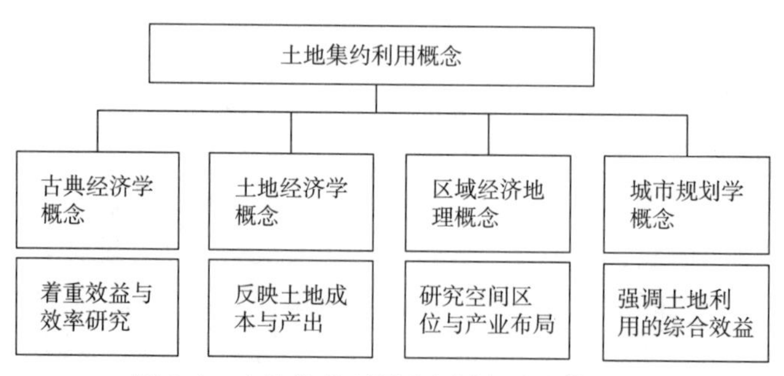

图 3.1　土地集约利用多领域概念研究图解

土地集约利用的概念最早来自于李嘉图（David Ricardo）等古典经济学家在地租理论中对农业用地的研究，是指在一定面积土地上，集中投入较多的生产资料和劳动、使用先进的技术和管理方法，以求在较小面积土地上获取高额收入的一种农业经营方式。可见“集约”二字最早就是直接涉及土地的利用效率和经济效益的。21 世纪初美国著名土地经济学家理查德·T·伊利在其名著《土地经济学原理》一书中，阐明了人口、土地资源的稀缺性、地价等因素对城市土地集约利用的影响，指出：“地价昂贵的第一个后果是使人们不得不高度集约利用土地。”其他经济学家如柏克曼、阿郎索对城市居住性用地、厂商用地竞标曲线进行了研究。20 世纪末，新制度经济学派兴起，罗纳德·科斯以及巴泽尔等人又从市场经济下土地产权角度研究了资源配置效率问题，但他们所谓的效率是围绕着交易成本，通过明晰产权的途径使社会资源配置过程不产生资本损失。因此关于城市土地集约利用，经济学家主要是从如何经济地使用土地的角度进行研究，其研究结果反映的是土地成本与产出的关系。以 19 世纪杜能（J. H. V. Thnon，1783－1850）的农业区位论、20 世纪初韦伯（A. Weber，1868－1958）的工业区位论、20 世纪 30 年代克里斯塔勒（W. Ohristaller，1893－1969）的城市区位论（中心地理论）以及廖什的市场区位论等为代表的区位理论研究，主要是从地理学空间区位角度研究产业发展的最佳布局，虽然本质上也是反映如何使厂商成本最小化，但他们使国家对土地的集约利用管理有了一定方向。

随后，土地集约利用的概念被引入城市土地研究中，形成城市土地集约利用的概念，许多学者从不同角度和不同范围对城市土地集约利用进行了概念解释和界定。部分研究者认为，城市土地集约利用就是在一定城市土地上增加投入，以获得更多产出的土地开发经营方式；另一些学者则认为，城市土地集约利用还应该包括土地利用结构、布局的合理及生态环境的优越等❶❷❸；还有一些学者认为，城市土地集约利用是指在布局合理、结构优化和可持续发展的前提下，通过增加存量土地投入、改善经营管理等途径，不断提高土地利用效率和经济效益，并取得良好经济效益、社会效益和生态效益的过程❹。

关于城市土地集约利用的内涵，学者们进行了全方位探讨，大致将其划分为两类。部分学者从土地利用成效角度出发，认为城市土地集约利用应包括三个层面的涵义：一是土地产出高效化，即不断增加存量土地投入，提高土地利用率及产出率，获得土地产出的最大化；二是土地布局和土地结构合理化，即城市土地利用方式之间高效协作，使城市健康高效发展；三是土地利用效益的综合化，即城市土地利用在追求经济效益的同时，应体现经济、社会和生态环境效应的统一❺❻❼。部分学者从不同空间尺度出发，认为城市土地集约利用涵义应包括宏观、中观和微观 3 个层次。就宏观层次而言，城市土地集约利用强调的是城市综合效益，要求城市有合理的城市规模和城市性质以及与之相协调的产业结构等；中观层次则强调用地功能和结构的合理性；微观层次侧重于单块土地的投入产出效益❽。但所有的研究者都认为，城市土地集约利用是一个动态过程，随着经济发展和科技的进步，应该充分考虑其动态发展趋势，而不只是一个静态终极目标❾。

---

❶ 谢正峰．浅议土地的集约利用和可持续利用［J］．国土与自然资源研究，2002（4）：31－32。

❷ 龚义，吴小平，欧阳安蛟．城市土地集约利用内涵界定及评价指标体系设计［J］．浙江国土资源，2002（1）：46－49。

❸ 李元．生存与发展：中国保护耕地问题的研究与思考［M］．北京：中国大地出版社，1997。

❹ 甄江红，成舜，郭永昌，等．包头市工业用地土地集约利用潜力评价初步研究［J］．经济地理，2004，24（2）：250－253。

❺ 陶志红．城市土地集约利用几个基本问题的探讨［J］．中国土地科学，2000，14（5）：1－5。

❻ 吴旭芬，孙军．开发区土地集约利用的问题探讨［J］．中国土地科学，2000，14（2）：17－21。

❼ 陈莹，刘康，郑伟元，等．城市土地集约利用潜力评价的应用研究［J］．中国土地科学，2002，16（4）：26－29。

❽ 陈书荣，曾华．论城市土地集约利用［J］．城乡建设，2000（8）：28－29。

❾ 成舜，白冰冰，李兰维，等．包头市城市土地集约利用潜力宏观评价研究［J］．内蒙古师范大学学报（自然科学版），2003，32（3）：271－277。

随着我国相关研究的兴起，更多学者从我国实际情况出发，探讨与城市土地集约利用相关的理论问题。一些学者讨论了城市土地资源合理配置问题，构建了基于市场机制、政府调控机制和公众参与机制的城市土地资源集约化配置模式，指出土地置换是实现土地集约利用的重要手段，并对产业用地置换做了初步研究❶❷。另一些学者立足我国城市化迅速发展的实际，探讨城市化发展与土地集约利用的相互关系，表明两者相辅相成、相互促进，城市化建设与土地集约利用的目标是一致的。在城市化的不同阶段，土地利用集约化的类型呈现出不同的特点，一般经历从劳动力资本型集约到资本技术型集约，再到结构型集约，最后随着城市土地利用空间形态的城乡融合，土地利用表现为更高层次的生态型集约的发展过程❸❹❺❻。部分学者引入城市可持续发展理论，探讨城市土地可持续利用与集约利用的关系。研究指出，可持续的土地利用发展观是城市土地集约利用的指导思想与依据，城市土地利用既要求节约用地，追求土地产出效益，又要注重土地潜力的适度和可持续挖掘，应避免矫枉过正，造成城市社会和生态环境的恶化。

为了应对我国城市化进程中不断出现、日益严重的土地利用问题，国内学者在研究我国城市土地集约利用问题时逐渐对其内涵进行了扩展，其中包括：强调在研究城市土地集约利用时，要考虑土地利用结构和布局的优化问题；认为合理配置城市土地，进行土地置换也属于城市土地集约利用的内容；另一些观点则把城市的布局、用地结构也纳入到城市土地集约利用的研究范畴中，并建立宏观—中观—微观的研究层级。此外，随着近年来可持续发展观念的深入人心，除了强调经济效益之外，"集约"一词同时被加入了环境效益和社会效益的目标体系。尽管赋予"城市土地集约利用"的概念给它更多的内容和研究构架以带来了一定的模糊性，但是从它的研究出发点仍可以看出，我国城市土地集约利用的研究旨在城市化快速发展的大背景下，寻求改变城市土地粗放利用现状的有效途径，并通过不断提高土地的使用效率和综合效益来缓解城市及其区域范围内的土地利用问题。

通过土地集约利用概念相关研究的总结梳理，可以就"集约"概念的相关研究得出以下结论：

1）从强调"经济效率"转向注重"综合效率"。"集约"的概念来源经济学，早期研究注重于经济效率即如何提高"投入与产出"之间的比例关系。随着对生态问题、社会问题的关注及可持续发展理念的深入人心，"集约"概念在强调经济效率以外，在目标体系上越来越注重发展过程中的生态效益和社会效益目标，从单纯注重"经济效率"转向强调发展过程中的"综合效率"。2）从专注于投入、产出效率转向注重布局、结构效率。在研究"城市土地集约利用"的内容体系上，从单纯研究城市土地"投入产出的高效化"，进而越来越关注"城市空间布局优化、城市土地利用结构"等要素对城市空间集约发展的影响。3）从单一层面集约转向多层次化集约利用研究。随着"集约"目标体系和研究构架

---

❶ 潘琦，王丽青．城市土地集约利用与土地置换［J］．中国土地科学，1996，10（2）：1-4。

❷ 罗鸿铭．城市土地资源集约化配置模式与利用策略选择［J］．现代财经，2004，24（7）：22-25。

❸ 何芳，魏静．城市化与城市土地集约利用［J］．理论探讨，2001（3）：24-26。

❹ 王筱明，吴泉源．小城镇土地集约利用研究［J］．中国人口·资源与环境，2001，11（51）：36-37。

❺ 王筱明，吴泉源．城市化建设与土地集约利用［J］．中国人口·资源与环境，2001，11（52）：5-6。

❻ 董黎明，袁利平．集约利用土地-21世纪中国城市土地利用的重大方向［J］．中国土地科学，2000，14（5）：6-8。

被赋予更多的内涵，对“城市土地集约利用”的研究视角也出现了多层次化。宏观层次的集约强调城市的综合效益，要求城市有合理的城市规模及与之相协调的产业结构等；中观层次则强调用地功能和结构的合理性；微观层次侧重于单块土地的投入产出效益[1]。

显然，土地集约利用与空间集约发展之间有着紧密的关系。从古典经济学、土地经济学到区域经济学再到城市规划学，关于土地集约利用的研究经历了从单纯强调对土地本身投入产出效率的“狭义”集约，向关注空间布局和使用综合效率的“广义”集约逐步过渡的发展过程。随着“集约”概念关注的重点向布局结构、空间多层次等领域的转变，“集约”概念的研究也将从单纯的土地集约向空间集约乃至区域空间集约等领域不断延伸。

3.1.2 多维性与层次性：城镇密集区空间集约发展的综合内涵

城镇密集区空间集约发展是“集约”理念在区域层面的体现。结合“集约”概念的相关研究结论，可以将城镇密集区空间集约发展的内涵从目标体系和对象结构两个层面进行解析：

1. 目标的多维性

城镇密集区是一个复杂的区域城镇空间系统，将经济学上“集约”的概念引入城镇密集区的空间发展模式研究中，需要强调区域空间发展目标的多维性：即从经济学角度主要强调经济效率目标，转而强调通过科学的政策引导、规划控制和新技术应用等手段来实现区域空间发展过程中经济、社会和生态目标综合效益的最大化。城镇密集区空间集约发展的三个目标维度之间存在着紧密的联系，是集约发展目标实现不可或缺的一部分，经济目标是发展的基础，社会目标是评判的尺度，生态目标是发展的保障。在人口密集、资源紧张、生态环境脆弱的城镇密集区，从单纯强调区域发展的速度到提倡区域空间集约发展的“综合效益”具有重要的意义。

综合考虑城镇密集区空间集约发展的内涵，从经济、社会、生态综合效益最大化出发，可将城镇密集区空间集约发展的多维目标体系归纳为：

1）经济有效。集约发展强调“发展”是区域进步的基础，只有在“发展”的基础上，才有足够的经济实力来解决业已存在的生态环境问题和社会问题。但集约发展强调的是“有效发展”，而不是单方面追求发展速度。城镇密集区的发展速度必须以效率为前提，城镇密集区资源相对匮乏，以消耗资源实现数量上扩张的快速发展方式在城镇密集区内行不通，必然会遇到资源、生态瓶颈，导致发展的不可持续。

因此，空间集约发展模式关注空间发展的效率，在合理使用区域资源的前提下实现城镇密集区空间的有效发展。城镇空间是城镇密集区经济发展的物质载体，城镇密集区经济的有效发展必须强调城镇空间的有效发展。城镇密集区空间集约发展不追求经济目标最大化，而是经济目标有效，即人类合理利用区域内的各类空间资源以获得经济的发展。

2）生态安全。资源的永续利用和生态系统的可持续性保持是人类持续发展的首要条件。城市经济和社会的发展必须在区域资源及其环境的承载力之内。这样，才能使区域城镇系统保持其相对稳定的结构和功能，使其具有持续不断的再生产能力。当人类对城镇资源的不合理利用严重干扰正常的自然生态过程时，将对自然生态系统的结构造成破坏，导

---

[1] 陈书荣，曾华．论城市土地集约利用［J］．城乡建设，2000（8）：28－29。

致该系统的功能障碍，自然再生产能力将下降，甚至消失，最终导致经济再生产能力不复存在。

城镇密集区空间的发展必须以区域和城镇空间内自然生态系统的安全为前提。城镇密集区内生态系统相对脆弱，空间发展过程中保障生态安全的目标相对突出。要想实现区域空间的有效发展，就必须高度关注对区域内生态资源的保护，将其作为城镇密集区空间发展的前置条件。从效率层面去考量区域空间发展的生态安全有两层含义：一是空间发展对生态资源的消耗要做到适度和高效，在不突破生态承载力底线的情况下珍惜使用为我们创造社会、经济价值的生态资源；另一方面，从生态资源系统保护层面要提高生态空间保护的水平，通过合理的保护措施提高生态空间系统结构的科学性，增强区域生态系统的承载力。

3）社会认同。集约发展的社会效益表现在公众反映和社会评价体系上，区域发展的核心目的是为了满足城镇居民的生活、工作、休憩等方面的需求。因此，社会可接受性必然成为城镇密集区空间集约发展的重要原则和终极目标。满足城镇密集区空间发展过程中的社会可接受性目标，就必须在区域城镇空间发展中体现以人为本的指导思想，充分考虑城镇居民的各种精神与物质需求。在精神需求方面，努力打造城市文化品牌，重视城市特色的保护和城市文脉的延续，为创造良好的城市文化氛围提供物质基础。在物质需求方面，重视城市公共服务设施的合理配置，努力创造宜人的工作与居住环境，建立快捷顺畅的交通体系，提供良好的市政基础保障设施等，都是在城镇空间发展的过程中必须平衡解决的问题。当然，社会可接受性是一个相对宽泛的概念，除了关注城镇空间发展中人的精神和物质需求之外，在城镇密集区发展中应当重点解决的是区域空间发展的公平性，实现发展成果的共享。

4）协调发展。城镇密集区是一个综合性、网络化的城镇空间系统，空间集约发展目标的综合性决定了其各目标体系之间的协调关系至关重要。根据哈肯的协同论，形成系统有序结构的根本原因在于各子系统间相互关联的“协同作用”。城镇密集区空间集约发展内部各子系统之间的协同关系，可以增强空间系统的功能。因此，只有自然生态和社会、经济子系统处于协调状态，各要素的开发利用规模在系统相应的阈值范围内，才能保证区域城镇空间系统持续不断地向有序状态转化（图 3.2）。

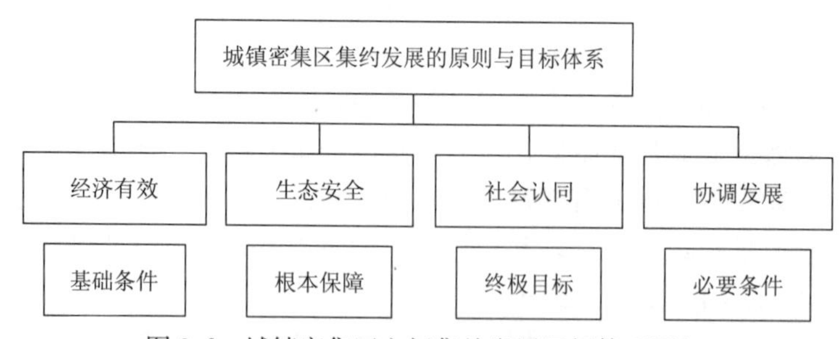

图 3.2　城镇密集区空间集约发展目标体系图解

城镇密集区空间集约发展的经济、社会、生态各目标之间是相互作用、相互制约的关系，经济目标是基础条件，生态目标是根本保障，社会目标是最终目的，目标系统的协调是必要条件。从城镇密集区系统运行的发展规律来看，城镇密集区集约发展目标的实现也是自然再生产、社会再生产和经济再生产的有机组合，集约发展目标的最终实现取决于区域经济再生产和自然再生产能否高效、和谐地持续运行。因此，作为一个区域整体，城镇密集区空间集约发展的关键在于能否在宏观上实现区域空间的协调发展，它表现为城镇密集区城镇空间之间、城乡空间之间、产业空间之间的协调，更表现在城镇密集区宏观区域空间层面基于经济、社会、生态综合目标的全面协调发展。

空间集约发展“经济、社会、生态多维目标”的追求对于转变目前经济导向下的区域空间发展思路，解决我国目前城镇密集区空间发展过程中城市空间增长粗放、用地规模低效扩展，城市内部用地结构不合理，区域生态环境危机日益严重等问题具有重要的现实意义。

2. 对象的层次性

城镇密集区是一个多因素影响的复杂空间巨系统，在不同的空间层次上具有不同的特征，并且面临不同的发展矛盾。因此，城镇密集区空间集约发展的内涵在不同层次的空间对象上具体的表现形式也会有所不同，表现出集约发展空间对象的多层次性，这是城镇密集区空间集约发展内涵综合性的重要体现。

城镇密集区空间集约发展对象多层次性的产生，是基于城镇密集区空间结构显著的多层次特征。由于规模水平的差异，城镇密集区可以形成连续的序列结构，最简单的城镇密集区就是一个中心城市及其吸引范围内的城镇密集区，而较复杂的城镇密集区则表现为多个中心城市及其互相重叠影响的庞大地域系统。对于城镇密集区空间规划研究而言，城镇密集区的结构层次一般可分为宏观区域空间、中观城镇空间和微观建设空间三个层次。为实现区域空间整体集约发展的“经济、社会、生态多维目标”，虽然每个层次上都要面对经济、社会和生态集约的多维目标诉求，但由于空间尺度的不同，达成目标的具体方式会有很大不同；虽然在宏观区域空间、中观城镇空间和微观建设空间层面上都要面对多维性的目标诉求，但在不同层面上由于面临矛盾和自身特征的差异，多维目标的侧重点也有所不同。因此，城镇密集区空间集约发展目标的实现，需要宏观、中观和微观各层次的协同努力（图 3.3）。

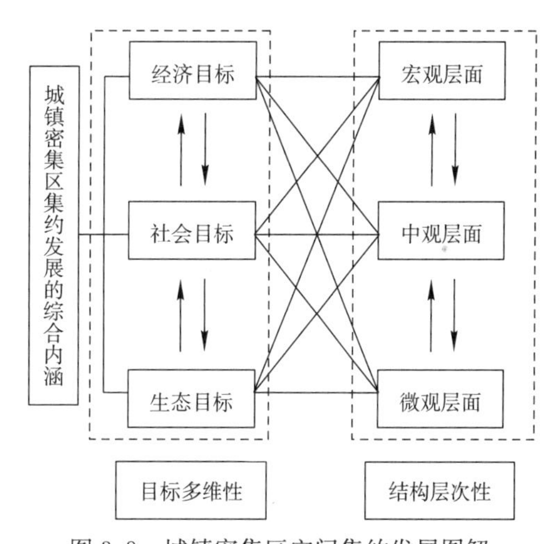

图 3.3　城镇密集区空间集约发展图解

认识到实现城镇密集区空间集约发展的层次性，有助于对这样一个复杂的空间系统进行解构研究，对于后文研究城镇密集区空间集约发展的相关方法对策具有重要的意义。

3.1.3　从密集到集约：城镇密集区空间发展模式转型的必由之路

经过近 30 年的快速发展，我国已形成从东至西多个主要城镇密集区，并成为国家社会、经济发展参与国际竞争的重要依托。随着经济、人口的聚集效应，城镇密集区空间密集发展的趋势和空间发展过程中面临的相关矛盾将进一步突出，推动城镇密集区实现从空间密集到空间集约发展的转变。

城镇密集区空间集约发展的必然性有其背后的动力机制：

1. 经济的聚集效应。城市经济的本质特征就在于其空间的聚集性[1]，而聚集效应是由社会经济活动的空间集中所形成的聚集经济和聚集不经济综合作用造成的结果[2]。经济社会发展到一定阶段，由于城市资源供给的稀缺性必然导致经济的聚集效应不断提高，表现在空间上则为城市内地价不断攀升，开发强度逐步增大，城市不断向"空中"发展；表现在经济上则为单位土地的经济投入、产出不断加大，推动城市走空间集约发展的道路。城镇密集区作为高度城市化和城镇高密度的地区，相对于其他城市地区其城市经济活动的聚集性更加明显，空间集约发展首先是经济活动聚集后的必然选择。

2. 生态环境的压力。由于城镇空间高度密集的区域状况，城镇密集区具有很强的"生态脆弱性"和"生态关联性"特征。从目前我国城镇密集区的空间发展情况来看，资源紧缺和生态环境恶化等"生态瓶颈"问题较其他区域更为突出，已经成为区域空间发展必须立即着手解决的紧迫问题。成渝城镇密集区作为长江上游重要的生态屏障，在生态保护上具有国家战略上的意义。但如前文所述，成渝城镇密集区空间发展面临着资源环境瓶颈的挑战：水环境污染问题严重、能源结构不合理导致大气污染、水土流失严重造成的生态危机等问题已经制约了城镇密集区的发展。城镇密集区生态环境保护的压力迫使该区域城镇空间发展必须选择更少占用资源、保障生态安全的空间集约发展模式。

3. 人口的加速流动。城镇密集区作为城市化水平较高的地区，由于社会经济活动更加活跃，吸引了大量区域内外的人口加速流动，同时也促使城镇密集区的总体人口及人口密度不断增长。而目前来看，进城农民的很大一部分流向了经济相对发达的城镇密集区。以重庆市为例，随着直辖后经济的发展，区域内外大量的劳动力流入主城九区。2008 年重庆主城九区户籍总人口 583.71 万人，常住人口 658.96 万人，多于户籍总人口；周边区县城镇户籍总人口 1208.59 万人，常住人口 1014.63 万人，小于户籍总人口。据第五次人口普查资料，四川省净迁出人口 172.5 万，其中迁入流动人口 53.6 万，迁出流动人口 226.1 万。成都为人口净迁入区，净迁入量为 97.7 万（因雅安仅包含中心城区，周边区域也为人口净流入区）；其他各市均为人口净迁出区。人口向经济发达的城镇密集区聚集，一方面为城镇密集区的经济增长提供了持续的劳动力资源，促进了地方经济的发展。另一方面由于外来人口的增加、人口密度的增大，也加剧了城镇密集区原本尖锐的社会、生态环境问题。如何平衡矛盾，需要城镇密集区选择空间集约发展的道路。

4. 从紧的土地政策。我国土地资源的基本国情是"一多三少"，即总量多，人均耕地少、优质耕地少、耕地后备资源少。根据我国国土资源部 2008 年 3 月在全国人大建设资源节约型环境友好型社会会议上提供的资料显示，截至 2007 年底，我国耕地面积为 18.31 亿亩，人均 1.4 亩，不足世界平均水平的 40%。因此，对建设用地的管制政策趋紧，这在国家战略层面是大势所趋。另一方面，我国正处于城市化快速发展阶段，城市扩张不可避免地要占用原本就稀缺的耕地资源，城市发展与耕地保护形成了一对尖锐的矛盾，这一矛盾在经济发展迅速、人口相对密集的城镇密集区显得尤为突出。在此背景下，如何提高城镇密集区建设空间的使用效率，避免低效扩张、实现空间集约方式的增长显得尤为重要。

---

[1] 张曾芳，张龙平．运动与嬗变［M］．南京：东南大学出版社，2000。

[2] 蔡孝箴．城市经济学［M］．天津：南开大学出版社，1998。

5. 社会观念的变化。社会观念的转变是促进城镇密集区空间集约发展的一个重要推动力。近年来，随着可持续发展理念、生态理念的深入人心，低碳经济、两型社会等相关概念在社会各界的广泛宣传，城乡统筹、环境保护等相关政策在政府层面的贯彻落实，社会各界对城镇建设发展模式的观念有了很大的变化。在城市建设中贪大求洋，在建设用地上大手大脚造成了土地浪费闲置，在产业发展上重复建设低效扩张等现象已逐渐引起社会各界的警醒。集约、节约使用城市空间资源的观念，在社会上得到了广泛共识，为城镇密集区走空间集约发展的道路提供了社会基础。

3.2 城镇密集区空间集约发展的研究对象

3.2.1 集约发展的空间要素：空间资源

所谓要素即工作对象所包含的基本单元。城镇密集区的复杂性决定了集约发展涉及的要素极多：社会、经济、土地、人力、科技……但空间集约发展的研究是有限度的，以空间规划为主体的空间集约发展研究尽管在空间和土地使用上反映了城市中的各种社会经济关系，但空间规划主要、也只能处理这些关系投射到空间层次上的相互作用，而难以甚至不可能直接去处理社会、经济、政治关系。所以，空间集约发展研究的对象只能是附着于一定面积和特定形态土地上的空间使用资源。

对城镇空间资源的配置是城镇密集区社会经济发展中必不可少的重要内容，但需要说明的是，空间集约发展对土地空间资源进行配置时不是就空间论空间，而是对附着于土地空间资源之上的社会、经济、生态因子发展趋向的正确引导。正如吴良镛先生所说："空间规划不只是规划空间，还是落实环境保护和走可持续发展等基本国策的具体行动与积极措施之一。"

城镇密集区空间结构具有多层次特征，空间资源在不同层次上具有不同的表现形式。城镇密集区空间集约发展在区域空间、城镇空间和建设空间层面所作用的空间资源要素的形式也有所差别。显然，由于城镇密集区空间资源的复杂性，各空间层次内的空间资源类别十分庞杂，从理论研究的角度，需要对所有空间资源进行系统化的分类提炼，才能成为具有理论意义的研究对象（图 3.4）。

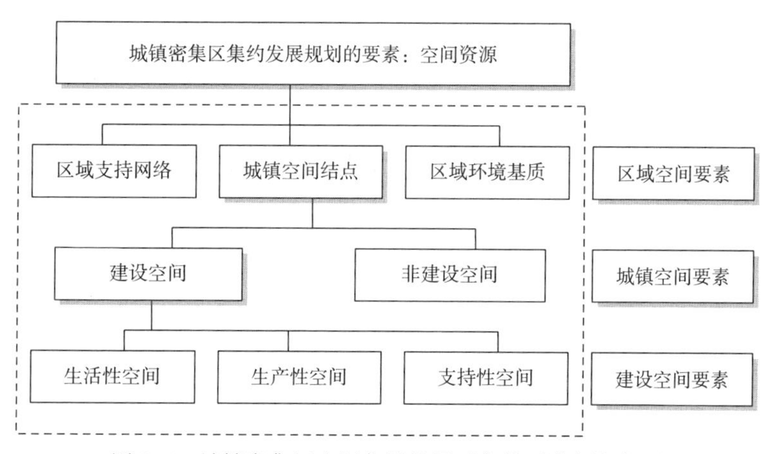

图 3.4 城镇密集区空间集约发展对象体系分析框架图

3.2.2 宏观层面：区域空间对象

从城镇密集区内空间的功能属性来进行划分，城镇节点、支持网络、环境基质构成了城镇密集区的宏观空间结构，三者内部及三者之间的相互关系和作用构成了城镇密集区区域空间的分布状态，并分别承担着不同功能，是城镇密集区空间集约发展在区域空间层面研究的对象（图3.5）。

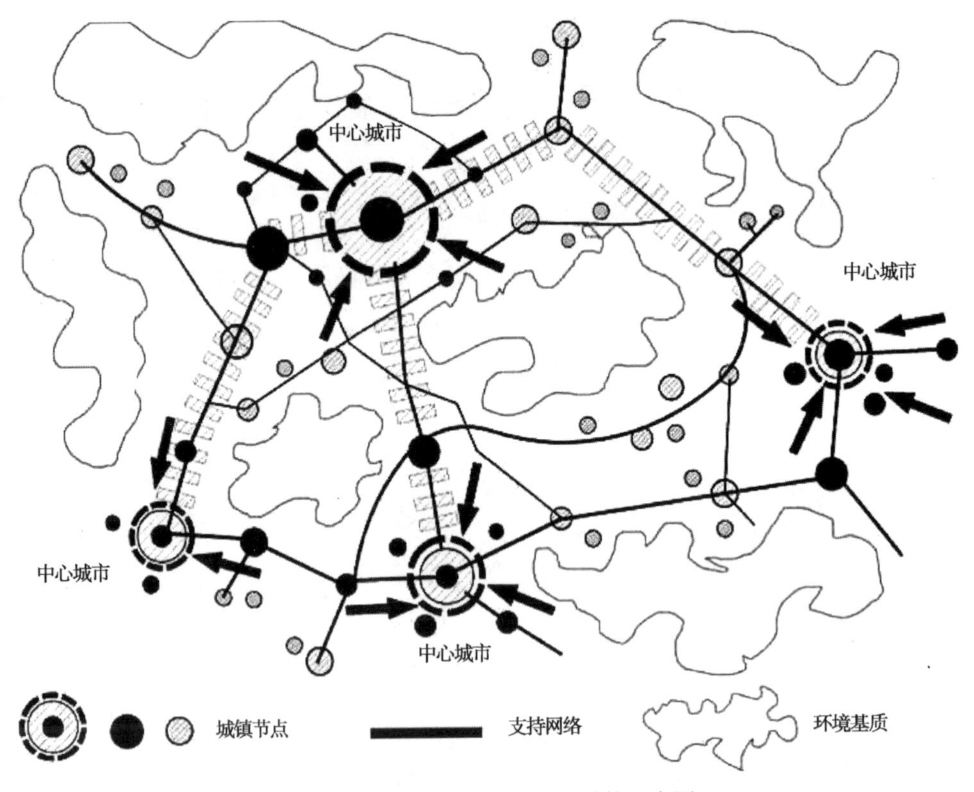

图3.5 城镇密集区区域空间结构示意图

1. 城镇空间节点。城镇密集区的空间结点指城镇密集区内的各级城镇，这些城镇是城镇密集区的中心、发展枢纽。各城镇职能、规模等级、空间分布等诸方面的差异和相互作用，形成了城镇密集区区域空间的核心体系。城镇节点的发育程度反映了城镇密集区的地位和发展水平。

按照城镇密集区内城镇空间的规模和行政层次进行划分，一般可包括中心城市、中小城镇、建制镇、集镇、中心村和自然村，其中，中心村与自然村作为低密度建设区可以纳入城镇密集区内的环境基质范围。因此，可将城镇节点划分为核心节点（都市区）和一般节点（城镇密集区）两个层次（表3.1）。需要说明的是，核心节点是一个相对的概念。如在成渝城镇密集区中，南充在整个成渝城镇密集区中属一般节点，但在川东北城镇密集区中又可定为核心节点。其目前在成渝城镇密集区中是一般节点，其将来也有可能成为整个区域空间的核心节点。

2. 区域支持网络。城镇密集区的支持网络主要指交通、通信、社会文化等联系形成的关系网络。网络联系是城镇密集区内外要素综合作用的体现。这些网络表现为分布于整个区域内的高速公路、铁路、公路、水运、供电、供水、污水等基础设施，部分表现在流通网络上。其中有的是可见并可以测量的，如交通流、人流、物流、信息流、资金流等，而有的则是抽象的，如共同偏好、共同生活价值观念、竞争、合作，以及构成公共生活的人际关系网。

核心节点与一般节点的比较 **表 3.1**

	核心节点	一般节点
基本内涵	已经形成或将要形成的规模大、集聚度高、中心作用突出的连绵城市建成区	城镇建设区在一定地域内集聚、组合
特征	·是一个空间概念，而不局限于行政范围，它可能是若干个毗邻城市的组合 ·城市设施和功能基本完善 ·其范围内集聚度高，有组团间的隔离带，不存在明显的分离开敞地 ·具有区域性中心或更高地位	·城镇密度区内城镇节点之间有明显的分离地带，但距离较近 ·区内的土地利用功能以城市为主导，农业用地仍占较大比重。通常是沿江、沿交通线延伸，与经济走廊相吻合
功能定位	·是城镇密集区中的核心 ·区域性中心城市，主要承担金融中心、贸易中心、科技中心、信息中心和综合交通枢纽的功能，着重发展高新技术产业和大型基础设施	·工业在此地区有一定的聚集，承担工业中心及相应的各种城市功能 ·城乡统筹发展重点区域

开敞区与生态敏感区的比较 **表 3.2**

	开敞区	生态敏感区
基本内涵	以农田为主的包括自然村、农田、水网、自然山体的地区。区内居民点密度较低，是经济区的农业发展基地	对区域生态环境起决定作用的大型生态要素和生态实体。国家级自然保护区、森林山体、水源地、大型水库以及自然景观旅游区等
特征	·地貌以自然环境、绿色植被和自然村落为主 ·低密度的开发区域 ·城镇之间明显的农业地带。村一级的工业规模较小。大部分是交通设施相对薄弱的地区	·对较大的区域具有生态保护意义，一旦受到人为破坏，将很难有效恢复 ·用来阻隔城镇的无序蔓延，防止城市居住环境恶化的大片农田、果园、鱼塘和山丘等
功能定位	·开敞区是主要农业产地，第二产业的集聚规模很小 ·承担农业基地作用 ·承担城市居民户外游憩活动的功能	·生态敏感区是区域环境质量的重要保障

在支持网络中，分布于整个区域的基础设施网络对于城镇密集区的空间布局有重大的影响，是城镇密集区空间集约发展区域层面的重要研究对象。一方面，区域基础设施网络是支撑整个城镇密集区经济、社会快速发展的要素保障，为各城镇的空间拓展提供交通、环保和能源等必要要素基础；另一方面，发达的区域基础设施是增强区域各城镇空间之间社会、经济要素沟通、实现城镇密集区空间一体化发展的基础条件，也是提高城镇密集区空间发展效率的必要条件，对于实现城镇密集区的空间集约发展具有重要意义。

3. 区域环境基质。城镇密集区的基质是指区域内广大的农村地区和区域生态空间。两者虽然在功能上有所不同，前者主要由中心村和自然村构成，以发展农业产业为主，后者则属于生态保育区，以水土涵养、生态、文化资源保护功能为主，但在具体的形态上有时会出现交叉。基质是城镇空间赖以生存和发展的基础，基质的发展水平和类型对城镇密集区的空间发展具有不可忽视的作用。

可以将城镇密集区的环境基质从空间形态和功能上划分为开敞区和生态敏感区两大部分（表3.2）。

"城镇密集区的节点、网络和基质是相互联系的整体，其组合及地域特征决定了城镇密集区的特征。"[1] 除此之外，有学者认为，城镇密集区区域空间的组成还应包括"边界"。边界具有动态性、模糊性和区域性的特征，从研究的领域来看更倾向于经济地理学。由于本书的重点和作者专业背景限制，不再做重点阐述。

3.2.3 中观层面：城镇空间对象

城镇密集区空间集约发展研究的对象是区域内的空间资源，城镇空间作为城镇密集区内主要社会、经济活动和人口聚集的载体，集中了城镇密集区内绝大多数人工空间，是空间调控的重点。因此，中观层面城镇密集区空间集约发展研究的主要对象应当是宏观层面三要素中的城镇空间。依据城镇空间内土地使用自然和人工属性的差异，城镇空间可分为建设空间和非建设空间两大要素。两者内部的空间结构和两者之间的图底关系构成了城镇空间的分布状态，是城镇密集区空间集约发展在城镇空间层面的研究对象。

1. 建设空间。建设空间指城镇空间内的各类人工物质空间要素，包括居住、工厂、办公楼、商业服务等实体建筑以及因人为建造彻底改变了土地自然属性的广场、道路等实体开敞空间。建设空间是因人的各类经济、社会需求对自然空间改造而成，在城镇空间中主要承担经济与社会生活职能，满足人工作、居住、休憩和交通等各类需求。

2. 非建设空间。非建设空间指城镇空间内的各类自然空间要素，包括城市内的公园、绿地、自然山体、水系等虚体开敞空间。非建设性空间以其自身具有的生态功能给予城镇生态支撑，维持城镇正常功能的运转。它就如同连接城市建设空间的气脉，携带着各种"生态功能"，将清洁的用水、新鲜的空气输送给各城镇建设单元，消纳建设用地产出的废弃物，同时调节城镇气候、提供休闲场所。城镇建设空间单元如同细胞一样游离于非建设性空间（自然网络）构成的细胞液中，不断从中吸纳着维持生命活力的养分。

建设空间与非建设空间要素在城镇空间内分别承担着相对不同的空间功能，二者之间的空间关系构成了城镇空间的基本布局结构。

3.2.4 微观层面：建设空间对象

建设空间是人类各种经济、社会活动的主要载体，是人类活动向自然生态空间拓展的基本形式，城镇密集区内的各类建设活动最终均要以不同形式的建设空间单元为最终空间载体。因此，从微观层面研究城镇空间内的建设空间，促进建设空间采用集约的开发建设方式，对于宏观、中观层面空间集约发展目标的落实具有重要意义。

---

[1] 孙一飞．江苏省城镇密集区研究［D］．1994.6，南京大学硕士论文。

通过对自然生态空间的人工改造，城镇空间内的建设空间具有了强烈的社会、经济属性，它包括了城市用地分类标准中除了绿地（G）和其他（E）的前八类用地。根据空间的功能属性和相互之间的兼容性，可以将建设空间分为生活性空间、生产性空间和支持性空间三大类。

1. 生活性空间。生活性空间由城市用地分类标准中的居住用地（R）和公共服务设施用地（C）所构成，在城镇空间中占据最大规模的比例，是容纳居民日常活动的主要空间；

2. 生产性空间。生产性空间由城市用地分类标准中的工业用地（M）和仓储用地（W）所构成，容纳城镇工业化过程中的产业发展。在我国目前工业化快速发展的阶段，生产性空间与生活性空间在空间功能上具有一定的排斥性，在城镇空间中构成了相对分离的两大要素；

3. 支持性空间。支持性空间渗透于生活性、生产性两大建设空间内部，将整个城镇的建设空间紧密联系在一起，提供交通、电力、给水排水等方面的支持，维持整个城镇的运转。支持性空间由城市用地分类标准中的市政设施用地（U）、对外交通用地（T）、道路广场用地（S）所构成。

3.3 城镇密集区空间集约发展的目标导向

空间集约发展是以空间组织规律为主要的研究对象，而空间组织可以看做为实现一定空间建设目标而预先安排行动步骤并不断付诸实践的过程，其最基本的特征就是确定目标并在针对目标达成的行动过程中不断地趋近目标，即目标导向特征。

前文已在集约发展内涵的基础上确定了经济有效、生态安全、社会认同和协调发展作为城镇密集区集约发展的多维目标。将普适性的原则转化为空间目标导向，需要将以上普适性多维目标进一步提炼、具体为特定的空间目标，这对城镇密集区空间集约发展理论研究显得十分重要。根据前文城镇密集区集约发展多维性目标的相关研究结论，结合城镇密集区空间集约发展的多层次研究对象，可以对城镇密集区空间集约发展的目标导向明确如下（图 3.6）：

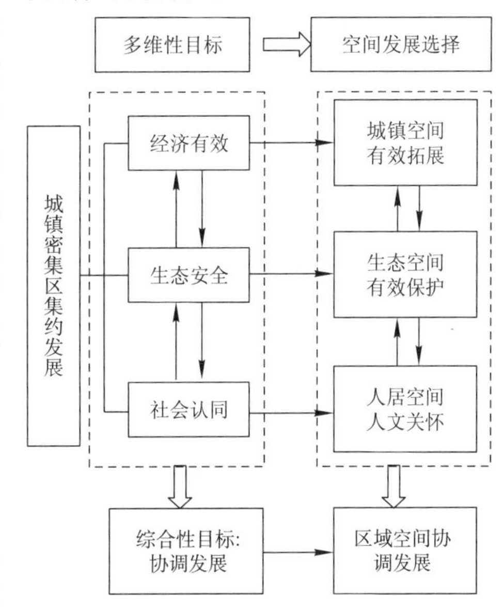

图 3.6 城镇密集区集约发展的空间选择

3.3.1 综合维度：区域空间的协调发展

1. 区域空间协调发展反映城镇密集区空间集约发展目标的综合维度。协调发展是实现区域发展经济、社会与生态综合效益最大化的必要条件。城镇密集区是一个包含经济、社会、生态各要素构成复杂的空间系统，整个系统是一个有机的整体，而不是要素的简单叠加，系统内的自组织和他组织关系是使各空间要素成为有机整体的动因，而该系统内各空间要素之间组织关系的协调是保证城镇密集区空间系统集约、有效发展的关键。

城镇密集区区域空间以城镇结点、支持网络和环境基质作为结构要素相互作用而成。城镇结点作为区域人工空间拓展的主要载体，是空间集约发展的重点，因此区域空间的协调发展，应当重点以城镇空间为核心，探讨其自身及其与其他空间对象的协调关系：城镇结点之间、城镇结点与支持网络等主要人工空间的协调发展体现了宏观层面空间发展的经济效益；城镇空间与区域生态环境的协调发展则体现的是宏观层面空间拓展的生态效益；而城镇空间与乡村空间的城乡统筹发展是区域发展社会公平的重要表现，具有重要的社会意义。由此可见，区域空间的协调发展其实质上是包含了经济、社会、生态多维度的目标导向，具有综合性特征。

2. 区域空间协调发展的目标层次分析。从实现目标的空间层次来看，协调发展是从整体层面考量系统内部各要素之间的相互关系，因此城镇密集区整体的协调发展落到空间上其重点体现在区域空间层面，包括城镇结点、支持网络、环境基质空间系统内部及三大空间要素系统之间的协调发展。

3.3.2 经济维度：城镇空间的紧凑拓展

1. 城镇空间紧凑拓展反映城镇密集区空间集约发展目标的经济维度。从经济发展来看，城镇空间是城镇密集区内经济社会活动的主要载体，因此城镇密集区的城镇经济有效发展落到空间上其重点必然体现城镇空间的发展上。从空间拓展来看，区域内城镇空间的拓展效率决定了整个城镇密集区在空间上的发展效率。城镇密集区城镇空间的拓展不能盲目求大、求快、低效扩张，这也是目前我国城镇密集区空间发展过程中普遍存在、急需解决的问题。城镇密集区城镇空间以建设空间和非建设空间两大要素构成，城镇空间的有效拓展强调建设空间的拓展效率。作为区域主要的社会经济活动载体，城镇空间的有效拓展是集约发展理念经济效益在空间发展上的重要体现。有效的空间拓展方式应当是在保持较高建设密度和一定城市规模的前提下仍能维持良好的城镇环境质量。

2. 城镇空间紧凑拓展的目标层次分析。从实现目标的空间层次上看，城镇空间有效拓展立足于解决城镇密集区空间集约发展过程中的经济效率目标，其研究和解决的主要问题应当集中于中观城镇空间和微观建设空间层面，因为城镇空间有效拓展主要依赖于中观城镇空间层面空间结构的合理布局和微观建设空间层面适度集中的空间使用状态。其中空间结构的合理布局既包括城镇空间的水平布局结构也应包括城镇空间的垂直分布结构。

3.3.3 生态维度：生态空间的有效保护

1. 生态空间有效保护反映城镇密集区空间集约发展目标的生态维度。城镇密集区的空间拓展不可避免地要占用区域内原有的绿地、水系等生态空间。集约发展源于经济学，强调效率，体现于生态空间的保护，更强调保护的“效率”，即生态空间的“有效保护”。

所谓“有效保护”可以理解为在生态保护的过程中充分尊重生态规律，在侵占同样数量生态空间的情况下，“生态空间有效保护”下的空间发展模式对生态系统的影响相对较小。从这个意义上讲，空间集约发展在讨论“生态空间有效保护”的过程中，是与对人工空间拓展模式的控制分不开的。从生态学的角度来看，区域内生态空间的有效保护可以理解为三个方面：一是严格保护区域内核心的、有特殊生态价值的生态空间。区域内不同类型、不同区位的生态空间在生态学上具有不同的价值，对具有特殊生态价值生态空间的保护必须建立在科学深入理解区域内生态系统的基础上。二是在保护区域内生态空间的过程中需要注意生态空间的关联性，维持区域生态空间的整体性，发挥生态系统的整体效益，提高生态系统对于区域生态支持作用的效率。三是城镇空间的拓展不能突破区域生态系统的门槛，导致区域生态系统的整体退化。提高城镇密集区生态空间的保护效率要建立在充分认识区域生态系统特性的基础上。

城镇密集区内的生态空间可以按空间尺度和与城镇空间的相互关系，分为区域生态空间和城镇非建设用地两个层次。前者分布于城镇密集区内各城镇结点之间，对于保障整个区域的生态安全具有重要意义；后者则分布于各城镇结点的内部并与城镇内的建设用地形成互补的关系，为城镇空间的有效拓展提供生态支持。城镇生态空间的有效保护是空间集约发展理念生态效益目标的重要体现。

2. 生态空间有效保护的目标层次分析。从实现目标的空间层次上看，作为区域人工空间拓展的生态背景，生态空间有效保护的基本目标是要使各层面的人工空间拓展符合区域生态环境发展的客观规律，最大限度地减少人工空间拓展过程中对区域自然生态环境的破坏，它应当包括在区域空间层面保持城镇空间与区域生态背景之间的合适的比例与分布关系、在中观城镇空间层面建立起植根与生态环境背景的城镇空间结构、在微观层面提倡生态化的设计方法三个层次的研究内容。

3.3.4 社会维度：人居空间的人文关怀

1. 人居空间人文关怀反映城镇密集区空间集约发展目标的社会维度。城镇密集区集约发展关注城镇发展过程中的人文关怀，从社会学的角度来看，良好的人居环境空间可以增强居民对居住环境的归属感和对地方文化的认同感，从而提高居民的满意度并取得良好的社会效益。

人居空间的人文关怀目标是城镇密集区集约发展理念社会效益的体现，是区域集约发展的终极目标。宏观区域层面风景名胜与历史文化资源的保护，中观城镇层面自然山水格局的保护、城市特色空间形象的塑造、城市历史地段的保护，微观建设层面地域特色文化元素的注入都是在空间上形成地域文化特性的重要手段。而控制城镇内合理的开发强度、保护区域和城镇内的生态空间、改善交通条件避免交通拥堵、充分的服务配套等措施都是以创造宜居的城镇空间为目的。

2. 人居空间人文关怀的实现过程分析。从实现该目标的过程我们应当看到，人居环境空间体现人文关怀是一个涉及多方面、多层次的复杂问题，不是一个独立的命题，应当贯穿于空间规划的各个层面和工作阶段。人文关怀无论是在精神层面的城镇建设中文化特性的保护，还是在物质层面的城镇建设空间宜居性的创造，都是一个受众多要素影响的相对抽象的概念。要落实人居空间人文关怀这一社会目标，需要将其作为重要的评判标准纳入到区域集约发展的各层次空间发展对策中去，最终实现区域空间拓展过程中的以人为本。

总结上述城镇密集区空间集约发展的目标导向我们可以看到：

（1）区域空间协调发展中的城镇与环境基质协调发展和生态空间有效保护的宏观层次目标属于相近范畴，可以合并研究；

（2）区域支持网络与区域城镇结点属于区域空间内具有极其紧密的相互联系的人工空

间要素，可以合并入区域城镇协调发展的目标进行研究；

（3）城镇与乡村协调发展对于城镇密集区区域发展均衡和空间有效利用具有极为重要的意义，有必要进行专题研究；

（4）人居空间人文关怀是一个涉及面广、相对宽泛的概念，对其的落实应当立足于在空间集约发展各层次、各方面的过程中注入以人为本的理念，不易也不宜进行专题研究。

综上所述，为了使本书的研究更具有针对性，可将城镇密集区空间集约发展的目标导向聚焦于为区域城镇协调发展、城镇空间紧凑拓展、生态空间有效保护和区域城乡空间统筹四个主要方面（图 3.7）。

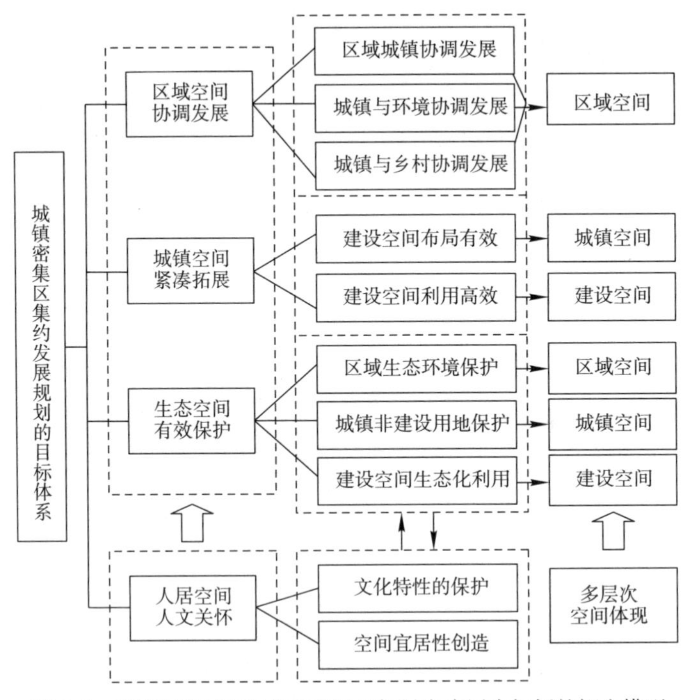

图 3.7　城镇密集区空间集约发展目标导向多层次解析的概念模型

3.4　综合协调：城镇密集区空间集约发展的方法论

城镇密集区空间集约发展是一个多目标、多层次具有综合性内涵的复杂系统。在对系统论、协同论和控制论的本质及作用机理进行分析的基础上，结合城镇密集区空间集约发展的综合性内涵，本节拟提出综合协调论的概念，作为研究城镇密集区空间集约发展的基本方法。

3.4.1　综合协调论的基本内涵

1. 协调思想的哲学内涵

“协调”（Coordination）与“协调发展”（Coordinated Development）的思想和行动由

来已久。从语义上讲，“协调”中的“协”和“调”同义，都具有协同、统筹、均衡等富有理想色彩的哲学含义，“协调”即“配合得当”，即尊重客观规律，强调事物间的联系，坚持对立统一，取中正立场，避免忽左忽右两个极端的理想状态（崔满红，2002；孔祥毅，2003）。协调思想在东西方哲学思想中都具有重要的内涵：

物质世界统一性原理是协调思想重要的哲学依据。马克思主义认为，客观世界是统一的，但这种统一是有差别的统一。不是一种因素统一于另一种因素，而是多种因素统一于一个有机整体。因此，所谓统一，就是多样性、差别性中的统一，多样性是统一性的前提和基础。对立统一规律是协调思想的集中体现，也是实现多样性统一的基本方法。对立统一规律认为，世界上的一切事物，不论是自然界，还是人类社会中，都是一个对立统一体，其内部都不存在绝对的统一，而是存在着一定程度的差异和矛盾。协调本身包含差异、对立和矛盾，在没有对立、没有差异的物质内部，是谈不上协调的。所以协调必须以差异、对立为前提。协调中既有相互适应，又充满着相互作用和矛盾斗争，在一定的条件下，适应和矛盾会向各自相反的方向转化，在每一次相互转化过程中，会出现一种特殊的具有新质的、协调一致的整体，这是一个稳定、平衡的、具有新功能的整体。从这个意义上来看，协调的过程即是化解、融合系统内部矛盾、实现系统内各要素之间对立统一的过程。

我国古代哲学家、政治家、经济学家，早就注意到自然和社会中的协调现象，并对之作出了积极的探索和阐述，使得协调思想作为中国古代哲学的一种基本思想闪烁着独特的智慧光彩。英国学者李约瑟说：“中国古代哲学主张阴阳之说的目的，是企图在人生中获得两者之间完美的和谐。”创立耗散结构理论的普利高津也认为，中国传统哲学强调关系，注重研究整体的协同和协作，以期达到“自发的有组织的世界。”先秦时期的人与自然的协同或协作思想非常丰富。如儒家的“天人合一”、墨家的“兼爱”、道家的“知和日常”、“通天下一气耳”等，其中荀况又是我国先秦协调思想的集大成者。“天地人和”是他协调思想的集中体现。荀况的“天地人和”是把人与自然看成是“人地系统”，认为自然界固然能满足人的需要，但人却不能违反自然规律，而这两个方面的统一协调，便是人和自然二者关系的最高境界。在“天地人”这三个大系统中，形成一个“自组织”的生态系统。荀况的“天地人和”的协调观，既是一种哲学思想，又体现出一种生态经济思想。

2. 综合协调引导空间集约发展

自20世纪以来，尤其是二战结束以后，新的学科、新的理论层出不穷，信息论、系统论、控制论方兴未艾，突变论、协同论、耗散结构论又以更新的目光来诠释生命、社会和自然。当代学界对于复杂系统问题的研究思路，正逐渐由以往强调机械论、还原论的要素解构研究方式转向强调系统性、综合性的要素系统研究方式上来[1]。城镇密集区空间集约发展是多因素影响的复杂系统，其综合性内涵具有多维性和层次性特征。因此，研究空间集约发展的问题应当采用强调整体性、综合性的系统思维方式。

协调理念为达成具有综合性内涵的城镇密集区空间集约发展目标提供了基本的研究思路：从目标体系的构成来看，城镇密集区空间集约发展强调经济、社会与生态综合效益的最大化，三者之间是互相促进与制约的关系，过分追求其中单一目标而忽略目标体系内要

[1] 资料来源：http://book.zgwww.com/news/article.php/23339。

素的对立统一，无法达到空间集约发展的目的。从达成空间集约发展目标的方法来看，综合协调目标体系之间的矛盾，需要运用高超的协调智慧来处理空间集约发展综合性目标之间的相互关系，达到区域空间发展过程中经济发展、社会利益、生态保护三者之间的对立统一。因此，采用协调的基本理念来寻求空间集约发展的方法是与其综合性内涵相一致的。

为了实现城镇密集区的空间集约发展，需要针对其空间发展的多维目标，在不同的空间层次上运用协调的基本理念来化解空间目标体系内的复杂矛盾，由此达到区域空间系统发展过程中经济、社会、生态综合效益的最大化，笔者将这种方法概括为“综合协调论”。

3.4.2 综合协调的相关方法论

城镇密集区是一个复杂的空间系统，综合协调论期望通过综合协调思想化解空间系统中的复杂矛盾，以达到城镇密集区空间系统的集约发展。作为研究复杂系统的理论方法，要将综合协调的理念落实到方法论层面上，有必要从现有的系统论方法体系内进行提炼总结，并结合城镇密集区综合协调思想加以修正，以形成综合协调论的具体方法体系。

在现有的系统论方法体系中，系统论、协同论与控制论对于研究城镇密集区空间集约发展的方法体系具有借鉴性：

1. 系统论与城镇密集区空间集约发展

系统论（Systemism）的创始人是美籍奥地利生物学家贝塔朗菲。系统论要求把事物当做一个整体或系统来研究，并用数学模型去描述和确定系统的结构和行为。贝塔朗菲旗帜鲜明地提出了系统观点、动态观点和等级观点。指出复杂事物功能远大于其组成因果链中各环节的简单总和，认为一切生命都处于积极运动状态，有机体作为一个系统能够保持动态稳定是系统向环境充分开放，获得物质、信息、能量交换的结果（霍绍周，1988）。

系统论强调整体与局部、局部与局部、系统本身与外部环境之间互为依存、相互影响和制约的关系。系统的特征可归纳为以下几点[1]：1）整体性。系统由相互依赖的若干部分组成，各部分之间存在着有机的联系，构成一个综合的整体，以实现一定的功能。系统不是各部分的简单组合，而要有统一性和整体性，要充分注意各组成部分或各层次的协调以提高系统的有序性。2）相关性。系统中相互关联的部分或部件形成“部件集”，“集”中各部分的特性和行为相互制约和相互影响，这种相关性确定了系统的性质和形态。3）目的性和功能。大多数系统的活动或行为可以完成一定的功能，但不一定所有系统都有目的，例如太阳系或某些生物系统。人造系统或复合系统都是根据系统的目的来设定其功能的，这类系统也是系统工程研究的主要对象。4）环境适应性。一个系统和包围该系统的环境之间通常都有物质、能量和信息的交换，外界环境的变化会引起系统特性的改变，相应地引起系统内各部分相互关系和功能的变化。为了保持和恢复系统原有特性，系统必须具有对环境的适应能力，例如反馈系统、自适应系统和自学习系统等。5）动态性。物质和运动是密不可分的，各种物质的特性、形态、结构、功能及其规律性，都是通过运动表现出来的。开放系统与外界环境有物质、能量和信息的交换，系统内部结构也可以随时间变化。6）有序性。由于系统的结构、功能和层次的动态演变有某种方向性，因而使系统

---

[1] 资料来源：http：//kpcl. nbsti. gov. cn/kxmc _ content. php？ rec=1713。

具有有序性的特点。一般系统论的一个重要成果是把生物和生命现象的有序性和目的性同系统的结构稳定性联系起来，也就是说，有序能使系统趋于稳定，有目的才能使系统走向期望的稳定系统结构。

城市密集区本身就是一个较大较完整的地域空间系统，在城镇密集区经济一体化的背景下，各个城镇都已被涵盖于“区域空间系统”之中，是互相依存的不可分割的整体。在这一大系统之下，存在着宏观、中观、微观多层次的子系统，每一个子系统同样具有系统的一般特性。城市密集区内部各城镇之间、城镇空间内部的各要素必须“协同”运作、共同发展，以获得系统原理中的“达到功能最优”、“整体大于各部分之和”等效应。各城市密集区及城镇密集区内部各城镇均有义务共同努力、发展自己、协同与配合“他人”，共同地积极开展经济合作，以谋求自己在共同的发展中得到更好的发展，从而把区域经济系统做大做强，推动整个区域经济和国家经济的发展。另一方面，空间集约发展的多维目标构成了一个由经济、社会、生态因素构成的目标系统，各要素之间存在着紧密的联系，系统要素之间的协调发展是实现系统原理中整体最优、综合效益最大的基本原则。系统论中的整体性、相关性、目的性、有序性等重要的观点对于城镇密集区空间集约发展的方法论研究具有重要借鉴意义。

2. 协同论与城镇密集区空间集约发展

协同论（Synergetics）是20世纪70年代联邦德国著名理论物理学家赫尔曼·哈肯在1973年创立的。他认为自然界是由许多系统组织起来的统一体，这许多系统就称为小系统，这个统一体就是大系统。在某个大系统中的许多小系统既相互作用，又相互制约，它们的平衡结构，而且由旧的结构转变为新的结构，则有一定的规律，研究本规律的科学就是协同论（王维国，2000）。

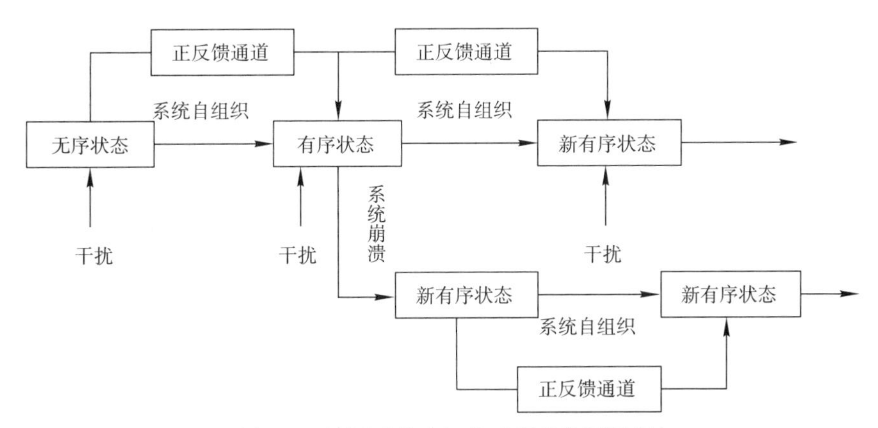

图3.8 协同系统自组织过程的作用机理

资料来源：霍绍周．系统论［M］．科学技术文献出版社，1988。

协同论的理论核心是系统自组织理论（郎宇，黎鹏，2005）。什么是系统自组织？钱学森说：“系统自己走向有序结构就可以称为系统自组织”（钱学森，1982）。激光现象就是系统自组织性的经典范例，其功能之强大令人叹为观止。人类社会的大系统也同样遵循协同论所揭示的规律（陈明，2005）。系统自组织是指一个远离平衡的开放系统，在外界环境的变化与内部子系统及构成要素的非线性作用下，系统不断地层次化、结构化，自发地由无序状态走向有序状态或由有序状态走向更为高级有序状态（图 3.8）。影响整个系统行为有许多不同的参量，其中只有若干少数的参量能决定系统的行为，它们被称为序参量。

自组织理论认为系统产生自组织现象需要满足一定的条件（Haken H，1998）：1）开放性，与外界有能量、物质、信息交换。2）远离平衡态，系统处于非平衡状态，或低水平平衡状态。3）非线性，系统各元素之间的相互作用存在一种非线性机制。4）突变，过程突变使系统结构、模式趋变。5）涨落，系统依靠参量涨落发生巨变，从而达到新的稳定态。6）正反馈，系统靠正反馈机制使涨落得以放大，从而为系统演化到具有新的结构、功能的新系统创造条件。

城镇密集区由城镇空间、支持网络和环境基质构成，区域空间的协调发展主要表现各要素之间及其系统内部的协同发展。其中城镇作为区域经济、社会活动的空间载体，城镇系统内部、城镇与支持系统、城镇与环境基质（包括乡村空间与区域生态空间）之间的协同发展水平决定了整个区域空间的协调发展水平。因此，大力推动城镇密集区内各空间要素的协同发展具有重要意义（徐丽，2006）。只有城镇体系内的协同才能使每个城镇合理地承担其在整个区域系统（由处在不同层次上的许多子系统构成）中的分工职能，使各城镇分别发展不同的经济与产业体系，解决各城镇经济与产业“同构化”的问题，而结合在一起，形成城镇密集区时又使它们浑然一体；只有城镇与支持系统的协同才能使区域经济与空间一体化水平得以提高，才能够保障城镇密集区这一宏观区域空间系统内部各子系统之间信息、能源等要素沟通的顺畅，提高区域发展的整体效率和效益。只有城镇与生态空间的协同才能保障区域发展的生态安全，提高区域生态保护的水平；只有城镇与乡村空间的协同才能真正实现区域均衡发展。因此，协同论的观点对于实现城镇密集区空间集约发展目标具有重要的指导意义。

3. 控制论与城镇密集区集约发展

“控制论”（Cybernetics）一词，来自希腊语，原意为掌舵术，包含了调节、操纵、管理、指挥、监督等多方面的涵义，是著名美国数学家维纳（Wiener N）同他的合作者自觉地适应近代科学技术中不同门类相互渗透与相互融合的发展趋势而创始的。控制论是研究各类系统的调节和控制规律的科学，它是自动控制、通讯技术、计算机科学、数理逻辑、神经生理学、统计力学、行为科学等多种科学技术相互渗透形成的一门横断性学科。控制论研究如何利用控制器，通过信息的变换和反馈作用，使系统能自动按照人们预定的程序运行，最终达到最优目标。

控制论的理论核心是他组织作用。控制论的研究表明，无论自动机器，以至经济系统、社会系统，撇开各自的质态特点，都可以看做一个自动控制系统。在这类系统中有专门的调节装置来控制系统的运转，维持自身的稳定和系统的目的功能。控制机构发出指令，作为控制信息传递到系统的各个部分（即控制对象）中去，由它们按指令执行之后再把执行的情况作为反馈信息输送回来，并作为决定下一步调整控制的依据。整个控制过程就是一个信息流通的过程，控制就是通过信息的传输、变换、加工、处理来实现的（图 3.9）。

控制论系统具有四个主要特征[1]：第一，是要有一个预定的稳定状态或平衡状态，即

[1] 资料来源：http：//wiki.mbalib.com/wiki/%E6%8E%A7%E5%88%B6%E8%AE%BA。

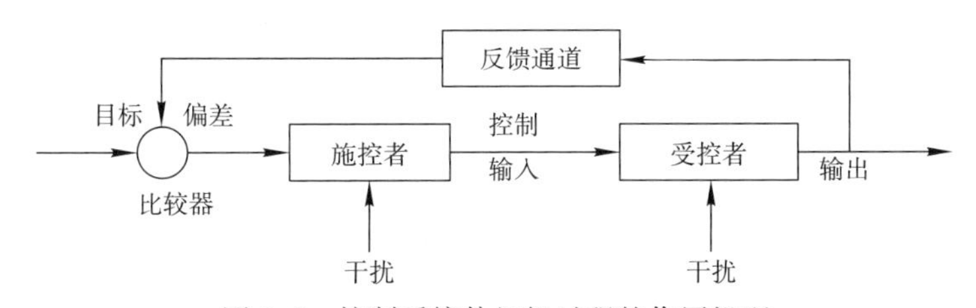

图 3.9　控制系统他组织过程的作用机理

资料来源：杜栋．管理控制论［M］．中国矿业大学出版社，2000。

控制的目标。例如，速度控制系统中，速度的给定值就是预定的稳定状态；第二，是从外部环境到系统内部有一种信息的传递，即反馈机制。例如，在速度控制系统中，转速的变化引起的离心力的变化，就是一种从外部传递到系统内部的信息；第三，是这种系统具有一种专门设计用来校正行动的装置，即校正器。例如，速度控制系统中通过调速器旋转杆张开的角度控制蒸汽机的进汽阀门升降装置；第四，是这种系统为了在不断变化的环境中维持自身的稳定，内部都具有一种自动调节的机制，即控制机制。换言之，控制系统都是一种动态系统。

从控制系统的主要特征出发来考察城市密集区空间集约发展，可以得出这样的结论：城镇密集区集约发展的空间系统中集约过程在本质上与工程的、生物的系统是一样的，都是通过信息反馈来揭示成效与标准之间的差，并采取纠正措施，使系统稳定在预定的目标状态上。因此，从理论上说，适合于工程的、生物的控制论的理论与方法，也适合于分析和说明区域空间系统的集约问题。用控制论的概念和方法分析集约过程，便于揭示和描述其内在机理。但是，城镇密集区空间集约发展中的控制过程又与控制论中的“控制”具有一定的区别。首先，控制论中的“控制”实质是一个简单的信息反馈，它的纠正措施往往是即刻就可付诸实施的。而且，若在自动控制系统中，一旦给定程序，那么衡量成效和纠正偏差就往往都是自动进行的。然而，城市密集区是一个非常复杂的空间巨系统，集约发展本身又具有综合性内涵且其内容错综复杂，涉及多层次的空间主体和多维的优化目标，所以，城市密集区空间集约发展中的控制活动远比上述的控制系统更为复杂和更具弹性。另外，简单反馈中的“信息”，是一个一般意义上的词汇，即简单的“信息”包括能量的机械传递、电子脉冲、文字或口头的消息以及能够借以传递“消息”的任何其他手段。对于一个简单反馈的控制系统来说，它所反馈的信息往往是比较单纯的。而对于城镇密集区空间集约发展的“信息”来说，它是在城镇密集区具体发展中呈现出来或暂时隐藏的，是经过了分析整理后的信息流或信息集，它们所包含的信息种类繁多，数量巨大，对信息作出处理的反馈机制和过程也要复杂得多。

4. 综合协调论与系统论、协同论、控制论的关系

系统论、协同论、控制论都是系统科学领域内重要的方法论。系统论强调整体与局部、局部与局部、系统本身与外部环境之间互为依存、相互影响和制约的关系，强调研究系统内部要素的过程中关注要素之间的整体性、相关性、目的性、有序性。协同论是研究旧的无序结构转变为新的有序结构规律的科学，协同论强调远离平衡态的系统，通过系统自组织，在外界环境的变化与内部子系统及构成要素的非线性作用下，系统不断地层次化、结构化，各自的自由度受到整体的约束机制的控制，发生自组织的协同效应，系统从无序走向有序，实现系统的整体功能。

对于有人类参与其中的区域空间环境大系统以及其以下各层次的子系统来说，如城镇群系统、城镇空间系统、人地关系系统等，为保持系统的有序运转和动态平衡，既要有系统的自组织作用，也要强调发挥人对各空间系统的调控和控制作用即“他组织作用”；既需要正反馈作用，也需要负反馈作用。如经济系统中的各子系统之间存在竞争和协作，协作与竞争本质上是一对矛盾关系，通过有序竞争和协作分工产生的正反馈协同效应，系统保持着动态的平衡❶，推动经济系统向有序化发展；但是，如果经济系统中的各子系统存在恶性竞争，互相牵制，形成恶性循环，就会使系统走向无序，需要通过宏观调控等负反馈机制来使系统重新走向有序。因此，在研究有人类参与其中的区域空间系统过程中，以自组织理论为核心方法的协同论和以他组织理论为核心方法的控制论均能发挥积极的指导意义。

综合协调论是以协调理念为基础，以城镇密集区空间系统集约发展为目标的方法论。它是在系统论基本思想的基础上，融合协同论与控制论的基本作用方法：在化解城镇密集区空间系统中各种复杂矛盾使其达到对立统一空间状态的过程中，强调通过综合协调空间系统的“自组织”（协同论基本思想）和“他组织”（控制论基本思想）过程，达到区域空间系统整体综合效益的最大化，最终实现城镇密集区空间系统的集约发展。综合协调论吸收系统论、协同论和控制论的基本方法，针对城镇密集区复杂空间系统内的各类要素及要素之间的矛盾，从协调思想出发处理城镇密集区发展过程中经济、社会和生态目标之间相互制约与促进关系，促进区域的集约发展。综合协调论是在协调思想的基础上，从方法论层面对系统论、协同论和控制论研究的总结提升，是本书研究拟采用解决集约发展问题的主要指导性方法论。

3.4.3 综合协调论的基本原则与作用机理

结合综合协调的基本内涵，特别是总结提炼系统论、协同论和控制论的理论特征与方法，可以对综合协调论的基本原则和作用方法进行探讨。

1. 综合协调论的基本原则

协调是对立统一思想的集中体现，协调的过程即通过促进系统内各要素之间的对立统一并实现系统优化的过程。运用综合协调论的过程中应遵循以下基本原则：

1）整体协调的原则。整体性思维是解决复杂系统问题的基本思维，是系统论思想的基本特征，也是综合协调论需要遵循的首要原则。从整体上处理系统内部各种复杂矛盾，促进系统健康有序地发展，是系统中协调作用的重要表现。全面辩证地认识系统内各要素之间的相互关系，是唯物辩证法的基本要求。恩格斯指出：“我们所面对的整个自然界是一个巨大的体系，即各种物体相互联系的总体，这些物体是相互联系的，这就是说，它们是相互作用着，并且正是这种相互作用，构成了运动。”综合协调论作为科学认识复杂系统的方法论，它首先要求的是看问题的全面性，这是因为整个世界是在时间上和空间上都相互联系、立体结构的一个整体，它构成一个大的系统。这种客观世界、现实生活和社会实践的系统性、整体性和多维性，要求在运用综合协调论促进复杂系统内部各要素之间对立统一的过程中必须建立起全面的思维方式。

---

❶ 动态的平衡也是一种远离平衡态。

2）多层次协调的原则。系统的要素具有层次性，因此对系统内要素之间相互关系的协调也具有层次性，这是综合协调论不同于一般意义上的协调在综合性上的重要体现。从系统与内部要素两者之间的关系来说，系统是一个由诸多要素构成的整体，但不是各要素之间的简单叠加，而是诸多要素通过各种相互促进、相互制约、分层次、分等级的有机关系组合成的整体。就一个系统之中要素体系的基本构成来说，可划分成几个层级：一是系统中子系统之间的关系。二是子系统与系统之间的关系。三是本系统与外系统之间的关系。前二者是系统内部之间的关系，后者是系统同外界环境之间的关系，不同层级要素之间的相互促进与制约，形成一种“场”，这种“场”影响系统内各个子系统。系统自组织现象的产生，依赖于系统内部各层次要素之间相互促进与制约关系的演化、融合，要使系统的发展有序化，必须协调好系统内各层次要素之间的矛盾，建立分层次的对立统一关系。

3）主客观统一协调的原则。复杂系统的优化依赖于系统的自组织和他组织过程，在自组织与他组织过程中各系统要素之间相互的协调作用分别具有客观性和主观性，因此，对复杂系统进行综合协调的过程需要遵循主客观共同协调的原则。从协同论的观点来看，系统自组织过程的产生，是由于系统内部各要素之间存在的相互关系具有差异性和矛盾性，在系统整体演进的过程中由于共同利益的驱动而产生自我协调的过程。因此，自组织过程具有客观规律性。另一方面，从控制论的观点来看，系统的协调又依赖于从总目标出发，在主观层面对系统内各层次要素之间相互关系所进行的调控，产生系统要素的他组织过程。因此，他组织过程具有主观性。

综合协调主张对自组织和他组织过程的共同依赖，其中，主观他组织过程应当建立在符合客观自组织规律的基础上，通过主观调控作用实现对复杂系统内客观自组织过程的引导，实现主客观统一的综合协调过程。

4）核心矛盾协调的原则。从协同论的观点来看，影响整个系统行为有许多不同的参量，其中只有少数的参量能决定系统的行为，它们被称为序参量。从对复杂系统综合协调的过程来看，虽然系统的矛盾具有复杂性，但其中具有主导性的核心矛盾对于整个系统内要素对立统一关系的形成具有关键作用，应当作为调控作用的重点。从协调的主客观性来看，对系统内部各类关系所进行的主观协调是解决系统内部各类矛盾的重要方面，而要充分发挥协调作用的主观能动性，应当在主观协调的过程中充分抓住系统内的核心矛盾作为协调的切入点和有效着力点，通过对核心矛盾实施调控来影响系统内的自组织过程。

总体来说，对核心矛盾的综合协调是发挥协调主观性、实施系统他组织过程的关键点，众多次要矛盾的综合协调则主要依赖于通过对核心矛盾实施调控，在引导系统的自组织过程中，借助系统内要素之间的自我协调功能来实现。

2. 综合协调论的作用机理

基于协同论和控制论的作用机理（图 3.8，图 3.9），结合城镇密集区空间集约发展的综合性内涵特征，本研究构造了综合协调系统的作用机理，如图 3.10 所示。在作用机理中，综合协调的过程表现为协调的主体通过一套有效的保障机制，对多层次受控对象体系的基本参量进行调控，促进受控系统的客观自组织及主观他组织过程，以实现系统综合协调的目标状态。综合协调是一个动态往复的过程。综合协调的目标状态通过正负反馈机制来影响受控系统的整体目标设定，并反映到综合协调的过程中，使系统重新走向有序并实

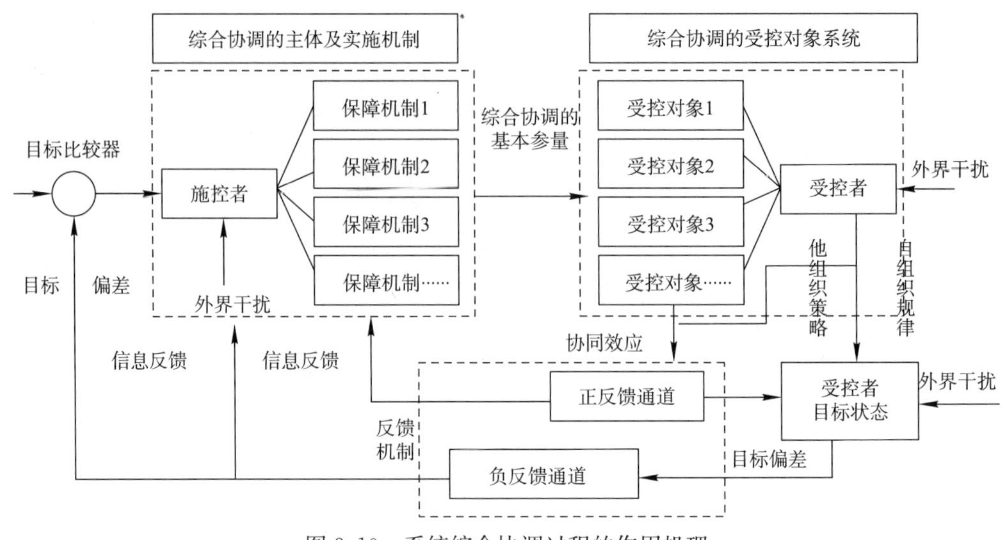

图 3.10　系统综合协调过程的作用机理

现螺旋式上升的过程。

综合协调的作用机理体现了其基本原则的四个主要特征：1）在综合协调的过程中，协调主体实施调控作用需要通过一套有效的施控机制作为实施主观协调的机制保障，这是系统综合协调过程主观特征的基本体现。2）协调主体对受控系统的调控重点应当围绕系统内的主要矛盾即基本参量进行，这是系统综合协调的核心矛盾协调原则的体现。3）由于受控系统的复杂性，综合协调的受控对象是多层次的，这体现了系统综合协调的多层次协调原则。4）通过对受控系统内各对象主要矛盾的调控，可以促进受控系统对象的自组织与他组织，达到受控系统有序、和谐的目标状态，这体现了系统综合协调主客观统一协调的原则。

把图 3.10 所显示的综合协调论的作用过程运用于城镇密集区空间集约发展的研究，我们可以看到：区域空间系统综合协调的整体目标是实现区域空间系统的集约发展，综合协调的主体是推动区域空间发展各类活动的人（具体表现为以区域内各级政府为代表的利益主体）。除此之外，在城镇密集区空间集约发展的综合协调过程中，综合协调的核心关系、综合协调的调控对象及组织规律、综合协调的保障机制、综合协调的反馈机制均在综合协调的作用过程中发挥着重要的作用，成为为实现城镇密集区空间集约发展目标进行的综合协调研究过程中不可或缺的基本要素：

1）综合协调的核心关系。协调主体对受控系统的调控重点应当围绕系统内的主要矛盾即基本参量进行。在对城镇密集区空间集约发展进行综合协调的过程中，综合协调基本参量的确定过程实质是认识影响空间集约发展目标本质与核心关系的过程。抓住了空间集约发展目标的本质问题与核心关系，就找到了综合协调施控的切入点，就找准了针对调控对象进行综合协调作用的基本参量。

2）综合协调的调控对象。城镇密集区空间集约发展综合协调的调控对象总体来看是区域空间系统，但由于其空间系统的复杂性，在具体进行综合协调的过程中需要进一步明确，且调控对象选择的准确性直接影响到实施综合协调策略的有效性。如前文分析，城镇密集区空间系统具有典型的层次性特征，区域空间系统集约发展目标的实现有赖于宏观、中观、微观各层次空间系统的共同有序发展。因此，对城镇密集区集约发展综合协调的受控对象分析，首先就应当从多层次入手，抓住协调系统的主要受控对象，这也是综合协调多层次原则的基本体现。

3）受控对象的组织策略。受控对象的组织策略包括两个基本方面：一是施控者的调控手段对于区域空间的集约发展起到引导作用，即针对受控对象他组织的他组织策略；二是区域空间系统走向集约发展有其内在的自身规律：即受控者的自组织规律。正确认识综合协调系统的自组织与他组织规律，无疑可以作为反馈信息修正施控者调控的机制与目标，促进区域空间系统综合协调过程的不断完善。

4）综合协调的保障机制。通过何种保障机制实施对于空间发展的综合协调，以促进城镇密集区空间的集约发展是一个关键因素。保障机制的设置是发挥综合协调的主观性、促进空间系统的他组织过程的机制保障。由于城镇密集区空间集约发展的复杂性，其保障机制应当是一个由多个要素构成的复杂体系。由于是针对城镇密集区空间系统的综合协调，在目前的现实管理体制下，空间的规划、实施保障及空间引导机制应当是研究的重点。

此外，综合协调的反馈机制也是构成城镇密集区空间集约发展综合协调过程的重要环节。对受控者经过系统自组织作用后达成的目标状态进行评估，并将其信息反馈给施控者以对综合协调目标和施控机制进行优化调整，无疑是综合协调系统实现更新协调的必要步骤。但如前文在控制论中所述，城镇密集区集约发展的反馈“信息”种类繁多、数量巨大甚至有许多信息是暂时隐藏的，对其做出处理的反馈机制和过程十分复杂。限于笔者专业背景和资料收集的局限性，本书仅对城镇密集区发展过程中一些空间集约发展的相关现象进行信息整理并反馈至综合协调系统中，但需要说明的是，建立起关于空间集约发展度的量化评估体系对于城镇密集区空间集约发展综合协调系统反馈机制的完善具有决定性意义。

3.4.4 城镇密集区空间集约发展综合协调的路径

在后面的章节运用综合协调论对城镇密集区集约发展的空间目标——区域城镇协调发展、城镇空间有效拓展、生态空间有效保护和区域发展城乡统筹四个方面进行研究之前，有必要对研究的主线即综合协调的路径进行梳理。综合协调论的作用机理中，在预设了目标状态和施控者基本明确的情况下，施控基本参量和施控对象的选择具有主动性特征，施控对象的组织规律及与之相对应的施控机制具有一定的被动性，前者决定了系统综合协调过程的基本路径。

因此，明晰空间集约发展四大目标需要协调的核心关系（基本参量）和协调的空间层次（受控对象），可以得到城镇密集区空间集约发展综合协调研究的基本路径（图 3.11）：

1. 区域城镇协调发展：城镇竞合关系的综合协调

在城镇密集区发展的过程中，区域内各个城镇之间较之其他地区存在更加紧密的关系，这些关系可能包括社会文化关系、经济产业关系等，但总体可将所有关系概括为竞争与合作两大类。从综合协调的路径来分析，区域城镇协调的对象属于宏观区域空间层次的范畴，其需要协调的核心关系是区域宏观尺度内各主要人工空间之间的竞合关系，研究如何促进区域内主要人工空间成为一体化、高效运行的空间整体。

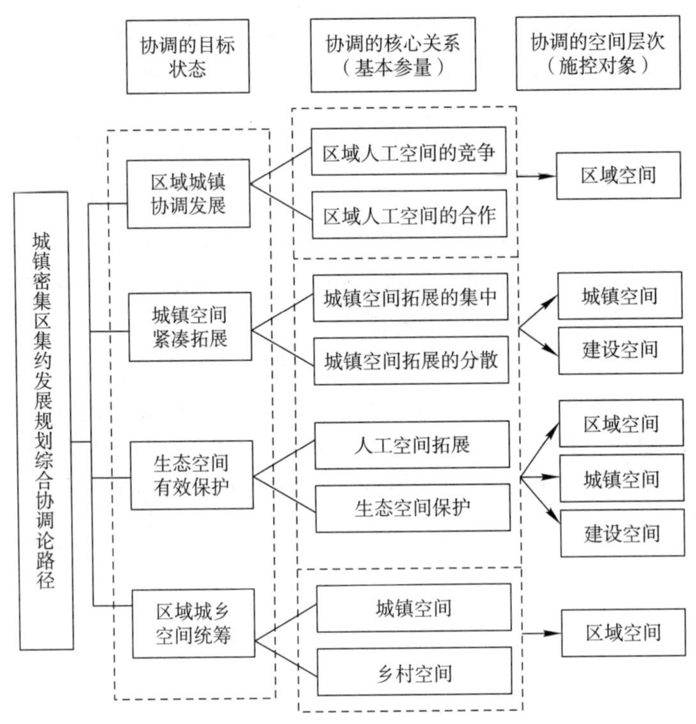

图 3.11　基于综合协调论的城镇密集区空间集约发展路径

2. 城镇空间紧凑拓展：空间集散关系的综合协调

紧凑的空间拓展方式是在保障城镇人居环境的前提下尽可能提高空间的利用效率，减少对土地资源的占用，其空间实质是如何协调好城镇空间拓展过程中集中与分散的关系，即在实现空间紧凑发展的同时避免过度紧凑带来的环境问题，实现城镇密集区城镇空间拓展过程中的适度集中。从综合协调的路径来分析，城镇空间紧凑拓展综合协调的对象重点在中观城镇空间和微观建设空间层面，其需要协调的核心关系是空间拓展过程中的"集散关系"，避免空间过度集中与过度分散现象的出现。

3. 生态空间有效保护：人地关系的综合协调

城镇密集区内人工空间的拓展必然意味着一部分生态环境空间的损失，生态空间的有效保护就是要在人工空间的拓展与区域生态环境保护的矛盾中寻找一条协调之路。从综合协调的路径来分析，生态空间有效保护综合协调的对象层次应当包括宏观、中观、微观三个层次，其需要协调的核心关系是在区域空间拓展的过程中实现"人地关系的协调"。

4. 区域城乡空间统筹：城乡关系的综合协调

区域城乡统筹属于区域空间协调发展的重要内容，其协调的核心关系是如何实现城乡空间关系的融合，避免城乡二元发展的空间状态。

需要说明的是，通过城乡统筹的协调不是要使城镇与乡村空间同质化发展，使乡村空间在忽视其自身特性的情况下盲目采用城市的建设标准。城乡统筹的协调重点是要消除由于城乡二元政策制度下扭曲的城乡空间发展关系，使城镇密集区内的城乡空间关系从制度分割下的分离走向城乡功能互补下的空间融合。

3.5 小　结

本章在总结“集约”相关概念的基础上提出了城镇密集区空间集约发展的理念，将狭义“集约”的概念向综合性的广义“集约”进行拓展。分析论证了城镇密集区集约发展目标多维性与实现层次性的综合内涵，提出从“密集到集约”是城镇密集区空间发展模式转型的必由之路。

结合城镇密集区空间集约发展的多维性、层次性内涵，为增强本书研究的针对性，本章分别在第二、三节明确了城镇密集区空间集约发展研究的多层次空间对象和多维性的目标导向，提出城镇密集区空间集约发展的研究应当包括宏观区域、中观城镇、微观建设三个层次，城镇密集区空间集约发展的目标可以提炼为区域城镇协调发展、城镇空间紧凑拓展、生态空间有效保护和区域城乡空间统筹四大具体目标。

在此基础上，本章重点论述了实现城镇密集区空间集约发展的基本方法：综合协调论。在总结协调思想的哲学内涵和相关方法论的基础上，文中分析论证了综合协调方法对于空间集约发展理念的适应性，提出了综合协调方法的整体性协调、多层次协调、主客观统一协调和核心矛盾协调四大基本原则，并基于协同论、控制论的基本方法构建了综合协调论的作用机理，将其运用于城镇密集区空间集约发展的研究中，提出在城镇密集区空间集约发展综合协调的研究过程中，综合协调的核心关系、综合协调的调控对象、受控对象的组织策略、综合协调的保障机制是为实现城镇密集区空间集约发展各目标进行综合协调的几个基本研究要素。

第 4 章　竞争与合作：构建系统共生的区域城镇空间关系

作为一个有着紧密经济、社会和生态联系的城镇空间系统，区域城镇空间的相互关系，本质上可以概括为竞争与合作两大类。加强区域内各城镇空间的有效合作，避免城镇空间的无序竞争，区域城镇空间系统就可以达成和谐、高效、共同发展的理想状态，实现区域城镇空间的协调发展。

4.1　竞争与合作：城镇密集区城镇空间综合协调的核心关系

综合协调论强调核心矛盾协调的原则，抓住系统发展中的核心矛盾，作为系统综合协调过程中的基本参量，是综合协调方法论作用机理的基本环节。区域城镇空间之间存在大量复杂的经济、社会关系，而竞争与合作是伴随区域城镇空间发展过程始终存在的核心关系。

4.1.1　城镇密集区城镇空间竞合关系形成的内涵

用综合协调的整体性观念来理解城镇密集区，区域城镇空间之间相互支持、相互制约的各种竞合关系构成了一个分层次、分等级的有机整体。作为区域城镇间的核心关系，城镇之间紧密的竞合关系是城镇密集区形成和发展的内在动力，我们可以通过从城镇竞合的对立关系中寻求统一秩序来实现对区域城镇空间关系的综合协调。

1. 城镇密集区城镇空间竞合关系形成的主要动力

城镇密集区是一系列城镇的复杂聚合，而城镇空间则是承载人类社会、经济、文化活动的主要场所。伴随着社会的不断发展，现代城镇的性质和概念也在发生着显著的变化，现代城镇再也不是那种故步自封、自给自足的空间单元，而是通过复杂的自然、经济、技术、社会、行政管理等联系构成的空间系统。城镇密集区城镇空间发展的竞合关系，并非凭空产生的，而是现代社会经济发展模式使然。概括来讲，其城镇空间竞合关系形成的动力主要源于三个方面：工业化、市场化和全球化。

伴随着 18 世纪产业革命的发生，人类社会迎来了工业化的大发展，社会生产开始从工场手工业逐步向机器大工业过渡。工业化不仅带来了人类社会生产率的提升和社会生产关系的变革，也促使现代城镇的空间结构发生了深刻的变化。一方面，工业化大生产的规模经济要求，城市中开始出现专门的生产活动空间——工业区。另一方面，工业化的大生产，从原材料的挖掘、加工、运输到工业生产、销售等，是一个复杂的系统工程，在某一城镇内完成所有这些程序基本上是不可能的，这就对不同城镇空间发展的专业化和生产协作提出了较高的要求，这样的工业分工和协作要求，致使不同的城镇空间逐渐成为相互协作同时又互相竞争的统一整体。

城镇密集区城镇空间竞合关系形成的另一大动力是市场化的推动。市场经济是一个不同利益取向的经济主体在产权明确界定的条件下进行公平自由交易的经济系统（顾朝林，2005）。市场经济是当今世界各国经济体制的主要形式，据研究，我国95％以上的商品资源都由市场来配置，国家定价的商品不足5％，社会主要商品供求平衡和供大于求的已达99％，四通八达、服务周到、种类齐全的商品市场体系已经基本建立[1]，市场化发展产生的物资流通和商贸网络成为城镇密集区城镇空间竞合关系的重要动力。

除了工业化和市场化以外，全球化也是城镇密集区城镇空间竞合关系形成的一大动力。国际资本的全球扩张、国际产业分工深化和信息技术革命促进了世界经济的全球化发展，生产系统与全球金融和全球市场相连接，导致了全球性的生产组织、市场扩展和资本流动。在全球化的推动下，产业总是朝着成本比较低的地方流动，从而形成了一系列产业集群，这种产业集群使得较小的企业、较小的城市也能切入全球生产链之中，这种切入对形成跨国空间、跨地区、跨国界的城镇辐射功能起到了重要作用。总之，全球化的发展使得世界各地城镇空间的集聚和扩散不断加强，一个前所未有的全球城市网络正在形成，而世界各地所出现的城镇密集区正作为一个重要的结构单元参与全球经济的竞争与合作[2]。

2. 城镇密集区城镇空间竞合关系发育的载体

城镇密集区城镇空间竞合关系的组织发育，必然要依赖于一定的载体。概括来讲，这种载体主要表现为城镇密集区内外部空间日益发达的综合交通运输网络（公路、铁路、航空、水运等）、通讯网络（电话、互联网等）等“硬载体”以及国家或地区协作政策等“软载体”。以综合交通网络中的航空网络为例，航空网密度越大的区域，表明区域之间的联系越密切，从这个意义上来说，区域综合交通运输网络不仅是城镇密集区城镇空间竞合关系发生的载体，也是区域竞合关系发育程度的重要表现。

3. 城镇密集区城镇空间竞合关系的整体属性

正是由于城镇密集区各城镇之间发达的竞合关系及其载体的存在，城镇密集区才得以表现出单一城镇空间无法具有的系统属性。根据系统的整体实现原理，城镇密集区作为一个城镇空间系统，通过各城镇之间的竞合关系，每一个城镇的性质、行为和功能对整个城镇密集区系统的性质、行为和功能都产生影响，而且每一个城镇对城镇密集区系统的影响都至少依赖于一个其他城镇。城镇密集区中每一个城镇的性质、行为和功能又受整个城镇密集区系统的影响，受在系统整体控制下的其他城镇的影响。城镇密集区系统和环境之间总是不断地交换物质、能量或信息，并通过这种交换互相联系、互相影响和互相作用。从城镇空间竞合关系的整体属性出发，采用遵循整体性原则的综合协调方法论对城镇空间之间的竞争与合作关系进行协调是具有适应性的。

理想的区域城镇空间竞合关系在将区域内各个孤立的城镇个体组合成城镇空间系统的同时，通过各城镇之间紧密的分工协作和健康高效的竞争关系，使城镇空间系统产生出单个结构单元的总和没有的整体属性，达到“1＋1＞2”的效果，促使区域城镇空间系统迸发出巨大的竞争力，实现区域城镇间的共生、共荣。

---

[1] 顾朝林．城镇体系规划——理论·方法·实例［M］．北京：中国建筑工业出版社，2005：67。

[2] 李浩．城镇群落自然演化规律初探［D］．2008：196－198。

4.1.2 成渝城镇密集区城镇空间“竞争大于合作”的不良倾向

城镇密集区城镇空间的竞争与合作是工业化、市场化和全球化的必然趋势。综合分析成渝城镇密集区的城镇空间关系，竞争与合作始终伴随着区域城镇社会经济的发展过程。随着区域经济一体化的加速发展，需要整合区域内的城镇空间资源，加强区域城镇之间的合作，提高区域城镇空间协调发展的水平。但目前区域空间中，总体上“竞争大于合作”的空间倾向十分明显。

1. 忽视“合作”加剧了区域城镇空间发展的无序竞争

成渝城镇密集区在行政区经济主导下城镇空间发展各自为政的倾向，实际就是由于各城镇之间无序竞争、缺乏协调导致的典型现象，这在前文中已有详细的论述❶。在区域基础设施建设方面，“竞争大于合作”的现象尤为明显，其实质是城镇空间无序竞争在具体项目建设过程中的一种延伸。以川南地区的机场建设为例，目前川南四市中，有宜宾菜坝机场和泸州蓝田机场两座，临近还有乐山机场。由于联系机场的陆路交通不发达，客流量都显不足，进而导致机场航线偏少，服务功能较弱。按照目前宜宾、泸州两市各自为政发展的方式，各自机场均很难得到进一步的发展，从而面临长期亏损的局面。川南地区四市总人口约1700万左右，辐射滇黔周边地区可达2500万左右，如果公路交通设施便捷，完全有能力支撑一座中型枢纽机场（图4.1）。成渝地区长江沿线城市竞相发展港口的局面同样是一个重复建设和恶性竞争的案例。在发展临港经济的驱动下，乐山、宜宾、泸州、永川、江津、重庆主城、长寿至下游的万州，每个城市和甚至市辖沿江县城都有港口。沿线的港口规模和利用水平参差不齐，重复建设严重（图4.2）。比如重庆和泸州的集装箱码头建设。本来重庆已有相当规模的集装箱码头，2009年已超过100万标箱的吞吐规模。重庆直辖后，四川又在泸州建设本省的集装箱码头，建成后，运量小、运价高，经过近10年的经营，2009年吞吐量才达到10万标准箱左右。目前，上游的宜宾也雄心勃勃地提出打造辐射滇黔的四川省第一大港，一期建设规模为50万标箱，并已于2010年底开港，加入到对沿江岸线港口资源的争夺中❷。

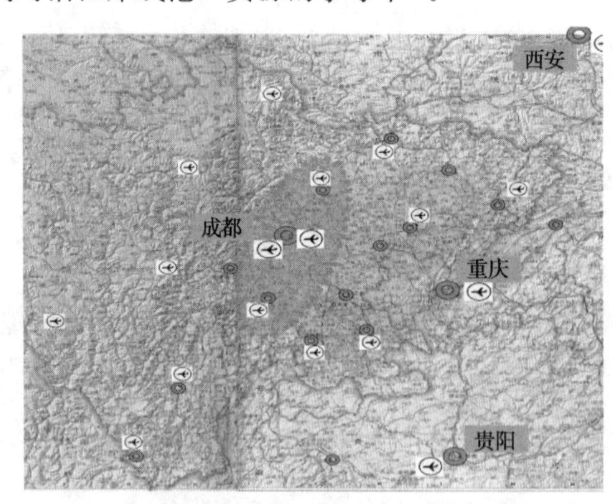

图4.1 成渝地区目前的机场分布

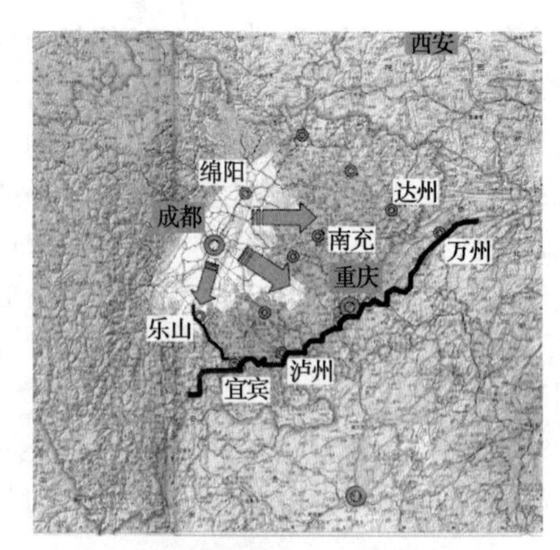

图4.2 成渝地区目前的港口分布

❶ 详见本书第2章的2.2——区域空间发展各自为政：有限的竞争性协调。

❷ 相关数据来源：宜宾市临港经济开发区．宜宾市临港经济发展战略研究［R］．2010。

2. 强调“竞争”加剧了城镇空间规模等级结构两极化的趋势

相对于国内长三角、珠三角等城镇密集区，成渝城镇密集区区域发展很不平衡，目前城镇空间规模等级两极化的特征就是区域发展不平衡的重要体现。在“竞争思维”主导下，处于强势地位的中心城市会从自身局部利益出发，运用自身政治、经济方面的优势在发展中占得先机，形成“强者更强”的趋势，使城镇空间规模等级结构中核心城市的地位进一步膨胀，加剧等级结构的不合理。

这一点反映在成渝地区各城市招商引资、产业布局方面表现尤为明显。比如成都市2008年与中石油集团签署协议，投资210亿元在成都市建立年产80万吨的乙烯生产项目和1000万吨的炼油项目。作为四川乃至西南地区科技、金融、商贸中心和交通枢纽，布局如此规模的重化工产业原本与成都市未来发展的定位不符，且四川省传统的化工产业均布局于川南的自贡、宜宾和泸州等市，从产业布局的角度来说，在成都布局大规模的重化工产业显然是不利的，但在缺乏协调与合作意识的情况下，完全靠市场经济进行选择，二线城市在争夺外来资金和发展机遇的时候无法与中心城市相抗衡，必然加剧区域城镇发展两极分化的局面。经济产业发展的两极化最终会反映到城镇空间的拓展速度中，重庆都市区与成都都市区2003～2008年城市建设用地增长速度明显快于成渝城镇密集区平均水平❶，这一情形也有力地佐证了这一观点。

3. “川渝分治”后区域空间发展战略的联系减弱

作为组团型发展的成渝城镇密集区，虽然各个城镇的空间距离不似长三角、珠三角等东部城镇密集区那样紧密，大部分地区也没有出现东部都市连绵区那样城镇建设空间粘连、融合的现象，但山水相连的共同地域环境和区域经济一体化的现实要求对于成渝城镇密集区内区域空间发展战略的整合显得同样重要。重庆直辖前成渝城镇密集区处于四川省同级行政主管部门之下，区域发展的重大战略问题研究有相对明确的责任主体和协调机制。重庆直辖后在“川渝分治”的背景下，虽然区域经济一体化的趋势随着社会经济的发展逐步增强，但不同的行政主体下在有限的“竞争型协调机制”作用下，区域空间发展战略的整体性有明显削弱的趋势，这从不同时期成渝地区的空间规划的变化趋势上可以得到佐证❷。

相对于沿海发展已经较为成熟的城镇密集区，成渝城镇密集区区域城镇空间发展战略的协调对于促进区域快速发展具有重要意义，在西部大开发过程中国家许多重大的基础设施布局均需依托于科学完善的区域空间发展战略，如果空间发展战略本身存在各自为政的现象，则很难对区域空间一体化发展起到有效的指导作用。近年来建设部和国家发改委分别组织的《成渝城镇群协调发展规划》和《成渝经济区区域规划》正是着力于从宏观层面解决目前成渝城镇密集区内空间发展战略不协调的问题。

4.1.3 系统共生：区域城镇空间竞合关系综合协调的目标状态

在综合协调的作用机理中，受控对象的目标状态是实施综合协调组织策略的基础。区域城镇协调发展作为城镇密集区空间集约发展的核心目标导向之一，对其具体目标状态的

---

❶ 详见本书第2章的2.3——建设空间低效扩张：空间引导与控制机制失灵。

❷ 详见本书第2章的2.3——建设空间低效扩张：空间引导与控制机制失灵。

细化应当建立在研究其核心关系的基础上。

城镇密集区城镇空间竞合关系研究的是一定区域范围内由多个城镇主体共同构成的城镇群内的复杂相互关系，为实现城镇密集区内各城镇间共生、共荣的良性竞合关系，源于生态学的共生理论对于认识区域城镇空间系统间理想的竞合关系具有十分重要的借鉴意义。

1. 共生理论的基本观点

“共生”最初作为一个生物学概念由德国真菌学家德贝利在 1879 年提出，他将“共生”定义为不同种属生活在一起。20 世纪五六十年代后，“共生”的思想和概念逐步引起人类学家、生态学家、社会学家、经济学家甚至政治学家的关注，一些源于生物界的共生概念和方法理论在诸多领域得到应用和推广。

共生理论的主要内容可以概括为共生单元、共生模式、共生环境构成的三要素。共生单元是指构成共生体或共生关系的基本能量生产和交换单位，是形成生物共生的基本物质条件，其特征在于种群的复杂属性。共生环境是指共生关系即共生模式存在和发展的外在条件，由共生单元以外所有因素的总和构成。

共生模式也称共生关系，是指共生单元相互作用的方式或相互结合的形式，它既反映共生单元间的物质信息交流关系，也反映作用的强度。从行为方式看，共生模式可以分为寄生关系、偏利共生关系和互惠共生关系（表 4.1）；从组织程度看，共生模式可以分为点共生、间歇共生、连续共生和一体化共生等多种情形（表 4.2）。任何完整的共生模式都是行为方式和组织方式的具体结合。共生关系不是固定不变的，它随共生单元的性质变化及共生环境的变化而变化。从行为方式上看，尽管共生系统存在多种状态（模式），但对称

四种共生行为模式特征对比 **表 4.1**

	寄生	偏利共生	非对称互惠共生	对称互惠共生
共生作用特征	1. 寄生关系并不一定对寄主有害 2. 存在寄主与寄生者的双边单向交流机制 3. 有利于寄生者进化而一般不利于寄主进化	1. 对一方有利而对另一方无害 2. 存在双边双向交流 3. 有利于获利方进化创新，对非获利方进化无补偿机制时不利	1. 存在广普进化作用 2. 不仅存在双边双向交流，且存在多边多向交流 3. 由于机制的非对称性，导致进化的非同步性	1. 存在广普进化作用 2. 不仅存在双边双向交流，而且存在多边多向交流 3. 共生单元进化具有同步性

四种共生组织模式特征对比 **表 4.2**

	点共生模式	间歇共生模式	连续共生模式	一体化共生模式
特征	1. 在某一特定时刻共生单元具有一次相互作用 2. 共生单元只有某一方面发生作用 3. 具有不稳定性和随机性	1. 按某种时间间隔共生单元间具有多次相互作用 2. 共生单元只在某一方面或少数方面发生作用 3. 共生关系具有某种不稳定性和随机性	1. 在一封闭时间区内共生单元具有连续的相互作用 2. 共生单元在多方面发生作用 3. 共生关系比较稳定且具有必然性	1. 共生单元在一封闭时间区间内形成了具有独立性质和功能的共生体 2. 共生单元存在全方位的相互作用 3. 共生关系稳定且具有必然性

资料来源：刘荣增．共生理论及其在我国区域协调发展中的运用［J］．工业技术经济，2006（3）：19－24。

互惠共生是系统进化的一致方向，是生物界和人类社会进化的根本法则，也是所有共生系统中最有效率、最稳定的系统，任何具有对称性互惠共生特征的系统在同种共生模式中具有最大的共生能量。从组织程度上看，一体化共生模式是共生系统的发展方向，共生系统将从初期阶段的点共生、间歇共生模式逐渐向连续共生、一体化共生的更高级别的模式转变。因此，对称互惠的一体化共生模式是共生系统中共生单元相互结合、相互作用的最有效率的组织形式。

共生的三个要素相互影响、相互作用，共同反映着共生系统的动态变化方向和规律。其中，共生模式是关键，共生单元是基础，共生环境是重要的外部条件。共生体中三要素的关系如图 4.3 所示。

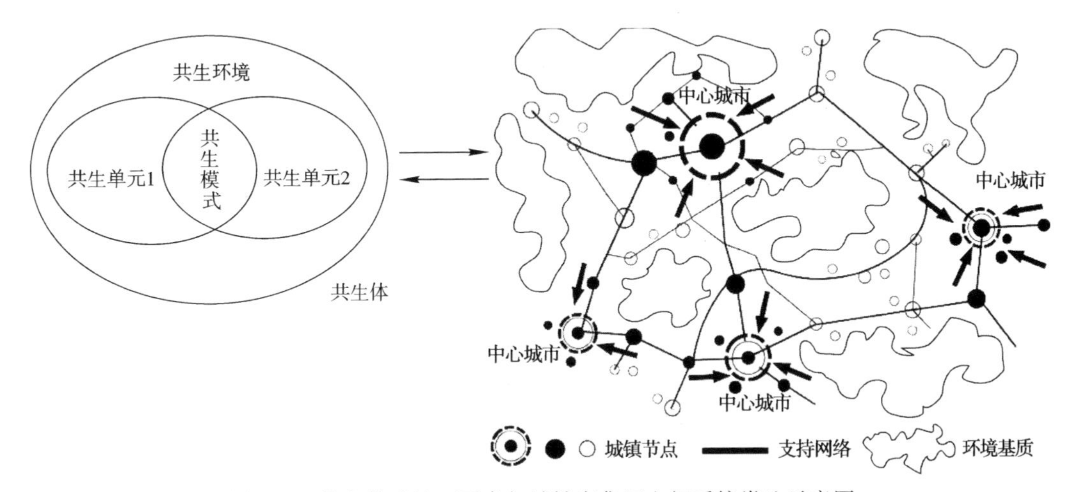

图 4.3　共生关系的三要素与城镇密集区空间系统类比示意图

注：城镇密集区空间系统与共生体的类比关系：①共生单元——城镇节点。②共生环境——支持网络（人工共生环境）与环境基质（自然共生环境）。③共生模式——城镇节点的竞合关系模式。

2. 基于共生理论城镇密集区竞合关系目标状态的认知

共生理论作为种群生态学的核心理论，其研究内容之一就是种群之间信息传递、物质交流、能量传导及合作共生的模式和环境，这对城镇密集区内城镇空间系统的综合协调问题有良好的兼容性和适用性。

从共生理论来看，城镇密集区可以视为一个以区域内各城镇空间为共生单元、区域各城镇空间之间竞合关系为共生模式（共生关系）、区域支持系统和环境基质为共生环境的区域空间共生系统（图 4.3）。运用共生理论、特别是其中的共生关系理论，对城镇密集区城镇空间竞合关系综合协调的目标状态进行认知，可以得到以下启示：

1）为了使区域城镇空间系统的竞合关系达到共生、共荣的状态，作为共生单元的各个城镇空间在相互的行为方式上会逐渐向对称互惠共生的方向演进，建立双边、多边的互惠交流。因此，在区域城镇关系的综合协调中，对称互惠共生的城镇关系集中表现为通过区域城镇职能的分工协作，促进区域城镇空间共生系统作为整体的共同发展。

2）在区域城镇空间的等级关系上，应当避免区域城镇空间系统中某一个共生单元一强独大、恶性膨胀的局面，导致区域城镇体系中寄生和偏利共生的低效竞合关系状态出现。因此，在区域城镇竞合关系的综合协调中，应当注意促进区域城镇空间规模等级结构的平衡发展，以利于对称互惠共生关系的形成。

3）区域城镇空间竞合关系的发展应当与区域共生环境相适应。城镇密集区城镇空间共生体的共生环境包括区域自然地理环境和人工支持系统环境。城镇密集区城镇空间竞合关系协调应当以城镇空间发展适应区域共生环境为基础，引导区域城镇共生单元之间建立稳定和必然的共生联系，促进区域走向一体化共生的高效模式。

4.2 成渝区域城镇空间关系综合协调的对象分析

由于城镇密集区空间系统的复杂性，研究其综合协调的调控对象需要将相对抽象的对象系统进行解析。从综合协调的层次性来看，城镇密集区城镇空间关系的综合协调立足于宏观区域层次。分析宏观区域城镇空间关系所蕴含的内涵，可以将城镇密集区城镇空间关系解析为区域城镇职能结构、城镇等级规模结构、区域城镇空间结构和区域城镇的支持系统四个方面，它们分别反映城镇空间的属性关系、地位关系、分布关系及其与支持系统的关系，将它们作为对城镇空间关系进行综合协调的对象体系（图4.4）。

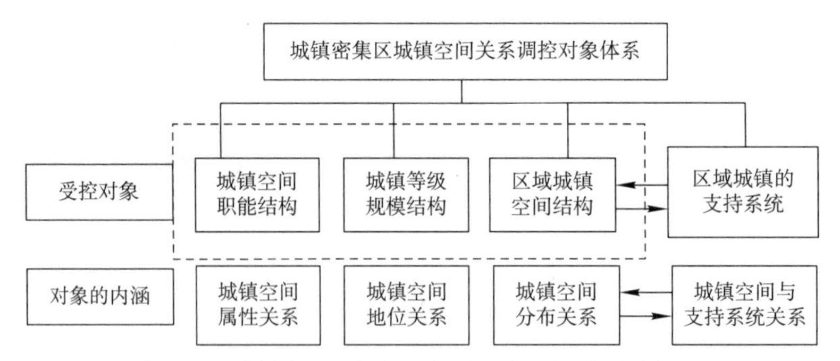

图4.4　城镇密集区城镇空间综合协调调控对象体系

本节以成渝城镇密集区为例，对其城镇关系综合协调对象的特征进行分析，作为下一节对成渝城镇密集区城镇关系综合协调策略研究的基础。

4.2.1 区域城镇的职能结构

1. 区域城镇职能结构的内涵分析

城镇职能是一个城市在区域中起突出作用的功能，反映的是城镇空间的基本功能属性。区域城镇空间职能结构是指区域内各城镇之间在职能、特别是主导职能方面的构成及其相互关系。它决定着规模等级结构和地域空间结构的总体特征和本质属性。职能结构最直观地反映了区域内各城镇之间的竞合关系，职能结构是否合理，直接影响城镇空间体系整体效益的发挥。城镇密集区城镇空间职能结构的研究，有利于分析城镇密集区各城镇未来的发展方向，推进城镇空间职能结构的合理化，实现城镇密集区内各城镇职能的分工、协调、互补和共同发展，强化城镇间、产业间功能的联系，促进城镇产业结构的转换和升级。对城镇空间的职能结构进行综合协调，可以促使区域城镇空间系统向对称互惠共生的空间关系转变。

2. 成渝城镇密集区“相互依存、个性突出”的职能结构特征

相对于其他地区，由于共同的地域文化背景和发展环境，成渝城镇密集区内各城镇之间的职能关系表现出较强的相互依存关系。同时，内部各城镇在长期的发展过程中也逐渐形成了个性较为突出的城镇发展特征，在城镇发展的主导职能上特色鲜明，这为成渝地区形成分工协作的区域城镇职能结构提供了有利的条件。

1）相互依存的区域城镇职能关系

共同的地域背景和文化根源使得成渝城镇密集区相对于国内其他一些城镇密集区而言，区域内城镇之间表现出较为发达的依存关系，这些关系中，尤以成渝地区以经济职能为表现的依存关系最为突出。从产品市场看，重庆产品开拓川西乃至西北地区市场，主要以成都为依托，重庆的长安汽车、嘉陵摩托等支柱产品和日用消费品都是以成都为重要的批发集散地，近年来，重庆的一些大中型企业在市场开拓上，进一步加大了以成都为依托的力度；同时，成都的产品如电子、量具、刃具等名优产品，还有自贡、内江、宜宾、泸州川南四市的产品辐射长江流域地区，也主要以重庆为依托。从交通方面看，重庆是整个成渝地区的重要依托，通过长江流域出海，是成都地区提高通江达海能力的重要通道，加强了成都与长江流域的经济关系，增强了成都在长江流域中的地位和作用。

2）个性突出的区域城镇职能特征

就成渝城镇密集区的各城镇空间职能而言，其内部的各个城镇在长期的发展过程中逐渐形成了个性较为突出的城镇职能特征。就重庆都市区和成都都市区而言，随着国家的产业布局和两市经济的发展，成渝两市都形成了各自的产业特点。成渝两市产业各具特色，互不干涉，工业方面成轻渝重的基本格局已基本形成。在全国许多城市都出现产业趋同弊端的情况下，成渝两个核心城市仍保持了良好的产业分工。这种明显的功能互补关系，对于两市今后的发展十分有益。就成渝城镇密集区内的其他城镇而言，其城镇发展的个性也非常突出。例如，绵阳是全国著名的中国科技城，德阳是全国重型机械装备工业基地，自贡、泸州等地是全国重要的化学、工程机械工业基地，宜宾则是重要的食品工业和能源产业基地，等等。这种较为明显的城镇职能特性，对成渝城镇密集区城镇间形成良好的竞争与合作关系创造了有益的条件。

4.2.2 区域城镇的规模结构

1. 区域城镇规模结构的内涵分析

城镇等级规模结构是指区域城镇体系中不同层次、不同规模的城镇在质和量方面的组合形式，具体表现为城镇体系中各城镇规模、数量等方面的结构及其相互关系，是区域内各城镇空间职能作用大小、地位等级及其发展状况在空间地位关系上的直接反映。

对城镇密集区城镇等级规模结构进行综合协调，促进区域形成等级比例有序的城镇等级规模结构，其实质是在空间规模、地位层面协调区域城镇之间的竞合关系，避免由于城镇等级规模不合理引发区域城镇关系向寄生、偏利共生等低效共生关系转变。城镇等级规模的综合协调对于科学组织区域内的城镇空间关系，保证城市职能作用的充分发挥，促进城镇密集区城镇空间结构的优化具有重要的战略意义。

2. 成渝城镇密集区“双核型、两极化”的规模结构特征

总的来讲，就成渝城镇密集区空间形态所呈现出的 4 大片区而言，川南城镇群和川东

北城镇群的经济发展相对落后，城镇间的联系较为薄弱；重庆都市圈和成都平原经济区的经济实力较强，城镇间的联系较为紧密，集聚和扩散能力较强，是引领成渝城镇密集区整体发展的重要两极。在重庆组团和成都组团中，重庆都市区和成都都市区是其核心城市，也是成渝城镇密集区当之无愧的两个核心城市，二者对成渝城镇密集区空间形态的影响极为突出且“不相上下”，除此之外没有任何其他的城镇能够达到核心城市的级别。

对城镇密集区内所有县级以上行政单位进行统计，成渝城镇密集区内现有省级城市1个，副省级城市1个，地级市（区）25个，县城（县级市）89个。如果按人口规模来统计成渝城镇密集区的城镇等级结构，目前区域内有超大城市2个，占总数的1.7%，大城市8个，占总数的6.9%，中等城市20个，占总数的17.2%，小城市（县城）86个，占总数的74.1%（表4.3）。其中两个超大城市城区非农人口占区域总非农人口的比例就达到27.2%，而人口小于20万的小城市内非农人口占到区域总非农人口数的43%，处于最大的比例。

成渝城镇密集区2008年城镇规模等级结构 **表4.3**

规模（万人）	城市数量（个）	所占比例	中心城区非农人口（万人）	所占比例
>200	2	1.7	1031	27.2
100～200	0	0	0	0
50～100	8	6.9	482	12.8
20～50	20	17.2	643	17
<20	86	74.1	1624	43
小计	116	100	3780	100

资料来源：根据《四川省统计年鉴2009》、《重庆统计年鉴2009》整理。

关于成渝城镇密集区城镇等级结构，从以上分析可以得到以下几个结论：1）成渝城镇密集区内两个核心城市首位度较高，占据了区域发展的核心地位，使区域城镇等级结构呈现双核的特征。2）在“小城市-中等城市-大城市-特大城市-超大城市”等5个城镇规模等级中，成渝城镇密集区唯独没有“特大城市”，超大城市和小城市占据区域非农人口的最大比例，表明成渝城镇密集区的城镇空间发展具有鲜明的两极化特征（图4.5）。3）大城市与中等城市数量和人口比例偏低，人口20万以下的小城市在数量和非农人口上所占比例偏大，表明成渝城镇密集区城镇等级结构的中间规模层次城市发展滞后。

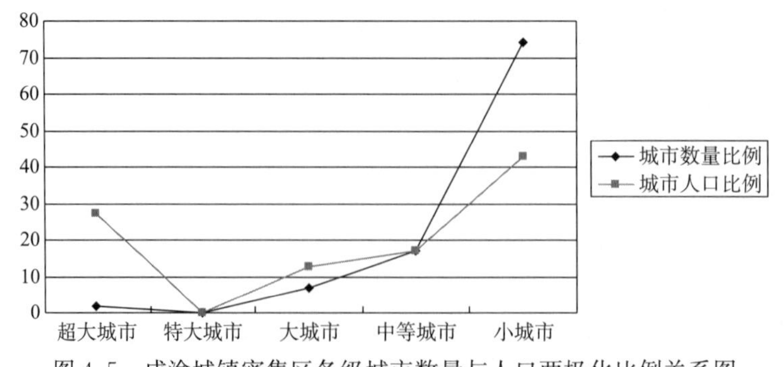

图4.5 成渝城镇密集区各级城市数量与人口两极化比例关系图

4.2.3 区域城镇的空间结构

1. 区域城镇空间结构的内涵

区域城镇空间结构是指区域内各城镇在地域空间上的组合形式、分布位置及联系的网络状况。表明该地区各级各类城镇的分布规律、集聚特点、腹地范围和影响区域，也是规模等级结构和职能类型结构在地域内空间组合的结果和表现形式，是区域自然、经济因素在区域城镇空间布局上的综合反映。

综合协调区域城镇的空间结构，其实质是通过规划控制等其他组织手段使区域内城镇空间的分布关系符合区域城镇的竞合发展规律。城镇密集区区域城镇空间结构的研究，对科学认识区域空间关系，引导区域空间结构的优化，促进城镇密集区全面和持续发展具有重要意义。对区域城镇空间结构的综合协调，是城镇密集区空间规划的主要任务。

2. 成渝城镇密集区“组团型”的空间结构特征

从城镇建设用地组合形态的角度来看，成渝城镇密集区的空间结构形态表现为组团型特征，这是因为成渝城镇密集区的很多城镇发展空间相距较远，彼此相对独立，空间布局呈现出较为分散的组团型格局。

在《成渝城镇群协调发展规划》的研究过程中，研究者根据成渝地区 TM 卫星影像，对成渝城镇密集区的土地利用状况进行了分析，在其研究范围内的建设用地面积约 8187 平方公里，占土地面积的 4.8%；耕地面积约 6.3 万平方公里，占土地面积的 36.4%（约 3/4 左右的耕地面积为丘陵坡地）；林地面积约 4.6 万平方公里，占土地面积的 26.9%（图 4.6）。城镇建设用地比例明显要少于东部沿海发达地区珠三角、长三角等城镇密集区，较少比例的城镇建设用地布局在相对辽阔的成渝城镇密集区区域范围之内，分散式的组团型格局十分突出。

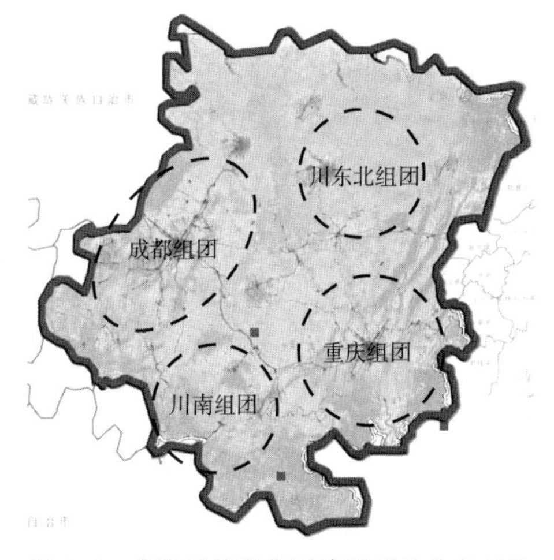

图 4.6 成渝城镇密集区建设用地分布现状

资料来源：根据中国城市规划设计研究院“成渝城镇群协调发展规划相关成果”改绘，2008。

就成渝城镇密集区空间结构形态的组团格局而言，大致与前文中所概述的成渝城镇密集区城镇发展空间分布的四个主要片区相吻合，即以重庆都市区为中心的重庆组团、以成都都市区为中心的成都组团、川南组团和川东北组团。重庆组团位于川渝地区中东部，是以特大城市为核心的高人口密度和高城镇密度的城市地区。成都组团位于川渝地区中西部，组团城镇密集，中心城市突出，基本形成以成都为中心，绵阳、乐山为次级中心，绵-成-乐为聚合轴线的发展格局。川南组团位于川渝地区中南部，自贡、宜宾、泸州均为国家历史文化名城，产业方面以无机化工、机械电子、名酒、食品和能源、建材等为支柱。川东北组团位于川渝地区中北部，是四川省传统的农业大区，有一定卤盐、天然气、煤炭和铁矿、石灰岩等资源，产业方面以轻纺、食品、能源、化工和建材等为主导，社会经济比较落后，工业相对薄弱[1]。

4.2.4 区域城镇的支持系统

1. 区域城镇与支持系统的关系

城镇密集区区域城镇空间与支持系统是不可分割的整体，区域支持系统是形成区域城镇竞合关系的重要载体。区域内各城镇空间之所以能够成为一个相互关联的体系，结成一定的空间组织关系，是因为有区域内支持系统的存在并将各城镇空间紧密地联系在一起。而区域内支持系统是伴随着区域城镇空间的发展、竞合关系的逐渐紧密而产生交流的需要进而逐渐发展和发达起来，二者关系紧密且互为依存。因此，城镇密集区城镇关系的综合协调必须将城镇空间与支持系统的关系作为重要的调控对象纳入综合协调的范畴。

需要说明的是，对于城镇密集区内区域城镇空间的发展，交通支持系统对于引导区域城镇空间组织关系具有极为重要的作用，应当是本次研究的重点。

2. 成渝城镇密集区城镇空间形成与交通支持系统的关系

交通支持系统是成渝城镇密集区城镇空间形成的重要支撑条件。在历史上成渝城镇密集区各城镇就多借助长江、嘉陵江、岷江等水路交通集散物资、运送人员。随着铁路、公路等现代交通工具的出现，处于铁路、公路枢纽及沿线的城镇得到迅速发展，城镇之间相互联系得以加强，从而促进城镇密集区城镇空间结构的形成。

成渝城镇密集区远离沿海港口和海外市场，但长江上游干支流水系较为发达，已初步形成铁路、公路、内河航运等相结合的综合运输体系。这一系列运输体系的网络化发展对成渝城镇密集区城镇空间结构的形成有重要意义。从总体上看，成渝地区交通运输与网络布局呈现以下特点：首先，铁路在地区综合运输体系中主要承担长途客货运输，是进出地区客货运输的主力。铁路密度达到较高水平，形成了以成都、重庆两大铁路枢纽为中心组成的铁路网骨架。其次，公路运输成为地区内重要的现代化中、短途运输方式，在综合运输体系中占据主导地位。形成了以成都、重庆两大公路枢纽为中心呈放射状的公路干线及高速公路布局，连接地区内主要城市的高速公路网已初步形成。再次，成渝地区河流密布，内河运输是地区内的重要通道，并承担着一定的长、中、短途客货运输，尤其是集装箱及大件运输，重庆成为地区内重要的水运枢纽。

成渝地区综合交通运输网的形成，极大地方便了地区内外要素的流动，改变了地区内外要素流动的方向、速度与频率，密切了城市之间的分工协作和联系。空间距离的缩短提高了区内物质流、信息流、人口流和资金流的空间移动数量与频率，极大地扩张了城市之间的物质交换量。在它们的支撑作用下，若干城镇密集区和城市发展轴线发育成型，促进了成渝城市密集区城镇空间结构的形成。

4.3 成渝区域城镇空间关系综合协调的组织策略

城镇密集区城镇空间理想竞合关系的形成，最终依赖于城镇空间关系综合协调对象的自组织和他组织过程。因此，对受控对象竞合关系组织策略的研究，有助于实施综合协调的主

[1] 资料来源：中国城市规划设计研究院．成渝城镇群协调发展规划总报告［R］．2008。

体做出正确的判断，通过更合理的调控手段来促进区域城镇走向竞合关系综合协调的过程。

4.3.1 分工协作的区域城镇职能结构

物种共生理论认为，对称互惠的共生模式是系统要素间高效的组织模式，是共生系统演进的基本方向。在区域城镇空间关系的综合协调中，应当通过在区域整体发展目标引导下城镇空间职能的分工协作，来促进区域城镇空间的双边、多边互惠交流，避免城镇空间的无序竞争，实现区域城镇空间系统的整体发展。区域城镇职能结构的综合协调，可从宏观区域战略与城镇单元的分工定位两个层面入手：

1. 区域整体战略目标的明确。明确的区域整体战略定位是综合协调区域内城镇职能结构的重要前提。在科学认识区域自身发展条件、分析区域内外机遇挑战基础上明确城镇密集区的整体战略定位与发展目标，对于协调区域内各城镇和次区域的功能和发展方向，引导城镇密集区城镇关系的整体协调发展具有重要意义。区域战略目标的研究，应结合区域城镇竞合关系形成的根本动力，科学反映和切实尊重区域发展过程中工业化、市场化和全球化规律，原则应是：1）在更大的空间尺度和城市体系中把握区域定位。应该将城镇密集区置于全国城市—区域发展大格局，审视该地区在国内、国际城市体系、产业分工体系中所处的位置及今后可能发生的变化（表 4.4）。在经济全球化迅猛发展的背景下，扩大视野，放大空间尺度来把握城市定位，尤为重要。2）在与关联区域的比较分析中把握区域定位。区域总是处于特定的城市体系和区域格局中，战略定位必须在与关联区域的比较分析中来把握。只有多层面地把握与相关区域的关联关系，战略定位才能比较客观。3）高度重视非自然禀赋要素的可获性。随着技术进步、经济发展和市场体系日益完善，资源的替代普遍发生，运输费用大大降低，生产要素的空间流动性明显增强，在考虑区域战略定位时，既要充分重视自然要素禀赋结构的作用，更要重视非自然禀赋的获得性要素，如物质资本和人力资本的积累和集聚。

我国主要城镇密集区竞争力比较分析 **表 4.4**

指标 经济区	总人口		GDP		人均 GDP		出口额		劳动生产率		综合竞争力	
	（万人）	排名	（亿元）	排名	（元）	排名	（亿美元）	排名	（元）	排名	指数	排名
大珠三角	3922	6	43560	1	123402	1	7023	1	281463	1	13.5	1
长三角	9477	2	38160	2	44570	2	2134	2	186228	2	13.0	2
京津冀	6510	4	17179	3	31237	3	754	3	126029	5	11.9	3
山东半岛	3980	7	11930	5	30324	4	254	4	116331	6	5.60	4
辽中南	2670	8	6607	7	27234	5	228	5	105758	4	5.59	5
成渝	9956	1	12530	4	14285	7	74	6	127991	3	5.56	6
大武汉	7022	3	10177	6	16453	6	44	7	90729	7	5.0	7
大西安	2583	7	2962	8	12342	8	27.2	8	87236	8	4.8	8

资料来源：中国工程院．大城市连绵区项目专题研究——我国大城市连绵区国内案例［R］.2007。

2. 在区域战略下协调各城镇职能分工协作。区域城镇职能自组织协调实现的前提之一是区域生产要素实现自由流动。由于区域内各地域单元在生产要素的类别、数量、质量结构及主导优势方面存在着一定差别，短缺要素和优势要素各不相同，如果各地域单元的优势要素能够在区域内包括区域外之间自由流动，就可以弥补本地域短缺因素的不足和增强优势因素，使要素的配置、空间组合的合理化以及要素组合的质、量、效率向更高层次发展，促使各区域的潜在优势向现实优势转化，相对优势向绝对优势转化。如果所有地域在区域内外的竞争与合作过程中均能有效地吸纳外部要素，并把外部要素的吸纳与本地域要素的培育结合起来，就能完善本地域的要素结构，促进城镇单元职能的分工协作，在这种情况下，必然会形成区域的系统合力，其整体效率将超过各地域配置效率之和。正如要素禀赋理论所指出的：要素之所以能够在区域之间直接流动，是因为通过它的流动能够获取利益。

区域城镇分工协作职能关系的形成，针对城镇职能关系调控的他组织过程也发挥着重要的作用。在目前有限的竞争型区域协调背景下，城镇密集区内各城镇"诸侯经济"的导向往往造成在区域发展过程中出现的各地区、各城镇以自我为中心来确定自己的发展定位和发展思路，孤立地打造各自城市竞争力的现象，这种现象在成渝城镇密集区内已经非常明显[1]。在这一过程中，自组织功能由于区域要素流动的受限而不能很好地发挥其自我协调的功能，依靠主体的他组织综合协调手段就显得更为重要。协调各城镇职能分工需要遵循以下原则：1）从整体入手，使城镇主导职能融入区域经济一体化的共生系统中去。城镇空间职能的确定要立足于区域发展的整体目标，为实现区域整体发展策略服务。2）立足于城镇自身的发展条件和资源禀赋，使城镇职能定位符合城镇空间发展的客观规律，找准城镇空间在区域共生系统中合适的"生态位"。3）各城镇职能分工体系的确定要有利于形成各城镇之间的双边、多边交流和互惠联系，促进区域城镇空间关系的稳定和区域共生系统的共同发展。

3. 成渝城镇密集区城镇空间职能结构综合协调的构想。对成渝城镇密集区的整体战略定位，从宏观空间尺度和周边关联区域进行分析，以下区域战略条件构成对成渝城镇密集区整体战略判断的基本条件：1）国家从出口拉动型经济向内需带动型经济转变的宏观经济战略，将为内陆地区的发展提供新的发展机遇。2）国家区域发展战略从不均衡发展到统筹区域协调发展转变的大格局，将促使内陆地区的经济发展水平逐渐向沿海地区看齐。3）长江生态安全的保护及三峡库区的可持续发展，是成渝地区独特地理区位条件面临的重要任务。因此，虽然成渝城镇密集区的宏观定位应具有多样性，但仍可以从经济社会发展地位及生态保护地位两个角度对成渝城镇密集区的整体战略进行基本的判断：成渝城镇密集区应发展成为与沿海珠三角、长三角、京津冀同等重要的中国社会经济发展的第四增长极，并承担起长江上游地区生态环境保护和促进三峡库区可持续发展的重任。

如前文所述，成渝城镇密集区内各城镇空间还没有形成良性的职能分工体系，各城市之间的竞争大于合作，彼此联系尚需加强。特别是在重庆直辖后，成都与重庆之间的经济联系和合作出现了弱化的趋势，两市无序竞争明显加剧，产品进入对方市场门槛加大。在城市功能定位上出现了趋同现象，均称为西部地区的"三中心、两枢纽"（商贸中心、金融中心、科教信息服务中心，交通和通讯枢纽）。都市发展的方向也偏离成渝城市带主轴，如成都向东北方向的绵阳市、德阳市和周边发展，重庆则向长寿和涪陵区方向发展。为实现成渝城镇密集区内各城市的职能整合，本书在对成渝城镇密集区各城市现有基础和优势

---

[1] 详见本书第2章的2.2——区域发展各自为政：有限的竞争型区域协调。

进行考察的基础上，在充分发挥各城市比较优势和整体效益原则基础上，对城镇密集区各主要城市总体规划提出的城市职能（大城市以上）进行梳理，提出区域主要城镇空间的职能分工构想（表4.5）。其中，对于重庆市强调其长江上游的物流中心和三峡经济区生态建设支撑点的职能；对于成都市强调其高新技术产业基地和科技创新职能；对川南各市进行了一定侧重的分工，如自贡为化工制造基地、宜宾为酒都和能源基地、对泸州则强调其水路交通枢纽和川南商贸中心职能等；对川东北的南充、遂宁、成都平原的绵阳、乐山在职能上也进行了职能上的分工优化。

成渝城镇密集区主要城市职能分工构想 **表4.5**

城市	职能定位
重庆	西南地区最大的制造业基地，长江上游的经济中心和物流中心，三峡库区经济发展和生态建设的支撑点，重庆市域的政治、经济、文化、科技、信息和金融中心
成都	西南地区最大的商贸、科技、教育和金融中心，西南地区最大的高新技术产业基地和科技创新基地，长江上游成渝经济区的重要综合性工业基地，四川省的政治、经济、文化中心，成都平原经济圈的核心
绵阳	“科技城”，西部经济强市、国内重要的科研技术创新基地和生态环境保护示范区
乐山	世界文化与自然遗产所在地、川西南工商重镇、国家历史文化名城、国际旅游城市
南充	川东北地区最重要的区域中心城市和现代化大城市，极富文化底蕴和自然环境特色的生态型园林城市
自贡	川南经济强市、新型工业化城市和化工制造基地
宜宾	长江上游川、滇、黔结合部经济中心，中国酒都，国家历史文化名城、新兴的能源基地，长江上游生态保护屏障的重要组成部分
泸州	川、滇、黔、渝毗邻地域的水陆交通枢纽和商贸中心，以能源、化工、机械、食品等为主导的现代化综合性城市
达州	川、渝、鄂、陕结合部区域性中心城市，地区性的交通枢纽和物流中心。中国西部天然气能源化工基地，重点发展天然气化工、建材、轻工和商贸物流业
遂宁	西部食品纺织工业基地和成渝两市的优质农产品加工供应基地、制造业零部件配套基地、劳动密集型产业承接基地

资料来源：根据各主要城市总体规划，在突出区域分工协作的原则下整理修改而成。

4.3.2 比例有序、体系均衡的区域城镇规模结构

1. 共生理论下区域理想的城镇规模结构

城镇密集区中各城镇空间规模的组合关系、特征与差异形成了区域的城镇空间规模结构，反映了区域内城市从大到小的序列与规模，决定了城镇能量的强弱，反映了城镇在区域城镇系统中的地位。从共生理论的系统共生模式来看，共生单元形成体系均衡的共生系统更有利于对称互惠、一体化共生模式的产生。而共生单元等级规模的两极分化则倾向于产生寄生和偏利共生的区域共生关系。从共生系统理论的分析来看，前一种模式的共生系统趋向于稳定和高效，是共生系统演进的方向。

将共生理论运用于城镇密集区城镇等级规模的研究中可以得出以下结论：在以城镇空间为共生单元的城镇密集区空间系统共生体中，区域城镇空间规模等级的均衡、比例有序有利于城镇密集区城镇空间系统的稳定，是促进城镇密集区竞合关系高效运行的一种共生模式，城镇空间等级规模综合协调的过程应当避免两极分化的等级规模倾向。

中心城市首位度指标能够在一定程度上反映一个区域内城镇空间等级规模发展的极化程度，它反映了区域内城市发展的平衡性与差异性。如果一个区域内中心城市首位度过大，那么在相同的空间尺度下，中心城市与周边区域的发展落差也更加突出，不利于城镇群体内良性竞合关系的形成。从我国主要城镇密集区中心城市首位度的比较来看，较为成熟的城镇密集区内中心城市的首位度普遍较小，表明地区发展更为均衡，区域城镇空间规模等级结构也更均衡，区域城镇空间的竞合关系也更趋合理（表 4.6）。

成都平原城镇密集区首位度比较 **表 4.6**

名称	首位度	城市指数
中原城镇密集区	1.7	0.7
成都平原城镇密集区	5.2	2.2
长株潭城镇密集区	2.7	1.4
关中城镇密集区	4.8	1.95
长三角城镇密集区	2.7	1.3
珠三角城镇密集区	1.04	0.5
京津塘城镇密集区	1.5	0.91
山东半岛城镇密集区	1.2	0.52
辽东半岛城镇密集区	1.78	0.83

资料来源：四川省建设厅．加快我省区域性中心城市发展研究［R］．2010。

目前成渝城镇密集区双核型、两极分化的城镇空间等级结构更倾向于区域城镇之间寄生和偏利共生的关系，一方面二、三线城市的发展过分依赖于中心城市，二、三线城市相对中心城市缺乏竞争力；另一方面由于次级中心城市的缺乏，二、三线城市间合作缺乏，城市之间的恶性竞争普遍存在。相对于东部长三角、珠三角等成熟的城镇密集区，成渝城镇密集区地域广阔，双核的城镇体系结构不足以辐射广阔的腹地，要实现区域一体化快速发展的目标，培育新的城市中心，形成“多极”的空间分布状态，优化区域的城镇等级规模结构是一种必然的趋势。近期，四川省十二五规划明确提出要将川内的绵阳、南充、攀枝花、泸州、自贡、宜宾在 2015 年以前培育为人口超过 100 万的特大城市，说明了对于完善成渝地区城镇空间等级结构在社会各界已形成了基本共识。

2. 成渝城镇密集区城镇等级规模体系的综合协调

成渝城镇密集区目前强势双中心的空间结构需要进一步优化，在未来的发展中需要向多中心均衡发展的空间结构转化。

在城镇等级规模上，应优化结构、梯度集中、积极培育区域性中心城市。要充分发挥重庆、成都两大都市圈、区域中心城市和小城镇的作用，合理调控城镇规模结构，优化人口空间分布，逐步形成以超大城市、特大城市和大城市为主体，中小城镇合理发展的梯度集中发展的城镇模式。积极培育区域中心城市，分担重庆、成都的部分功能，成为人口集聚的重点地区。可以在现有大城市的基础上从空间均衡性的角度培育南充、绵阳、自贡、宜宾等一批特大城市，同时增强中小城市的发展实力，建成布局合理、功能协调、具有较强竞争力的多中心、网络化的城镇密集区。

按照成渝城镇密集区内已批准的最新各城市总体规划和相关城镇群规划确定的 2020

年城镇发展规模，目前强势双中心的城镇等级规模结构没有根本性的改变，但等级规模较现状有了一定的优化。除了两个超大城市重庆、成都以外，2020 年将增加绵阳、南充、达州、宜宾、自贡和泸州 6 个特大城市，填补目前成渝城镇密集区城镇体系结构中缺乏特大城市的层级。大城市数目则由目前的 8 个增加为 10 个，中等城市由目前的 20 个增加到 25 个，小城市由目前的 86 个减少为 75 个（表 4.7 和表 4.8，图 4.7）。

规划 2020 年成渝城镇密集区城镇结构体系与 2008 年对比 **表 4.7**

	超大城市	特大城市	大城市	中等城市	小城市
现状	2	0	8	20	88
2020 年	2	6	10	25	75

资料来源：根据已批准最新的各城市总体规划或相关城镇群规划 2020 年人口规模进行整理。

成渝城镇密集区 2020 城镇空间结构层级 **表 4.8**

等级	数量	城市名称（2020 年主城区非农人口规模/万人）
超大城市	2	重庆（900） 成都（760）
特大城市 >100 万	6	绵阳（115）、南充（110）、达州（100）、宜宾（103）、自贡（100）、泸州（105）
大城市 >50 万	10	广元（70）、遂宁（90）、乐山（82）、德阳（65）、江津区（70）、合川区（66）、涪陵区（70）、永川区（60）、长寿区（50）、内江（74）
中等城市（20 万～50 万）	25	广安市（35）、巴中市（45）、眉山市（50）、资阳市（45）、雅安市（33）、都江堰（30）、彭州市（22）、邛崃市（21）、崇州市（23）、广汉市（35）、江油市（40）、简阳市（22）、双流县（35）、綦江县（28）、铜梁县（28）、大足县（35）、荣昌县（20）、南川区（23）、潼南县（23）、璧山（28）、什邡市（25）、绵竹市（30）、峨眉山市（25）、仁寿县（20）、金堂县（22）
小城市（县城）<20 万	75	郫县、大邑县、蒲江县、新津县、中江县、罗江县、安县、梓潼县、三台县、盐亭县、平武、北川、安岳县、乐至县、彭山县、洪雅县、丹棱县、青神县、犍为县、井研县、夹江县、沐川县、马边县、峨边县、名山县、荥经县、汉源县、石棉县、天全县、泸山县、宝兴县、荣县、富顺县、泸县、合江县、叙永县、古蔺县、资中县、威远县、隆昌县、宜宾县、南溪县、江安县、长宁县、高县、筠连县、珙县、兴文县、屏山县、岳池县、武胜县、邻水县、南部县、西充县、营山县、仪陇县、蓬安县、达县、宣汉县、开江县、大竹县、渠县、苍溪县、旺苍县、剑阁县、青川县、蓬溪县、射洪县、大英县、通江县、南江县、平昌县、万盛区、双桥区、璧山县

资料来源：根据已批准最新的各城市总体规划或相关城镇群规划 2020 年人口规模进行整理。

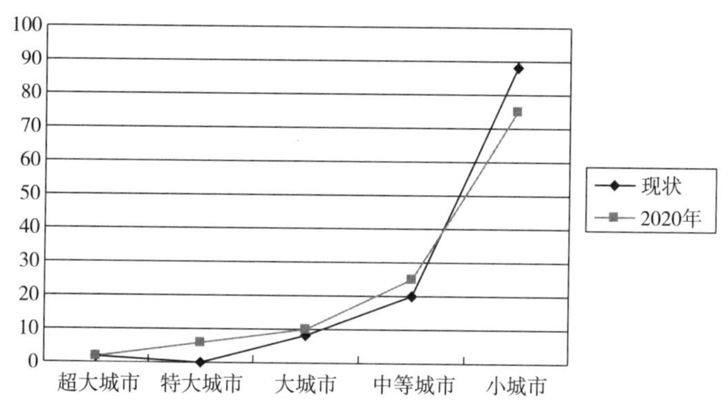

图 4.7 规划 2020 年成渝城镇密集区城镇等级体系与 2008 年对比

资料来源：根据已批准最新的各城市总体规划或相关城镇群规划 2020 年人口规模进行整理。

成渝城镇密集区地域相对广阔，从远景发展来看，出于区域平衡发展和人口腹地、经济基础、交通条件等因素来考虑，人口超过 200 万以上的超大城市的数量不应该只有成都、重庆两个，从东部沿海长三角、珠三角城镇密集区发展的情况来看，超大城市的分布密度远远大于成渝，因此，未来成渝城镇密集区城镇等级规模结构中，不仅要增加特大城市的层级，同时也要增加超大城市的数量来满足区域均衡发展的需求。从空间分布的均衡性、城镇现有发展条件来看，川南的宜宾和川东北的南充两个城市有进一步发展为超大城市的可能性。其中川南的宜宾在目前川南城镇密集区中处于中心和领先地位，同时它在空间上处于川、滇、黔、渝结合部，位于重庆、成都、昆明、贵阳四个省级城市的中间地带，受中心城市聚集效益影响较弱，发展腹地广阔。南充处于川东北的中心地带，目前基础较好，辐射范围较大，二者未来可预期分别成为川南和川东北的城市核心，促使成渝城镇密集区形成均衡发展的多中心结构体系。因此，有必要在未来的区域发展政策中和重大基础设施布局中强化宜宾、南充的发展地位，有意识地引导区域新的超大城市产生。

4.3.3 布局合理的区域城镇空间结构

1. 基于“点轴理论”的区域城镇空间结构综合协调策略

区域城镇空间结构是将城镇职能和地位等级竞合关系反映在空间组合结果上的表现，是区域城镇社会、经济等内在竞合关系在城镇空间布局上的综合反映。因此，区域城镇空间结构的形成，是在遵循区域城镇空间发展一般规律的基础上，通过以工业化、市场化和全球化为内在动力的城镇竞合关系的相互作用，将区域内各城镇的职能和等级关系反映到特定空间环境上的过程。

促使区域各城镇职能关系与等级关系在空间上的布局符合区域城镇空间发展的组织规律，是实施区域城镇空间结构综合协调的基本出发点。在我国城镇密集区快速发展的现阶段，区域空间点轴发展的一般规律对区域城镇空间的发展具有重要的指导意义。我国著名的经济地理学者陆大道院士，在继承增长极理论、中心地理论的基础上，把“点”、“轴”要素组合在同一空间开发范型中，提出了“点轴开发理论”（图 4.8）。“点轴”理论的“点”是指一定地域的各种不同层次的城市，“轴”是联结这些城市的交通、电力、燃气的供应线和通讯线等基础设施束。其基本思想内容包括：在一定区域范围内，规定若干连接主要城镇、工矿区以及附近具有较好资源、农业条件的交通干线所经过的地带，作为发展轴予以重点开发；在各个发展轴上确定重点发展的中心城市，规定各城市的发展方向和服务、吸引区域；较高级的中心城市和发展轴线影响较大的区域范围，应当集中国家和地方

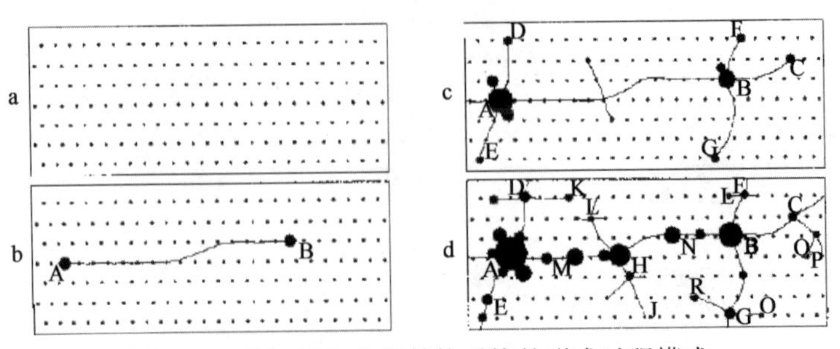

图 4.8 “点-轴”空间结构系统的形成过程模式

资料来源：陆大道．区域发展及其空间结构［M］．科学出版社，1995。

较大的力量进行集中开发；随着国家和区域经济实力的增强，开发重点逐步转移到较低级别的发展轴和中心城市上。

2. 成渝城镇密集区区域空间结构的综合协调

成渝城镇密集区腹地广大，正处于区域城镇快速发展的阶段。在城镇空间结构综合协调的过程中，“点轴开发”作为一种适合于城镇快速发展阶段的区域开发模式，可以作为综合协调区域城镇空间结构的基本方法。在优化区域城镇发展的职能结构和规模等级结构过程中，将城镇密集区区域城镇的空间发展战略落实到以“空间节点”、“发展轴线”为主要要素的空间布局结构中，通过综合协调“空间节点”的职能分工、规模等级和发展顺序，结合重大基础设施的布局确定区域城镇的“发展轴线”，可以实施对城镇密集区城镇空间结构的综合协调。

结合成渝城镇密集区的职能定位体系和等级规模体系目标，运用区域点轴开发理论的思想，成渝城镇密集区区域城镇空间结构应强化集聚发展模式，除了注重核心城市的建设外，应积极培育地区新的增长中心和城镇发展轴带，引领和带动区域整体发展，打造“两核多极、四轴一带”的空间结构形态（图 4.9）。

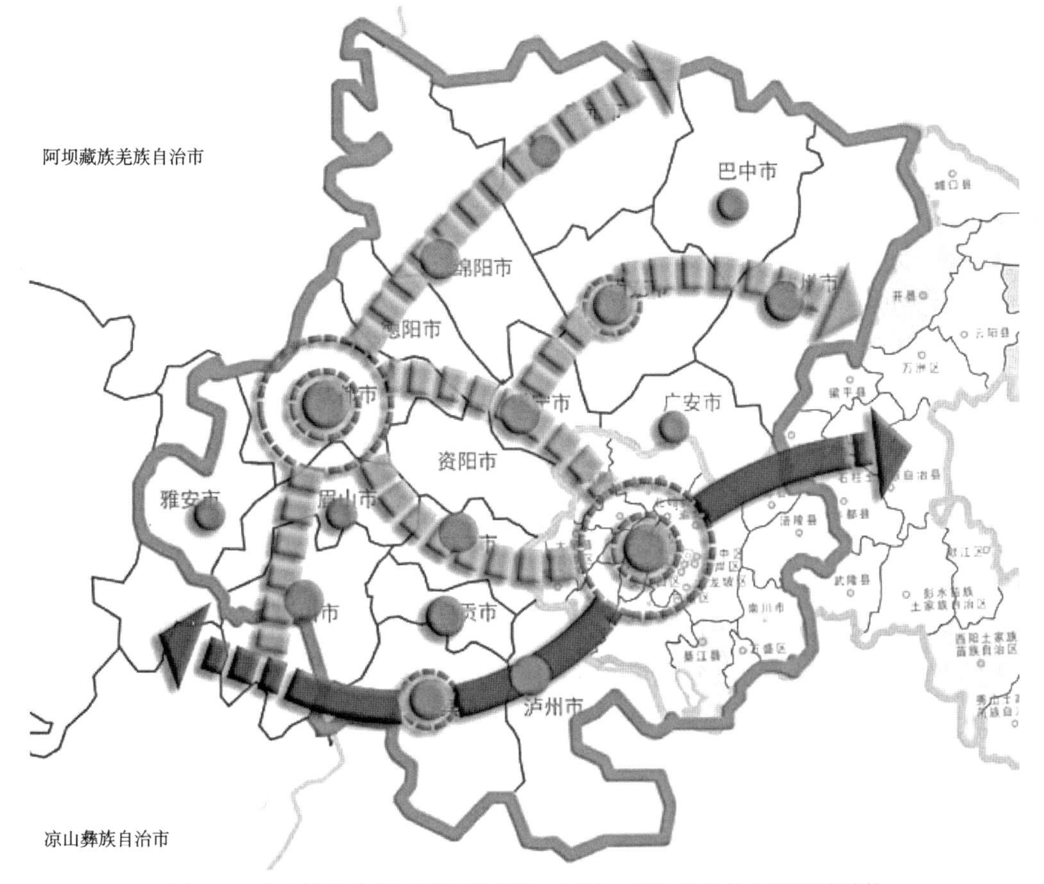

图 4.9　成渝城镇密集区“两核多极、四轴一带”的总体空间战略结构

注：①重庆、成都为区域发展“双核”。②以绵阳、乐山、宜宾、南充等特大城市的建设成为成渝地区的“多极”，其中考虑培育宜宾、南充为区域内城市人口超两百万的超大城市。③沿主要交通干线发展成渝南、成渝北和绵成乐、遂南达四条城镇发展轴。④沿长江水系发展长江城镇带。

1）强化两核。两核是指以重庆、成都两大国家级中心城市为核心的一小时经济圈，是成渝地区的两大发展极核。在很长一段时间内，成渝地区将继续保持这两大极核的发展，强化两圈的重点是，落实重庆总规“一圈两翼”和成都总规“一区多心、一带三轴”的城镇空间部署，整合各项资源，建立快速交通系统，促进中小城镇发展，实现两个经济圈内区域发展的一体化；提升两圈的辐射力和带动力，带动周边地区发展；密切双中心的交通联系，提升区域整体竞争力。

2）培育多极。成渝城镇密集区除重庆、成都发展遥遥领先外，其他地区发展与成渝差距明显，且较为平均。为了更好地推动成渝地区的发展，打造我国区域增长第四极，在极化双核的同时，还应大力培育多极发展，形成多中心发展格局，实现其他区域的均衡协调发展。培育的多极包括绵阳、德阳、乐山、遂宁、南充、内江、自贡、宜宾、泸州、资阳、眉山、广安、达州、雅安、万州、涪陵、长寿、江津、永川、合川和南川等城市，这些城市是成渝城镇密集区地区的地区性增长中心。其中，通过政策和基础设施建设引导，将绵阳、南充、达州、宜宾、自贡和泸州建设成为人口超过一百万的特大城市，成为成渝城镇密集区次区域的发展中心，远期从区域均衡的角度培育南充和宜宾成为区域内的另两个超大城市。

区域性中心城市应吸引人口集聚，壮大城市规模，分担重庆、成都部分功能，大力发展专业化生产及中心服务功能。如永川区为全国重要的职业教育基地，长寿是区域性化工产业基地，绵阳市为全国电子信息产业和国防科研基地，乐山市为全国重要的旅游城市，德阳市是重型装备工业基地，宜宾、泸州是长江上游重要的航运枢纽等。通过多级的培育，在成渝地区形成多中心发展的格局，共同带动区域的发展，促进成渝城镇密集区竞争力的提升。

3）提升四轴。四轴指成渝南、成渝北和绵成乐、遂南达城镇发展轴。成渝南轴沿线有成都、资阳、内江、自贡、永川和重庆等城市；成渝北轴沿线有成都、遂宁、南充、合川和重庆等城市；绵成乐发展轴沿线有成都、绵阳、德阳、眉山和乐山等城市。遂南达发展轴沿线有遂宁、南充、达州、广安和广元等城市。成渝分制以后，成都与重庆之间的联系呈现弱化趋势，出现中间联系的薄弱环节，导致中间地带的城市衰退和区域塌陷。因此有必要提升成渝之间的轴线联系，整合区域内外城市与产业的功能，增强轴带上城市之间的联系，传递两核对外的辐射与带动作用，带动两核外城市的发展，改善目前等级差异明显的空间结构。规划成渝南轴、成渝北轴、绵成乐、遂南达，作为产业、城镇重点发展的四个城镇轴，依托并强化交通走廊，加快沿线各级城镇的培育，增强城市之间的联系，传递两圈的辐射与扩散作用，提升中部、带动南北，促进区域整体发展。

4）完善一带。一带指沿长江城镇发展带。沿线有宜宾、泸州、江津、重庆、涪陵等城市。长江沿岸地区是传统城镇密集地区，目前除重庆为成渝地区第一大城市外，其他城市也都具有较强的实力和水运优势；长江沿岸一带也是长江上游需要重点保护的地区，城镇发展与保护并重。沿长江发展带以长江航道、沿江高速、沿江铁路为依托，沿线城市航运便捷，装备制造、化工等产业发达，是长江经济带的重要组成部分，是水路出川主要通道之一。规划加强沿江地区生态环境保护，以长江航道、规划中的沿江高速公路和沿江铁路为依托，完善基础设施建设，协调沿江城市发展和岸线的综合利用，整合港口资源，促进内陆地区出海大通道建设。

4.3.4 与城镇空间相耦合的支持系统

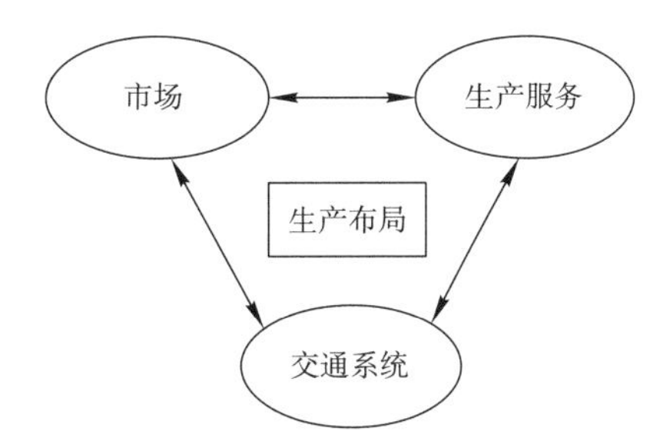

图 4.10 城镇密集区聚合要素之间的关系

城镇密集区城镇空间分布是经济要素积聚与扩散在空间上的反映，而交通支持系统则是空间和经济联系特征的反映。随着经济的全球化，为降低企业信息和服务成本，以服务为核心的产业聚集开始形成，生产服务作为生产组织者的角色得以强化，区域交通支持系统则是这种聚集和扩散服务的重要支撑，既是生产成本的主要影响者，也是生产与服务、市场联系的纽带，是在城镇密集区空间聚合上起重要作用的因素（图 4.10）。

从系统共生的角度来看，区域交通系统是各城镇空间发生经济、社会联系并形成共生关系的重要条件，综合协调区域交通体系是形成区域城镇健康共生系统的重要保证。它包括两个方面的含义：一是区域交通体系内部的综合协调。通过高效、一体化的综合交通体系促进区域城镇空间的协调发展。二是区域交通体系的布局符合区域城镇空间发展的客观规律，实现交通体系与区域城镇空间的耦合发展：

1. 区域交通基础设施体系一体化的综合协调

城镇密集区大型交通基础设施虽然管理上隶属于所在城市，但其服务范围均为整个区域，是整个区域内所有城市对外交通系统的一个重要组成部分。但目前属地化的管理导致这些设施的交通组织系统以所在城市为主构建，并没有按照设施的服务范围规划和建设。这促使区域中不拥有大型对外交通设施的城市由于在服务上难以得到保障，纷纷考虑建设自己的机场、港口等设施，极易造成区域内设施服务的恶性竞争和低水平重复建设。因此，要实现区域交通系统布局的综合协调，首先应当实现区域重大交通基础设施的统筹共建，避免各个城镇从自身角度、局部利益出发布局具有区域性服务意义的重大交通基础设施。

此外，各种类型的交通系统都有其自身的特点和优势，适用的运输需求不同，综合协调轨道、公路、水运、航空以及管道等多种交通运输方式，可以充分发挥不同交通系统之间的协同作用，提高区域交通基础设施系统的综合效率，实现多方式综合交通系统的协调一体化发展。

2. 区域交通系统布局与城镇空间结构相协调

城镇密集区城镇空间的发展与区域交通基础设施的空间布局有着密切的关系。一方面，交通基础设施通过满足各种运输需求从而对城镇空间布局起到有力的支撑作用；另一方面，通过强化交通基础设施对产业、人口等多种经济要素空间分布的诱导作用，可以实现引导城镇空间布局向更加完善合理的结构进行转化。因此，重大交通基础设施的布局应该不仅仅局限于对有限运输需求的被动满足，更应该着眼于与城镇密集区城镇空间发展结构的协调一致。作为重要的规划手段，区域重大交通基础设施的规划布局，可以成为有效引导和控制区域城镇空间发展模式的重要手段；通过重大交通基础设施规划的实施，可以促进区域空间有效发展（图 4.11）。因此，建立与城镇空间布局结构相耦合的区域交通系统，对于促进城镇密集区内城镇关系的综合协调发展具有重要意义。

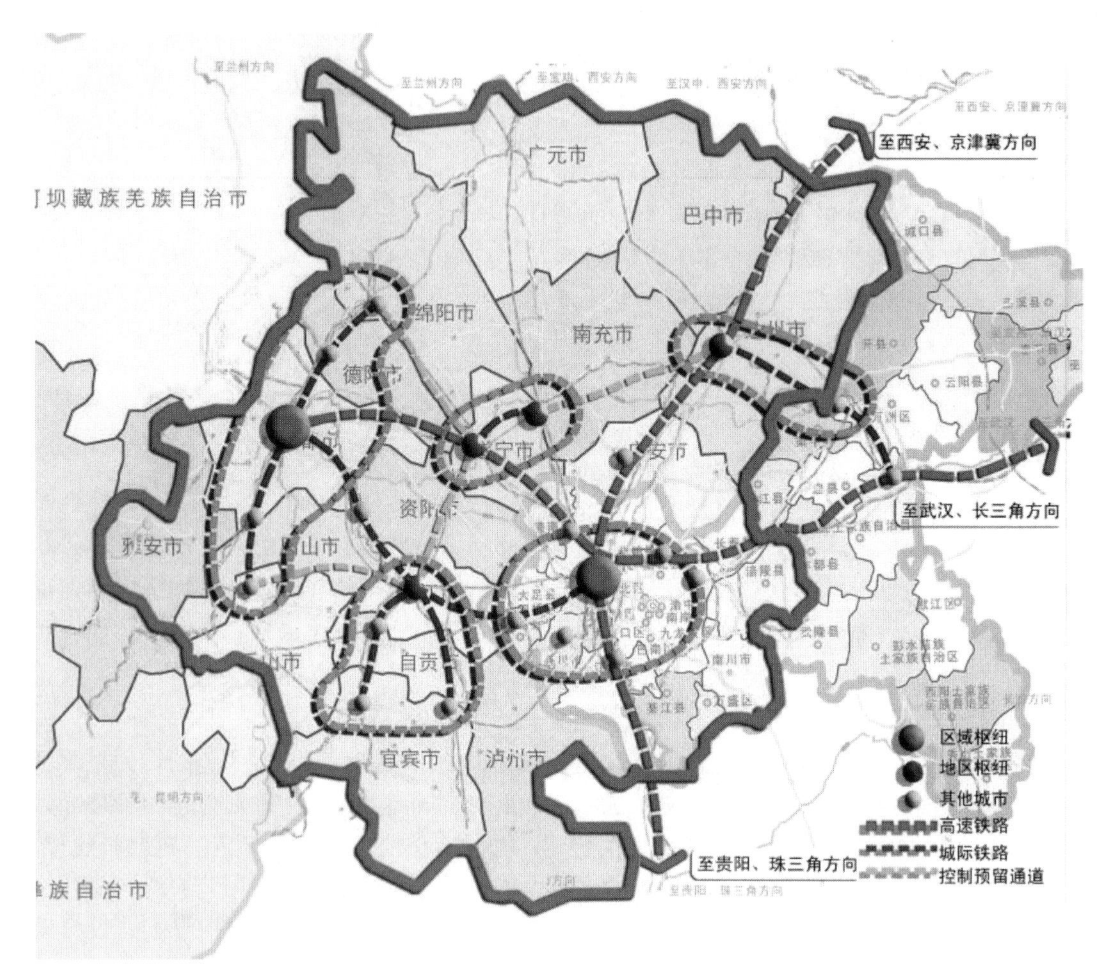

图 4.11　成渝城镇密集区规划交通体系与城镇空间规划关系

资料来源：根据成渝城镇群协调发展规划改绘。

3. 成渝城镇密集区城镇空间与交通基础设施一体化探讨

在以成都、重庆两个超大城市为核心，总面积 20 万平方公里、辐射总人口近 1 亿这样一个巨大的区域内，如何实现城市间的紧密合作，在区域交通基础设施一体化的前提下共同担负起国家西南地区的综合交通枢纽这一功能，对于实现区域城镇的系统共生发展、提高区域的综合竞争力十分重要。

1）建立成渝之间快速大运量的便捷联系。成渝两个超大城市至 2020 年人口总数将达到近 1600 万，配以快速公共交通系统，其紧密辐射人口将达 3000 万人。两大核心交通枢纽之间的快速联系对于实现区域交通一体化意义重大。拥有快速大运量的复合运输通道是区域一体化的第一步，共建、分工与合作都是建立在这个基础上，只有这样，在大的层面上才有可能将成渝视为一体，成渝之间才能共享重大基础设施。目前正在运行的和谐号，特别是正在建设的成渝高铁将极大地拉近成渝两个中心城市的距离，实现成渝两个核心交通枢纽的一体化发展。

2）成渝枢纽对外交通的分工协作，促进区域对外交通的一体化。从各自所处的地理位置出发，在辐射广大西部地区，联系国际通道时，成都和重庆应有所分工，主动错位发展以求共赢。从成都出发，主要的辐射方向为云南，主要国际联系方向是通过云南联系东盟各国。维护通向东盟的国际通道的畅通以及相应的通道能力是成都的任务，并向重庆提供这一通道顺畅的保证。从重庆出发，主要的辐射方向为贵州，主要国际联系方向是西南出海口以及通过长江黄金水道联系的上海出海口。重庆要充分发挥区位优势，成为成都东出南向的二传手。

3）机场、港口等重大交通基础设施布局的一体化。机场和港口等重大基础设施一定要将川渝联合起来考虑，避免重复建设和大规模建设对环境的破坏（图 4.12）。航空运输的航线布局应充分发挥成都和重庆两大机场的国际门户与中转枢纽作用，可考虑通过成都与重庆第二机场的建设进一步强化其区域航空服务中心地位，建立干、支线结合的航空运输组织方式，提高区域联系和货物运输能力。成都、重庆机场功能互补，错位发展。充分发挥重庆机场空域控制良好的优势，适当加大重庆机场在成渝航空网络体系中的分量。建议建设川南机场，整合现有的宜宾、泸州、乐山机场的运输功能，未来规划为吞吐量 500 万以上的中型复合枢纽机场，选址应靠近成渝南线走廊，为川南地区提供航空运输服务，同时辐射滇黔。建立干线—支线机场的组织方式，将成都和重庆建设为客、货航空运输的集散中心（表 4.9）。内河港口建设应当以重庆（含主城、涪陵、江津、永川、合川等港区）、泸州、宜宾，包括三峡经济区的万州等长江沿线港口为主，充分发挥长江干支流的水运功能，在充分考虑三峡翻坝能力瓶颈限制的前提下，协调好长江沿线各港口的建设规

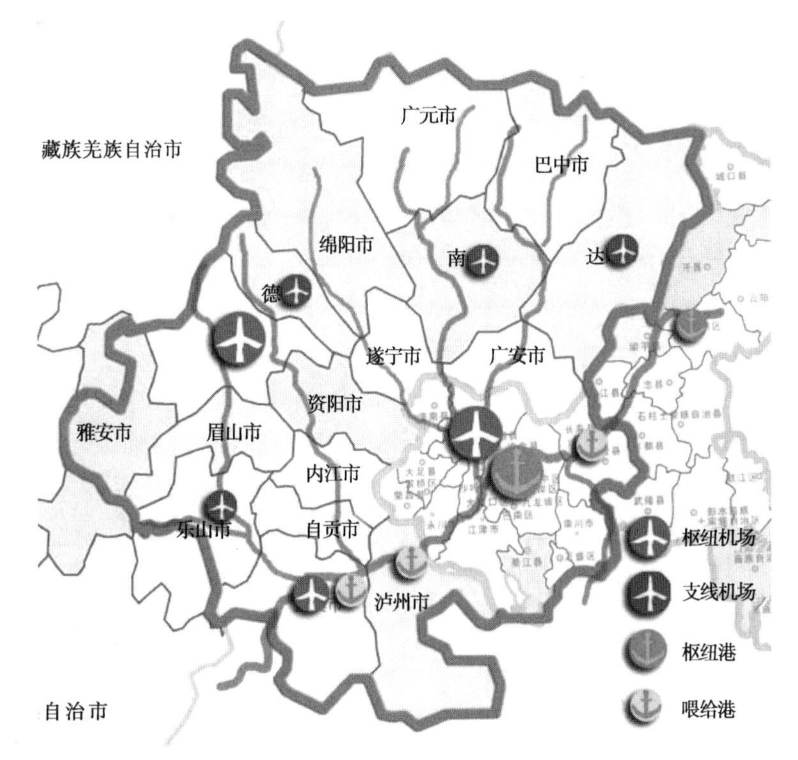

图 4.12　成渝城镇密集区主要港口、机场分布构想

注：①进一步做强重庆、成都枢纽机场和国际门户的作用。②合并现有宜宾、泸州、乐山机场建设川南中型复合枢纽机场，辐射川南和滇黔。③内河港口建设整合以重庆、泸州、宜宾包括三峡经济区的万州等长江沿线港口，在充分考虑三峡翻坝能力瓶颈限制的前提下，协调好长江沿线各港口的建设规模。

模，避免投资浪费（表4.10）。成渝城镇密集区内的港口属长江上游腹地依赖型港口，由于地处长江上游，港口在全国港口体系中已经属于网络的末梢，中转类别的货运需求相对较低。港口未来发展应充分考虑港口所处的地理位置、所辖的流域面积、港口集疏运系统的完善程度以及港口所处城市的用地条件。港口布局应考虑：合理分担水运需求，充分发挥水运潜力。提升泸州、宜宾及下游的万州港口的地位，建立分区服务定位的港口运输系统，使港口对于成渝内陆地区的服务半径更加均衡。

成渝城镇密集区机场布局规划规模（2020年） **表4.9**

机场	飞行区等级	设计吞吐能力
成都	4F	≥5000万
重庆	4F	≥5000万
川南机场	4E	≥500万
绵阳	4D	100万～500万
南充	4D	100万～500万
达州	4D	100万～500万
乐山	4D	100万～500万

资料来源：根据《四川交通统计年鉴2009》、《重庆交通统计年鉴2009》相关资料整理预测。

成渝城镇密集区港口布局规划规模（2020年） **表4.10**

	货运总量（亿吨）		集装箱吞吐量（TEU）	
总量	1.78	100%	950万	100%
宜宾	0.18	10%	95万	10%
泸州	0.27	15%	95万	10%
重庆	0.98	55%	570万	60%
万州	0.36	20%	190万	20%

资料来源：根据《四川交通统计年鉴2009》、《重庆交通统计年鉴2009》相关资料整理预测。

此外，结合机场、港口等重大的基础设施布局，协调区域的公路、铁路运输系统与之衔接，促进水、公、铁、空的联运，形成复合型的综合交通体系，促进区域交通枢纽功能的充分发挥。

4）结合城镇空间发展的需求，建设区域内部交通走廊。根据成渝城镇密集区城镇空间发展战略及其社会经济联系的强弱程度，成渝地区的空间走廊可以分为三级：一级走廊为核心城镇密集联系走廊，承担区域核心功能；二级走廊为重要城镇联系走廊，承担重点地区的功能支持作用；三级走廊为一般城镇联系走廊，以支持中心城市的辐射功能为主。

成渝地区的一级走廊两条，包括成都—遂宁—合川—重庆、成都—资阳—内江—永川—重庆。规划支持一级走廊的交通系统建设高速铁路、城际轨道、通勤航班、高速公路等，共同构成多方式复合交通走廊；两市之间提供公交化运行的密集客运服务，满足多种层次的出行需求。

二级走廊八条，包括成都—眉山—乐山、成都—德阳—绵阳、重庆—长寿—涪陵、重庆—綦江、内江—自贡—宜宾、内江—隆昌—泸州、遂宁—南充、达州—万州。支持二级走廊的交通系统以城际轨道交通（或以客运为主的电气化铁路）为主体，高等级公路为补充组织，通过建设区域城际轨道、充分衔接客运专线，实现快速客运系统支持。

三级走廊六条，包括成都—都江堰、成都—雅安、重庆—南充—广元、重庆—广安—达州、绵阳—遂宁、乐山—内江。支持三级走廊的交通系统采用以高等级公路为主体组织，发展区域快速公交的方式支持（图 4.13）。

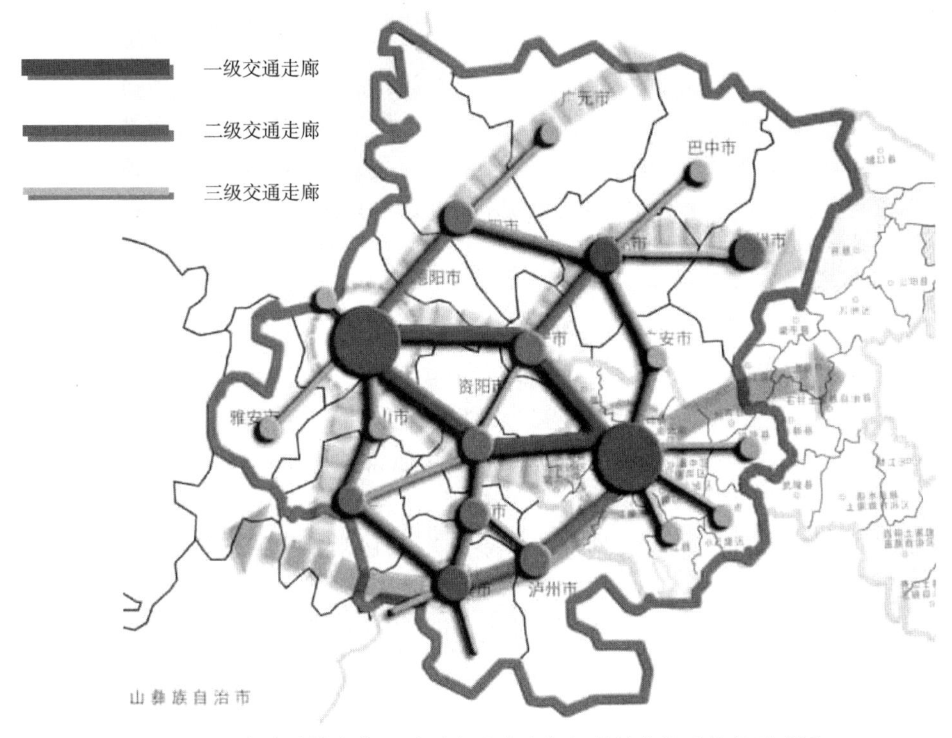

图 4.13　成渝城镇密集区重要交通走廊与相关城市关系构想示意图

4.4　成渝区域城镇空间关系综合协调的保障机制

构建系统共生、竞合关系协调的区域城镇空间关系，应当从综合协调的理念出发，重点对区域城镇空间的属性关系、地位关系、分布关系及其与支持系统的关系实施调控。综合协调调控作用的实施依赖于完善的保障机制，作为针对区域城镇空间关系进行的综合协调，区域协调规划的编制与实施可以作为对城镇密集区城镇空间关系进行综合协调的切入点，是综合协调实施的重要步骤。

需要说明的是，由于城镇密集区城镇空间关系的复杂性，针对城镇空间关系的综合协调其保障机制应是一个由多方面机制构成的复杂体系，限于本书篇幅和笔者专业背景的限制，本书仅对区域空间规划编制的理念创新和实施机制进行研究。

4.4.1　区域协调发展规划的理念创新

1. 现行区域规划编制与实施的不足

我国现行的区域规划编制与实施办法脱胎于计划经济体制，与社会主义市场经济体制的要求还有较大差距，还存在许多不足与不适应的地方。概括起来，现行的区域规划编制与实施工作中主要存在以下不足之处：

1）区域规划编制的理念落后。新中国成立以来，我国区域规划编制工作可以大体分为两个阶段。一是在计划经济体制背景下，区域规划在本质上是围绕着国家指令性计划和重大项目的区域布局来实施的，体现着对资金、资源的计划性配置理念。二是在向市场经济体制转轨的过程中，区域规划编制所隐含的支配经济资源的控制力正逐渐削弱（王君，2006）。然而，目前区域规划编制工作仍然没有完全摆脱传统区域规划自上而下的强制性思维，还存在浓厚的计划经济色彩。其规划的理念仍然表现为过多主观地规划一些经济发展项目，然后又缺乏实在的资金支撑，导致区域规划的实效性和可操作性非常低。没有充分反映市场化条件下多方竞合主体的利益诉求，忽视了协调区域城镇发展矛盾这一重要的区域发展诉求，使编制的区域规划在实施过程中难以发挥其应该担当的功能。

2）区域规划编制实施的体制不顺。我国的区域规划一般由国家发改委和省发改委组织编制与实施，然而近年来，随着城市密集区的兴起，建设部与省建设厅组织编制了不同层次的城市密集区规划，虽然规划的名称尽量避免使用区域规划的字眼，但其内容实质上是区域规划的内容，造成了区域规划编制主体的不统一。另外，在区域规划的实施过程中，同样存在主体不明、难于落实的问题。上级主管部门无论是发改委、建设厅还是国土资源厅，对于城镇密集区区域内的各地级市在规划的控制和引导能力上均显不足。由于缺乏明确的、强有力的实施区域规划的主体，制定的区域规划在实施过程中的效果大打折扣。

3）区域规划的法定地位有待明确。目前，我国的城市规划有《城乡规划法》作保障，土地利用总体规划有《土地管理法》作保障，然而，区域规划的法律法规制度建设相对落后，区域规划的编制与实施至今仍然没有一部专门的国家法律给予保障，严重影响了区域规划的权威性，也使区域规划逐渐被边缘化，在空间规划体系中没有获得应有的主体地位与指导作用。而且，由于缺乏法律保障，使区域规划常常难以付诸实施，不能付诸实施和产生政策影响的区域规划仅仅是一种描述性工作，背离了规划制定的初衷，也就失去了存在的法定理由（谢惠芳，向俊波，2005）。因此，区域规划的法制保障机制的缺失问题迫切需要解决。

2. 立足协调：城镇密集区区域规划的理念创新

在城镇密集区发展的初级阶段，由于各城镇发展规模小，发展的外部效应还不明显，尽管各城镇快速发展但彼此间矛盾较少。随着城镇密集区社会经济的发展和城镇空间的不断扩张，导致各城镇空间发展的外部性越来越明显，矛盾越来越多，越来越尖锐，因此，卓有成效的区域协调就显得十分迫切和必要，这也是要把综合协调理念应用于城镇密集区空间集约发展研究的重要原因。

在此背景下，城镇密集区区域规划应当将综合协调作为切入点和核心目标，一方面促进城市之间的协调和沟通，另一方面加强省级政府和部门在宏观层面的调控，有效破除行政区划的限制，做好空间资源的整合。实施区域协调发展战略应当成为解决当前城镇密集区城镇关系发展失调的根本方针，推动城镇密集区城镇空间职能、等级、布局和支持系统竞合关系的综合协调发展应成为当前区域协调发展的核心内容。

为适应发展形势的要求，作为体现公共政策重要内容的区域规划的理念必须全面体现综合协调的思想。首先，应当以区域发展的共同目标统筹区域内各城镇的职能定位，建立区域内分工协作的城镇职能结构。新时期的区域规划的主要目的是协调地方间的利益关系，维护区域整体利益或公共利益。这也是衡量区域规划编制合理性和决策科学性的主要标尺（谷人旭，李广斌，2006）。其次，重视具有区域性影响的重大基础设施的协调布局，包括涉及城际建设协调地区、区域交通、能源、自然环境与资源等的建设项目，这些项目的建设已经成为城镇密集区空间冲突的关键，因此，对其进行空间布局的协调管理，从而达到促进区域协调发展的目的。再次，新时期的区域规划的性质是一种协商型规划，或称契约型规划，是不同行政主体之间通过讨论、协商而达成的规划，以推动区域内的有序竞争，应当转变传统区域规划指令性规划的特征，加强规划对于区域协商机制形成的促进作用。

3. 规划立法：确定城镇密集区区域协调规划的法定地位

在一个现代法制国家里面，国家的行政权力是法律授予的，行政机关的政策制定和管理职责是以法律、特别是行政法律为依据的。作为公共政策和管理手段的重要内容，区域规划的编制主体、内容、编制方式、实施手段等应该由相应的法律做出规定。世界上许多国家都制定了一系列与区域规划有关的法规法律：日本的《国土利用规划法》（1974），《首都圈整备法》（1956），美国的《地区复兴法》（1961），德国的《联邦建设法》（1960）、《区域规划法》（1965），法国的《国土规划法》（1941），英国的《工业发展法》（1945）、《产业布局法》（1945），等等（张京祥，吴启焰，2001）。而我国这方面开始在一些城镇密集区进行尝试，如广东省人大常委会于 2006 年 6 月通过的《珠江三角洲城镇群协调发展规划实施条例》、湖南省人大常委会于 2007 年 9 月 29 通过的湖南省《长株潭城市群区域规划条例》。

只有法定规划才能够成为调整、约束各方行为的依据。因此必须通过立法的手段，着眼于建立区域协调发展的长效机制来推动区域协调规划的有效实施，其中首要的是明确区域协调规划的法定地位。因此，应及早对我国的区域规划进行立法，给予其应有的法定地位，从法律上明确其与不同空间规划体系的分工关系、编制与实施的行政主体，使区域规划真正成为一种新的“制度”，真正得到贯彻实施。区域协调规划经过制定和批准，就具有一定法律效应，这种法律效应不仅可以体现在民众可以利用区域规划适当制约地方政府的行政行为，也可以成为上级政府和中央政府否定地方具体政策的法律依据之一，而且通过区域规划，可以加强对地方行政区内相关规划的约束作用。

伴随着区域经济的发展，成渝城镇密集区从 2005 年后分别由建设部门和发改部门牵头加强了本区域内的区域规划及次区域规划工作，对区域空间发展的协调起到了重要的作用（表 4.11）。特别是 2007 年和 2009 年分别由建设部和国家发改委牵头编制的成渝城镇群协调发展规划和成渝经济区区域规划，是 1997 年川渝分家后首次突破了行政区划的限制，从成渝城镇密集区的宏观层次进行的综合协调规划。应该说与沿海发达地区相比，成渝城镇密集区内的区域协调规划工作还处于起步阶段，应逐步通过理念创新、规划立法等手段逐步加强区域规划对于城镇密集区城镇空间发展的综合协调作用，为成渝城镇密集区的区域集约发展提供规划保障。

成渝城镇密集区近年开展的相关区域规划情况　　**表 4.11**

项目名称	组织机构	编制时间
成都经济区区域规划	四川省发改委	2007～2008 年
川东北经济区区域规划	四川省发改委	2007～2008 年
川南经济区区域规划	四川省发改委	2007～2008 年
成都平原城市群发展规划	四川省住房和城乡建设厅	2009～2010 年
川东北城镇群协调发展规划（在编）	四川省住房和城乡建设厅	2010 年
川南城镇密集区规划	四川省建设厅	2005～2006 年
重庆一小时经济圈城乡总体规划	重庆市规划局	2006～2008 年
重庆一小时经济圈经济社会发展规划	重庆市发改委	2006～2007 年
成渝城镇群协调发展规划	建设部、重庆市政府、四川省政府	2007～2010 年
成渝经济区区域规划	国家发改委、重庆市政府、四川省政府	2009～2010 年

4.4.2 区域城镇空间关系综合协调的机制创新

在以综合协调为基本立足点的区域协调发展规划法定化的基础上，需要对现有的城镇密集区协调机制进行创新。综合成渝城镇密集区的发展实际，可对成渝城镇密集区城镇空间关系综合协调的机制进行构建（图 4.14）。

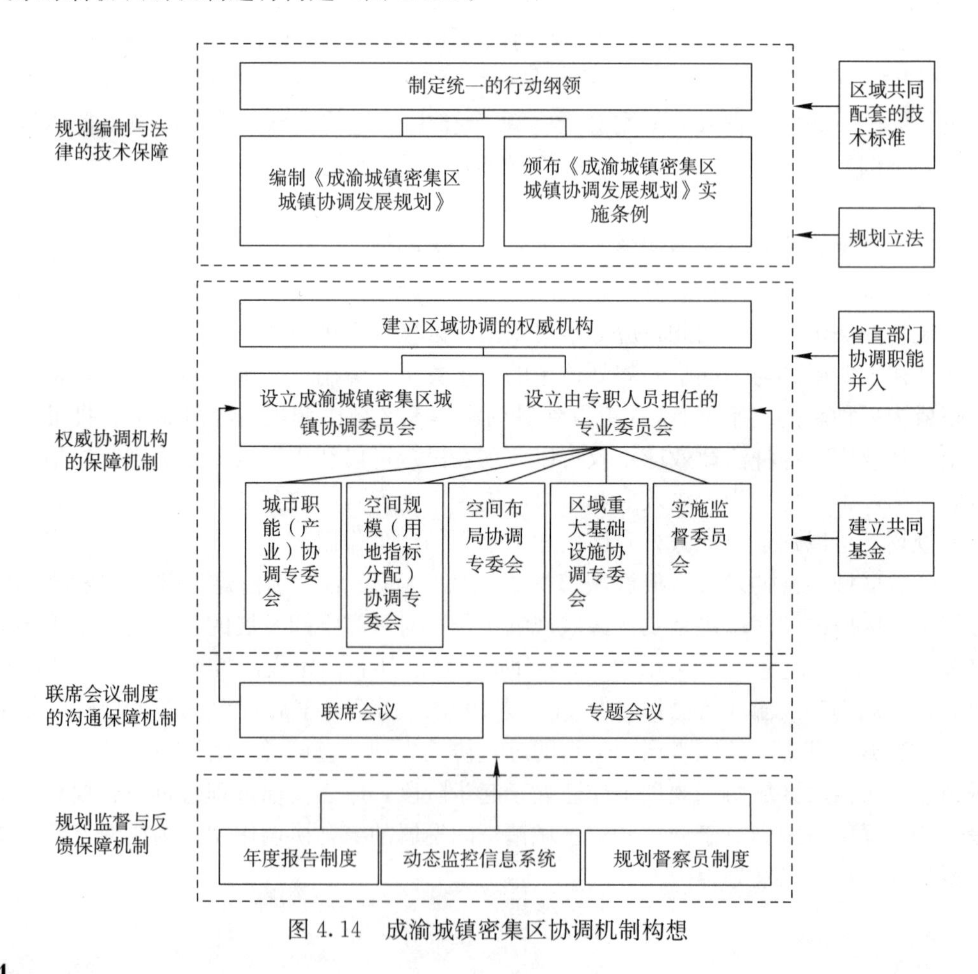

图 4.14　成渝城镇密集区协调机制构想

1. 成立成渝城镇密集区城镇协调委员会，以常设机构统筹协调。

在目前城镇密集区内“诸侯经济”的发展背景下，有限协调的竞争型协调模式在短期内难以进行根本的改变，必须通过建立新的权威协调机构来克服各协调主体间的无序竞争倾向。

L·芒福德曾经指出：“如果区域发展想做得更好，就必须设立有法定资格的、有规划和投资权利的区域性权威机构”。P. 罗伯茨（Roberts）和G. 洛伊德（Lloyd）（1999）在总结过去区域规划失败的原因时指出，失误的首要原因就是缺乏具有区域管理和责任的固定体系。国际上不少区域都组织成立了相应的协调机构，积累了成功经验。例如，美国的区域开发委员会及区域规划协会、德国的区域联合体、加拿大的大都市区政府等，其主要职责是制定区域规划战略和组织协商，这些机构有效促进了区域的整体协调发展（年福华，李新，2005）。

我国行政体制有别于美国等市场经济国家，垂直管理体系比较完善，但国家或省级相关部门协调跨行政区问题能力有限。为保证我国区域协调规划编制与实施工作的有效开展，有必要成立常设的权威性的区域协调规划组织机构，诸如城镇密集区协调委员会等机构，专门从事区域协调规划的编制与实施工作。这种组织机构还应享有对区域性环境整治或重大基础设施建设等的认可权及相应的资金分配权，对区域性金融贷款拥有倡议权等，使其具有一定的经济调控能力与投资管理能力，以实现区域整体利益的优先发展。

成渝城镇密集区内的各城市分属两个省级政府，无法在同一省级政府的架构下进行协调，故可由川渝两地政府共同组建成渝城镇密集区城镇协调委员会，作为常设机构，专门负责成渝城镇密集区与周边区域以及成渝城镇密集区内部各城市之间的协调。针对城镇密集区城镇空间竞合关系综合协调的调控对象，其下可常设城市职能（产业）协调、空间规模（用地指标分配及相关的生态补偿）协调、区域城镇布局协调、区域基础设施协调等专业委员会，并成立实施监督委员会专门负责对实施情况进行监督。由川渝两地政府赋予协调委员会一定的行政调控权，将各两地省直部门的现有区域协调职能尽可能归入该委员会，由该委员会统一协调。协调委员会直接向川渝两地政府、人大负责，各市派专职领导担任委员，而各专业委员会和实施监督委员会作为常设机构，其人员可为专职人员。成渝城镇密集区城镇协调委员会的职能仅限于协调各市之间以及成渝城镇密集区与周边地区的区域性事务，协调重点是区域城镇空间之间的竞合关系，促进区域城镇系统共生的空间关系。

成渝城镇密集区协调委员会拥有明确的职能和权限，并且所做出的决策可通过立法等形式，对各级地方政府的行为构成有效约束，统筹规划、管理、协调实现区域经济一体化过程中出现的种种“不协调”问题。

2. 建立联席会议制度，以流程管理促进协调。

成渝城镇密集区城镇协调委员会协调的对象为区域内的各级城镇，在目前的行政体制下，协调会议制度的目的在于建立协调委员会与城市、城市与城市之间的信息沟通以及充分协商的规范渠道，通过会议协调的过程，保障涉及影响区域内城镇竞合关系的重大事项都能经过充分协调而达成科学决策。

应当将协调会议制度作为城镇协调委员会进行区域竞合关系综合协调的主要操作平台，其中：联席会议可由省级主要领导主持、各城市主要负责人参加，城镇协调委员会组织召开。作为一种综合的协调机制，对确定具有区域性影响的建设项目，提请修编区域协调规划等重大事项进行协商并作出决定；专题会议由省级有关部门负责人主持，成渝城镇密集区相关城市有关部门负责人参加，城镇协调专业委员会根据需要组织召开，作为专项的协调机制，对涉及成渝城镇密集区的局部区域内重大建设项目或区域内某类专项规划的编制工作进行协调。

3. 建立规划监督机制，以行政和科技相结合的手段建立反馈系统。

区域协调规划的实施将会不断遇到新的问题，因此，区域协调委员会需要及时了解规划的实施进程，以便及时发现问题，提出解决办法。各级政府有必要督促各级政府部门贯彻落实规划的相关要求，并在职权范围内推进规划的实施。为有效监督成渝城镇密集区协调发展规划的实施情况，可以采用以下手段：

1）实施“协调规划”年度报告制度，以便及时反映区域协调规划的实施情况。为便于协调委员会及各级政府及时了解区域协调规划的实施进程，及时发现问题，提出解决办法，可以在成渝城镇密集区建立年度报告制度。年度报告的内容主要包括：省直有关部门、成渝城镇密集区各地级以上市人民政府实施区域协调规划的年度工作计划，相关意见、建议以及实施规划的情况。相关市域规划的编制计划，以及具有区域性影响项目的建设计划等也可纳入实施规划年度报告。省直有关部门、成渝城镇密集区各地级以上市人民政府应每年定期向成渝城镇密集区城镇协调委员会报送年度实施报告，并在每年年底就实施情况向各自上级政府和同级人大报告。

2）动态监测信息系统。成渝城镇密集区城镇协调委员会可设置专门机构负责建设数据库，并向省直有关部门和各市政府制定城镇密集区动态监控的指标体系、技术标准和工作办法。省直有关部门和地级以上市人民政府可根据确定的指标体系和技术标准调整完善各自的信息系统，并按照工作办法的要求实施动态监控，定期发布监控报告。有关部门和城市编制的省域规划和市域规划编制完成后，成果应纳入动态监控信息系统。

3）规划督察员制度。区域协调规划的具体落实主要体现在行政体系内部的规划管理上，因此，行政体系内部上级对下级政府、部门的监督检查机制，是进行监督管理首先应考虑到的必然方式和有效手段。目前，四川省住房和城乡建设厅已向四川各城市派驻规划督察员，监督相关规划、建设管理是否符合城乡规划法等相关法律法规要求。今后，一方面要将规划督察员制度向成渝城镇密集区内各个城市推广，发挥其在规划行政管理一线的监督检查作用。另一方面，从促进区域协调的角度出发，应当对现有规划督察员进行区域协调相关规划及制度的培训，就成渝各地级市内重大具有区域性影响的建设项目是否符合上层次规划，重大事项的协调是否遵守区域协调规划规定程序等进行监督。通过执行与监督分离的改革措施，掌握关于规划实施的第一手情况，加大成渝城镇密集区协调委员会的监控力度，确保协调规划的贯彻落实。

4. 建立区域协调的项目资助引导机制

《欧洲空间展望》（ESDP）提出的区域政策中，“结构基金”、“泛欧洲网络（TENS）”、“环境政策”、“普遍性农业政策”等以共同体的资金和项目援助为支撑，直接对空间发展形成影响。各成员国家和地区通过实施 ESDP，将更容易获得欧盟的项目和资金支持，愿意实施区域合作的地区更容易受益于欧盟的区域政策（谷海洪、储大健，2005）。这种以资金和项目援助为支撑的区域协调机制对于引导我国城镇密集区内特别是重大基础设施的协调发展具有重要借鉴意义。

目前我国具有区域性影响的重大基础设施建设往往较大程度依赖于上级政府资金的统筹协调，如果能够将这些支持资金的使用分配与区域权威协调机构的日常管理权限结合起来，通过支持资金对重要的区域性建设项目进行控制引导，可以大大加强协调机构的协调效率。此外，针对区域内各城镇空间规模低效扩张的态势，也可通过资金奖励引导与用地指标控制相结合的方式加强对城镇宏观用地规模的控制。

为加强成渝城镇密集区城镇协调委员会的协调能力，除了赋予其相应的行政职能外，应给予一定的调配资金。在这方面，可建立类似于国外做法的成渝区域共同发展基金，主要来源于成渝城镇密集区内每年各市财政收入、国有土地使用权转让收入上缴上级财政的一部分。区域共同发展基金作为成渝城镇密集区协调委员会的调控资金，应专款专用。共同基金主要用于引导、统筹区域性基础设施和公共设施的建设，资助符合区域协调空间发展规划城市的相关项目。除了可以直接参与区域内部分重大基础设施的投资建设以外，共同基金很重要的职能在于，通过对符合区域协调规划和建设时序的重大基础设施的资金支持，发挥其对于区域内城镇空间发展竞合关系的综合协调功能，通过资金支持引导区域城镇空间向竞合关系协调的共生状态演进。

第5章　集中与分散：引导紧凑的空间布局与建设模式

城镇空间是城镇密集区区域空间要素的核心，城镇空间的紧凑拓展是城镇密集区空间集约发展目标中经济维度的体现。要实现在城镇空间拓展过程中占用更少的土地资源，空间的集中紧凑发展是必然的选择。空间的分散与空间的集中相互对立：过度分散导致城镇空间拓展的低效蔓延，不适应城镇密集区资源环境紧张的现实情况，而过度的集中则会带来一系列经济、社会和环境问题，同样导致空间拓展不经济。综合协调好空间拓展过程中分散与集中的关系，就找到了城镇空间紧凑拓展的基本方向。

5.1　集中与分散：城镇空间紧凑拓展综合协调的核心关系

区域空间的集中与分散有其经济、社会学的背景，城镇空间紧凑拓展程度实质反映的是空间集中与分散的相互关系。因此，空间集散关系是伴随着城镇空间拓展过程中始终存在的一对核心矛盾，可以作为城镇空间紧凑拓展综合协调的核心关系。

5.1.1　城镇空间集中与分散的理论释义

《辞海》中关于“紧凑”的解释是指“连接很紧、没有空隙、间隔或多余的部分”。由此可见，“紧凑”是一个关于空间集中程度的概念。“紧凑”反映到城镇发展过程中，体现的是城镇演化过程中空间分散与集中程度的一种现象。可以认为，分散与集中反映了城镇空间运动变化从外形到内在的整个过程和本质。从分散与集中的相互关系出发，有助于认识城镇空间紧凑拓展的基本方法。

分散是城镇空间的一种异化现象，表现为一种离心的运动趋势，是对城镇空间过度集中的一种反动，也是城镇化进程中，城镇空间结构复杂性和多样性增加的必然体现。分散的相对性只有与集中空间联系起来考察后才有真实的意义。分散的城镇形态所反映的正是空间内人类活动分散化了的表征，同时也是受制于各种自然条件与环境的结果❶。芒福德曾对分散机制作过分析，他认为分散机制有三方面的动因：1）新的团体机构的扩展。集聚不经济导致新的团体机构由于经济、环境等限制因素无法进入密集地区，便会向郊外扩张。2）居住空间的社会分工。3）交通工具的进步❷。从城镇密集区所面临的现实问题来看，过度集中导致的环境问题是城镇空间适度分散的基本动力，而交通工具的进步使这种分散的城镇空间模式仍然存在技术上的可能，空间分散后仍能保持足够强度的经济社会联系。

集中是城镇空间存在的基本特征，表现为内心聚合的倾向和人口增加的趋势，它是城

---

❶ 朱喜钢．城市空间集中与分散论［M］．北京，中国建筑工业出版社，2002。

❷ 邹兵．渐进式改革与中国城市化，城市规划［J］．2005（6）：34－38。

镇空间演化过程中集聚与扩散等作用引力聚焦的过程。集中的相对性决定了集中的复杂性：沙里宁在谈到城镇的空间集中时，曾总结了四种基本的集中方式，即：1）用于战争防御的强迫性集中。2）追求经济效应的投机性集中。3）反映地价压力的垂直性集中。4）为交往需要的文化集中❶。从现代城镇密集区空间发展的基本特性来看，反映经济效益的投机性集中和地价压力的垂直性集中是城镇密集区内空间集中的主导动力和特征，促使其空间走向相对集中的趋势。

将城镇空间解构为最基本的社会与经济聚集体，从综合协调的角度来认识城镇空间发展的集中与分散过程，便可把握城镇空间发展的一般趋势，并取得某种规律性的认识。城镇空间形态的演化实际上就是集聚力与扩散力的此消彼长，互为主导的过程。当然，在集中与分散的基础上，城镇空间形态的演化还包含有许多其他复杂的现象，但抓住了最核心的矛盾与现象，也就抓住了空间发展的基本规律，这也体现了综合协调思想的核心矛盾协调原则。

5.1.2 城镇空间集中与分散的相关理论与实践

作为城镇空间发展的两种基本方向，分散与集中在现代城市规划理论解决城市发展中面临问题的过程中，分别代表了两种空间规划的基本思路：城市分散主义与城市集中主义，并进行了广泛的实践。对其进行总结探讨，是认知空间集散关系的目标状态的基础。

1. 分散主义的理论实践

分散主义源于19世纪末的英国“花园城市”理论，其创始人霍华德（Ebenezer Howard）在他1902年出版的《明日的花园城市》一书中针对当时的大城市高度集中所产生的问题，提出了理想的城镇模式：在空间上强调一种规模有限、土地公有、兼有城市和乡村一切优点及经济自治的田园城市，以此来解决城市由于过度集中产生的人口拥挤和卫生状况差的问题。霍华德认为城市发展有其极限规模，一旦超过该规模，就应当分散发展，建设另一个城市来吸纳剩余人口。而通过限制面积、人口数目、居住密度等措施来对城市空间进行控制和引导，在当时无疑是非常先进的。霍氏的思想，对其后的分散主义规划实践影响极大，在英国表现为新城运动（New Town），在其他国家则表现为卫星城建设（图5.1）。如为了分散伦敦市中心区过度集中的人口，计划在离市区50km范围内疏散100万人口，其中包括通过新建8个小镇来安置50万人口，并建设一条8km宽的绿带，阻止城市的蔓延。这类新城建设共持续了三代，包括哈罗城、坎伯诺尔德和在《东南部研究》的报告引发下产生的第三代新城。

分散主义的另一个著名人物是索里亚·玛塔（A. S. Y. Mata），他的“带形城市”理论对分散做了重要贡献（图5.2）。玛塔认为，随着公共交通工具不断改进，交通系统已经成为城市的主干，利用城市交通轴所形成的一定的距离间隔可以将原有的城镇联系起来，组成相对松散的城镇网络。在分散主义思想阵营中，赖特（F. Wright）的广亩城市（Broad Acre City）是一个不能被忽略的理论。“广亩城市”主张绝对分散，家庭和家庭之间要有足够的距离，彼此之间由汽车联系。赖特的思想是典型的美国庄园式的，属于分散

---

❶ ［美］伊利尔·沙里宁．城市——它的发展、衰败与未来［M］．北京，中国建筑工业出版社，1986：148－169。

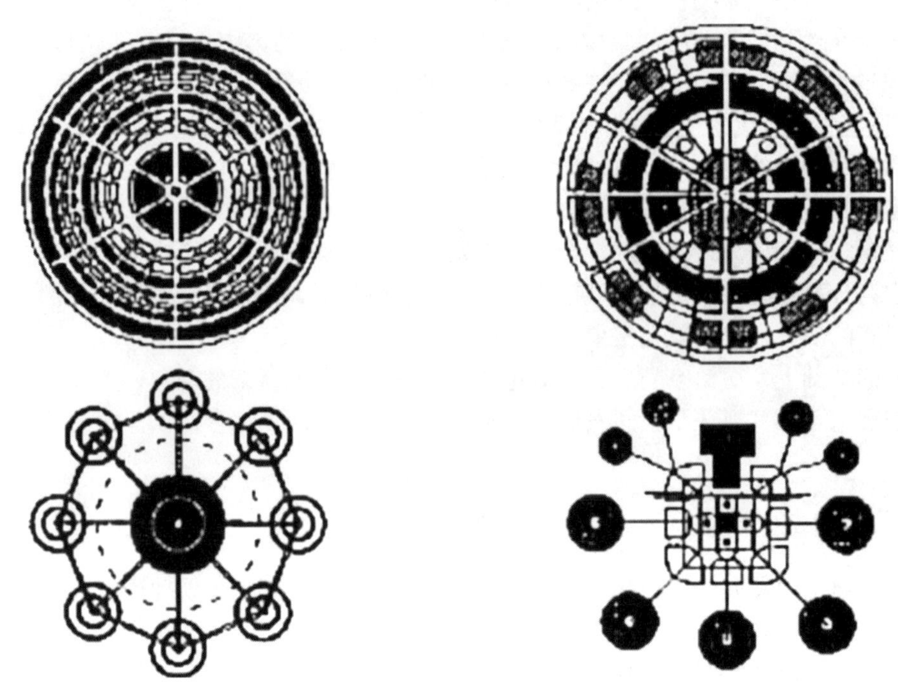

图 5.1　田园城市与卫星城市

资料来源：段进．城市空间发展论［M］．江苏科学技术出版社，1999。

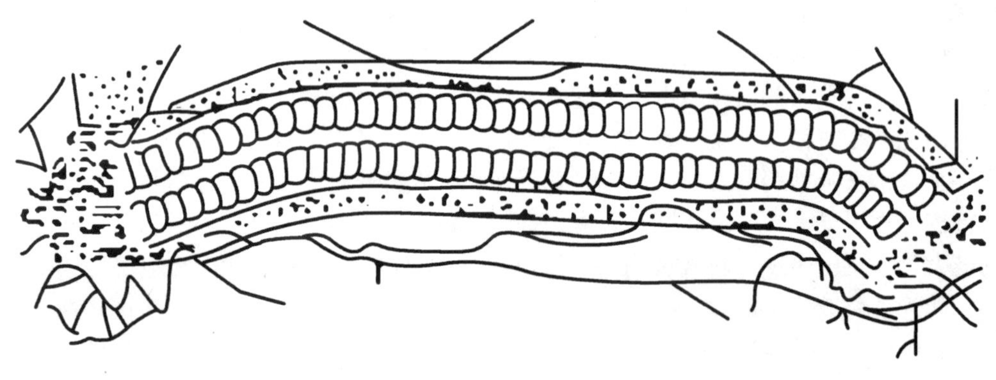

图 5.2　玛塔的带形城市

资料来源：朱喜钢．城市空间集中与分散论［M］．中国建筑工业出版社，2002。

的小农经济结构。在美国的城市建设中，尤其是在郊区，密度极低，以小汽车交通为主，在某种程度上反映了赖特的思想。

分散主义另一个代表性的理论就是伊利尔·沙里宁的“有机疏散”理论。沙里宁认为，有机疏散就是扩大的城市范围划分为不同的集中点所使用的区域，这种区域内又可分成不同活动所需要的地段，也就是在城市内部的潜在力量中产生出对日常活动进行功能性的集中，又对这些集中点进行有机的疏散。在布局模式中，城市各功能区是分散的，以快车道加以联系。在沙里宁的思想里，集中和分散两种对立的思想已部分地统一到城市的总体结构当中了，在强调分散的同时，沙里宁已注意到城市的功能应当集中的要求。

2. 集中主义的理论实践

作为分散主义的对立面，集中主义的兴起要比分散主义晚。勒·柯布西耶是集中主义的代表。勒·柯布西耶承认和面对大城市的现实，希望通过城市自身内部的改造和现代化技术的使用来解决城市现存的问题，适应社会发展的需要，其现代城市设想的中心思想是疏散城市中心，提高密度，改善交通，提供绿地、阳光和空间。他认为，日益拥挤所带来的城市问题完全可以通过技术手段来解决，即：采用大量的高层建筑来提高城市密度和建立一个高效率的城市交通系统。比如在1922年提出的巴黎建筑规划方案中，市中心区全部为60层的高层，他将由此类建筑形成的城市称为“光明城市”。他本人亲自规划的印度昌迪加尔城以及后来的巴西利亚规划就受到该思想的影响（图5.3）。柯布西耶的规划理论被称为“城市集中主义”，对现代城市规划思想影响很大，逐步形成了理性功能主义的城市规划思想，并深刻地影响了第二次世界大战以后的全世界城市规划建设。

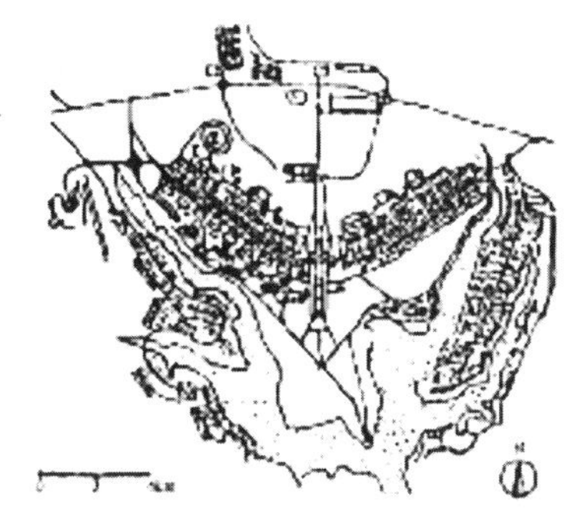
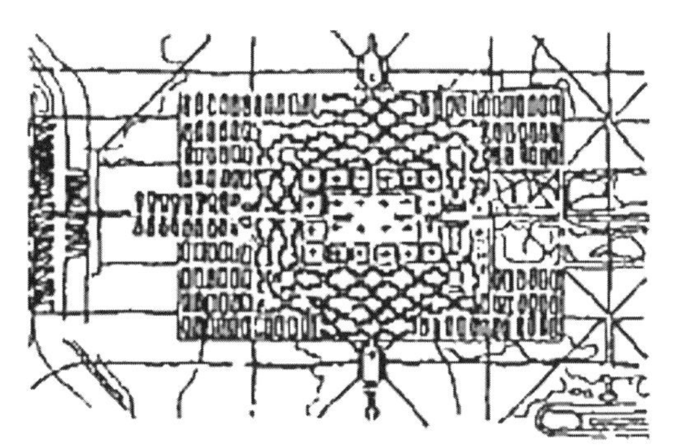

图5.3 柯布西耶的“巴西利亚和光明新城”
资料来源：朱喜钢．城市空间集中与分散论［M］．中国建筑工业出版社，2002。

针对战后美国出现的城市郊区化、城市低密度蔓延、城市发展消耗大量土地等问题，美国联邦和地方政府，以及经济学、社会学、地理学和规划学界提出了一些尝试性的解决办法。其中，精明增长是在20世纪90年代提出的、风行全美的一项发展计划。Geoff Anderson以及维多利亚运输政策研究院（Victoria Transport Policy Institute）提出“精明增长”强调必须在城市增长和保持生活质量之间建立联系，在新的发展和既有社区改善之间取得平衡，集中时间、精力和资源用于恢复城市中心和既有社区的活力，新增加的用地需求更加趋向于紧凑的已开发区域。“精明增长”是一项将交通和土地利用综合考虑的政策，促进更加多样化的交通出行选择，通过公共交通导向的土地开发模式将居住、商业及公共服务设施混合布置在一起，并将开敞空间和环境设施的保护置于同等重要的地位。“精明增长”的目标是通过规划紧凑型社区，充分发挥已有基础设施的效力，提供更多样化的交通和住房选择来努力控制城市蔓延[1]。它是对城市发展问题的全面反思，涉及城市发展的社会与经济、空间与环境，城市规划的设计与管理、法制与实施等各个方面的行动计划。

5.1.3 适度集中：城镇空间紧凑拓展综合协调的目标状态

作为综合协调的核心关系，基于城镇空间集散关系的调控是实施城镇空间紧凑拓展综

[1] 董卫，王建国．可持续发展的城市与建筑设计［M］．东南大学出版社，1999。

合协调的切入点。因此，在总结提炼城镇空间集中与分散相关理论与实践的基础上，明晰城镇空间集散关系综合协调的目标状态是实施城镇空间紧凑拓展综合协调的基础。

城市空间分散主义的产生是为了应对工业革命后大城市过度集中而产生的越来越严重的城市问题，对其理论发展和实践过程进行分析，可以有以下启示：1）城市集中的规模不宜过大。为了应对大城市过度集中的问题，以田园城市和卫星城理论为代表的分散主义主张，应当控制大城市的总体规模，当大城市规模达到一定的程度就应当停止主城的发展，通过建设新城的方式对城市人口进行分散布局。2）交通技术的成熟是城镇空间实现适度分散的基础。以带形城市理论为代表的分散主义强调交通系统对城市空间形态的影响，提出随着快速交通技术的成熟，通过快速交通可以将分散的城市组团联系起来并形成一个紧密的整体。3）过度分散将引起城市郊区化蔓延。以广亩城市为代表的极端分散主义是形成美国现代城市郊区化蔓延的重要原因，过度的分散对城市空间发展的不利影响值得警惕。4）城镇空间的分散与集中应强调对立统一。

从分散主义的发展历程来看，它经历了从过度集中到分散，又到过度分散，再到适度分散的发展历程，以沙里宁有机疏散理论为代表的分散主义越来越强调分散与集中的对立统一，单纯强调某一面对城市空间的发展来讲都是不利的。面对大城市发展中面临的各类问题，集中主义主张通过城市自身内部结构的改造和现代化技术的使用来解决城市现存的问题，对其理论发展和实践过程进行分析，可以有以下启示：1）强调对城市竖向空间的充分利用。集中主义普遍认为通过高层低密度的城市空间形态改造，可以解决大城市过度集中带来的环境问题，主张空间集中后要充分注意城市竖向的利用。2）强调现代化的交通网络对城市空间结构的支撑作用。集中主义者认为，空间集中后带来的大城市交通拥堵问题应当通过现代化的公交捷运系统予以解决，而城市蔓延后小汽车过度发展的状态不具有可持续性。城市交通系统应当与土地利用综合起来考虑。3）强调城市空间集中后功能的混合布局。通过各类社会功能用地的混合布局增强城市空间的活力，构建紧凑社区。

面对现代大城市发展中的经济、社会和环境问题，分散主义和集中主义从不同的视角给出了自己的答案，均有其自身的适应性。我国人均土地资源相对匮乏，城镇密集区人口密集、空间资源相对紧张的现实使保持“适度集中”的发展模式成为城镇空间拓展的基本选择。结合集中与分散的相关理论与实践经验可对“适度集中”的概念和目标状态进行总结：“适度集中”提倡空间拓展的过程中在占用更少空间资源的前提下，注重保持空间集中与分散的对立统一。它强调在宏观空间规模总体集中的情况下，通过局部空间必要、合理的分散，保证空间拓展过程中经济社会效益与生态环境效益的协调。

5.2　成渝城镇空间紧凑拓展综合协调的对象分析

从综合协调的多层次性来看，针对城镇空间紧凑拓展进行的综合协调集中于中观城镇空间和微观建设空间两个层次。为了使城镇空间紧凑拓展综合协调的对象更具体化，综合分析空间分散与集中的理论与实践经验，可以将综合协调的对象解构为城镇空间的用地布局（城镇水平空间紧凑）、城镇空间的密度分布（城镇垂直空间紧凑）和建设空间的建造模式三个对象（图 5.4），分别对其空间集散关系进行调控。

本节以成渝城镇密集区内的典型城镇空间为例，对城镇空间紧凑拓展综合协调的调控

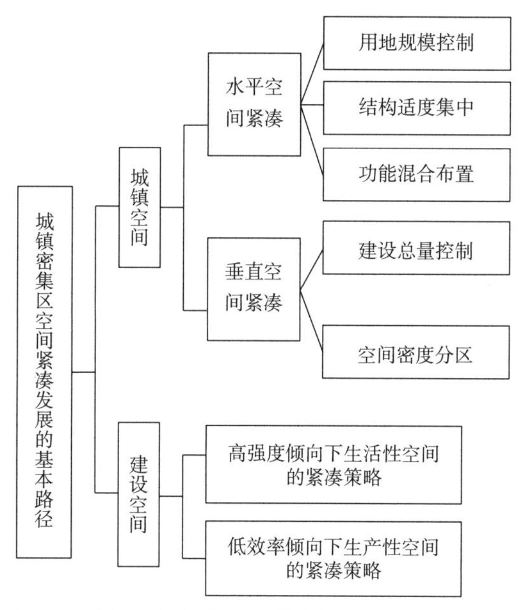

图 5.4　城镇空间紧凑拓展综合协调的受控对象分析

对象特征进行分析，作为下一节综合协调组织策略研究的基础。

5.2.1　城镇空间的用地布局

1. 城镇空间用地布局的组织要素

城镇空间的用地布局反映了城镇空间内各类建设用地在水平布局上的空间状态。从集散关系的角度可以将这种空间状态分解为规模、结构和功能三个组织要素，分别从空间集散程度的角度来进行描述：

1）调控用地规模可保证空间的整体集中程度。规模是指城镇空间拓展的总体用地规模，通过人均建设用地等方式对城镇空间总体用地规模进行控制，可以从宏观层面保证空间拓展的集中程度。2）调控用地结构可促进空间集散关系的对立统一。结构是指城镇空间建设用地的分布结构。通过对城镇空间建设用地结构的控制和优化，可以从布局上协调空间集散的关系，避免城镇空间因为大面积的粘连而导致的各类城市问题。3）调控用地功能可引导空间的适度集中。功能是指城镇用地的功能布局模式。通过对附属于城镇空间上的各类城市功能进行合理配置，可以促进城市功能的集中混合布局，并可通过功能集中达到引导城市空间适度集中的目的。

2. 成渝城镇空间用地结构的典型形态

1）平原城市的"集中式"。由于经济聚集的市场发展规律，在没有特殊自然条件阻隔或对城市空间形态进行有目的的规划控制的情况下，城市空间自然会倾向于向外以连续扩张的方式进行拓展，这样在保持空间聚集经济性的情况下新建区域的基础设施建设成本最低。因此，对于大部分平原城市来看，集中式成为空间拓展的一种常见倾向。成渝地区内成都平原城市及其他组团少数用地条件较好、没有江河分割的城市表现为这种空间布局的典型形态（图 5.5）。

集中式的空间拓展模式具有以下特征：一、城市空间结构一般呈现出"单中心"城市

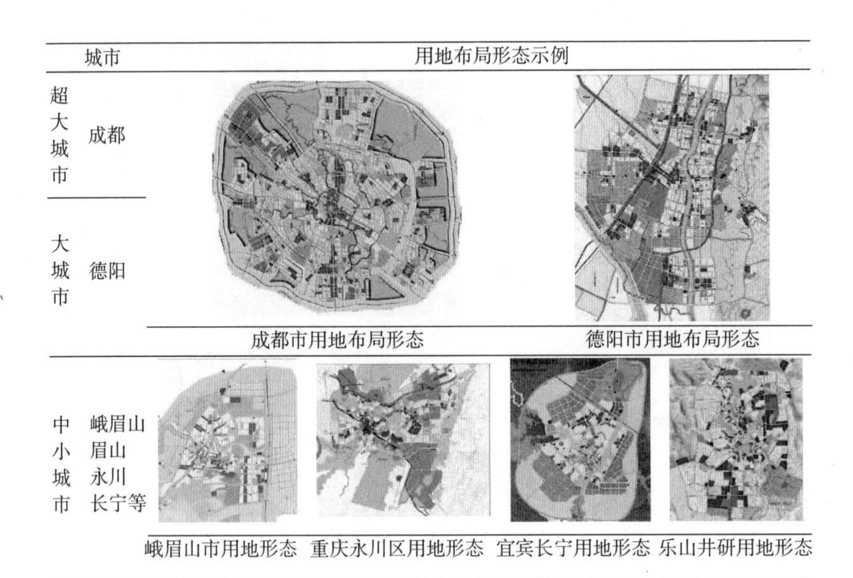

图 5.5　成渝地区平原宏观集中式用地布局图示

资料来源：根据相关城市总体规划成果整理。

空间特征。由于城市空间连续扩张，新增的城市区域更倾向于以原有的城市中心服务功能为依托，原有城市中心的核心功能不断加强，新建的城市区域在没有特殊自然条件阻隔的情况以其为核心呈“同心圆”式向外扩张。二、大城市快速交通往往以环状＋放射线的方式进行组织，主要道路呈现方格网状城市机理。随着空间连续扩张的规模不断扩大，为了解决日益严重的交通问题，对于单中心的平原城市来讲，环状＋放射线的交通解决方式有其一定的必然性，环线解决城市内部不同区域之间的快速联系，放射线则较好地解决了城市对外联系的快速通道。如成都市。三、随着城市规模的扩大，由于缺乏生态空间的适度隔离，“摊大饼”式的单中心聚集模式会导致城市环境污染加重、交通拥挤、过密开发等一系列不经济的现象。成都市近些年来随着三环、四环的建设，城市空间不断以“摊大饼”的方式向外扩张，与此同时带来的严重交通拥堵和居住环境质量下降也饱受社会各界批评。在成都市 2008 年政府公众信息网上调查的 10 大市民最关注问题中，交通拥堵排在第二位，这与前些年中心城区的空间快速膨胀而导致的城市问题有密切的联系。近年成都市提出的打造“世界田园城市”的目标，主张疏解主城、建设卫星城市，从城市空间拓展的角度来解读也是对前些年城市空间过度集中扩张模式的一种修正。

集中发展的模式在一定的城市规模内有利于城市空间的集约利用和城市规模经济效应的显现。但随着城市规模的不断扩大，这种强调城市空间布局集中的方式会因过度集中而产生一系列难以解决的“城市病”，必须在城市布局上走空间集散关系综合协调的道路，比如成都市。

2）山地、水系城市的“组团式”。成渝城镇密集区的城镇发展具有典型的山地和流域特征，许多城镇的产生、发展与长江水系有着密切的联系。与我国其他地区的滨河城市不同，由于宏观空间环境的差异，成渝城镇密集区的滨江（河）城市往往伴随着丘陵和山地地形，呈现出“河谷型”城市空间的特征。在成渝城镇密集区的四个主要片区中，成都平原周边的几个大城市如绵阳、乐山、遂宁用地相对较平坦，城市主要受水系分割呈组团式分布，但各组团用地相对集中。而川南、川东北和重庆都市圈内的各主要城市均共同受到水系及山地地形的阻隔呈现分散式的格局（图 5.6）。

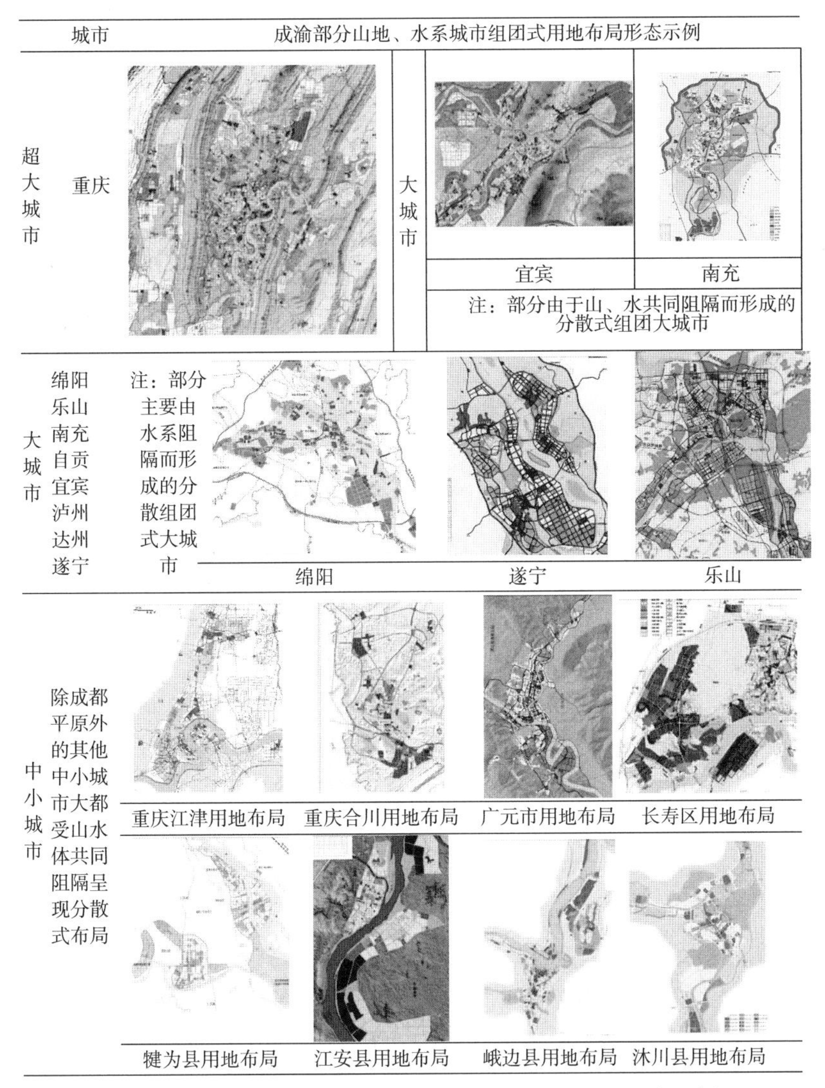

图 5.6　成渝部分山地、水系城市组团式用地布局形态示例

资料来源：相关城市总体规划整理。

受到河谷地形及其周围山地、丘陵较为强烈的限制，这些城市的空间拓展往往呈现以下特征：一、由于河谷水系和山地丘陵的阻隔作用，城市规模发展到一定阶段就呈现出强烈组团式发展特征。特别是位于多条水系汇合的城市，水系对城市空间的分割作用十分明显。如川南的宜宾，规划 2020 年 100 平方公里的城市规模内由于长江、岷江、金沙江分隔成“一心八组团”的结构。二、由于滨江地区自然条件相对优越，且跨江发展的基础设施成本投入较大，滨江城市往往具有沿河流走向进行线性空间拓展的倾向，如川东北的南充、广元和重庆的江津、合川等。三、对于滨江城市而言，在组织城市交通的过程中，跨江桥梁的节点作用对城镇空间的拓展起到重要作用，往往一座跨江大桥的建设能带动一片

新区的开发，形成一个新的城市组团。

滨江、山地城市的组团型特征对于规模不大的城市往往容易造成城市空间布局过度分散，影响城市空间结构的完整性，不利于城市的集约发展，需要通过加强组团空间布局的紧凑性来弥补。但从另一个角度来看，滨江地带往往有着孕育大城市的有利地理条件，它为大城市的产生提供了丰富的水资源和便利的水运条件，也为大城市的空间拓展提供了极富特色的地理空间基础。

5.2.2 城镇空间的密度分布

1. 城镇空间密度分布的概念与内涵

“密度”概念来源于相关地区同类规划编制（如香港、深圳等）的约定名称，描述的是土地开发强度的高低，城市密度大的区域指的就是开发强度高的区域。密度与容积率都是描述开发强度高低的概念，区别在于前者是定性的直观评价，而后者是可以定量描述的专业术语。在城市总体建设需求量一定的情况下，建设活动在城市竖向空间范围内不同的“密度”分布状态不仅仅表现为不同的城市空间形象，其与城市的空间环境品质、交通服务水平、城市开发与运营成本以及城市空间的可持续发展也有密切的联系。在人多、地少、建设空间资源稀缺的城镇密集区各大城市，如何组织城市建设在竖向空间上合理的密度分布，对于充分利用建设空间资源，实现城市竖向空间的适度集中分布具有重要意义。

从空间集散关系的角度也可以将城镇空间密度分布的组织分解为两个层次，1）调控城镇竖向空间的整体密度。结合城市自身的发展条件在总体层次上判断和控制城市整体的空间密度（城市毛容积率）并预测城市总体建设规模，同时，结合城市用地规模的控制可以从宏观层面保证城镇竖向空间内拓展的总体集中程度。2）调控城镇竖向空间的密度分布结构。根据城市的整体密度和总体建设规模，结合具体区域建设条件将其在城市竖向空间内进行疏密有致的密度分布，可以达到在竖向空间内城市建设集中与分散相对协调的空间分布状态。

2. 成渝城镇空间密度分布的典型特征

1）平原城市经济主导下沿中心向外密度递减特征。按照地租竞价和区位选址的一般原理，区位条件越是优越，土地价格越高，相应的开发强度也就越高。由于受地形环境的影响相对较小，在平面空间形态上倾向于“摊大饼”的同时，平原城市的竖向密度分布总体倾向于由城市中心向外逐渐递减。由于地价与其所处的区位交通条件和公共服务设施之间有密切的联系，在总体保持由中心向外逐渐递减的密度分布的情况下，结合平原城市的主要交通骨架路网和次级城市服务中心，城市密度的分布同样在局部区域内遵循由地价中心向外逐步递减的规律。

2）山地城市[1]经济与环境影响并重的高密度、地域性的特征。成渝城镇密集区是一个多山的地区，山地区域占到区域总面积的36.81%，除此之外还有大量的浅丘地形区域。以此为标准，在成渝城镇密集区四大片区内，以重庆为核心的一小时经济圈范围城市及川

[1] 对“山地城市”的界定，重庆大学黄光宇教授（2002）从两方面概括了其自然特征：1）城市因修建在坡度大于50度以上起伏不平的坡地上而区别于平原城市，无论其所处的海拔高度如何，都算山地城市。2）城市虽然修建在平坦的用地上，但由于其周围复杂的地形和自然环境条件，对城市的布局结构、发展方向和生态环境产生重大影响，处在这类环境里的城市也算山地城市。

南、川东北的部分城市均处在典型的山地地形环境之内，城市空间的拓展受山地自然环境的影响显著（图 5.7）。

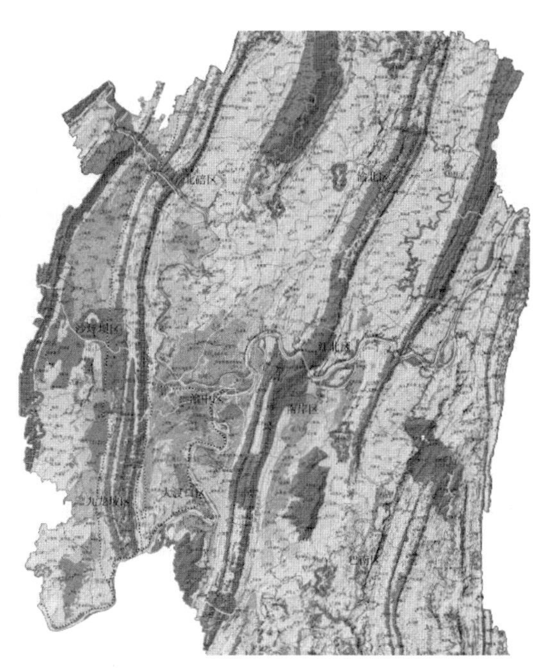

图 5.7　重庆市都市区用地地形卫星影像分析图
资料来源：重庆市人民政府．重庆市城乡总体规划（2007～2020）[R]．2008。

在山地城市的空间密度分布过程中，受到复杂地形条件和适宜建设用地资源稀缺的限制，地形环境对于城市土地地租竞价规律有较大的影响，继而反映到山地城市竖向空间的密度分布规律中，显现出以下主要特征：一、城市空间竖向拓展普遍显现出较高密度特征。由于山地城市适宜建设的用地资源较平原城市稀缺，山地城市在空间拓展的过程中就倾向于采用较高开发强度的方式。这从成渝地区山地城市与平原城市人均建设用地指标的比较中就可以看到，山地城市的人均建设用地指标普遍低于平原城市（表 5.1）。二、空间密度分布带有强烈的地域特征。受复杂地形的限制，山地城市空间拓展存在多中心、跳跃式扩张的趋势。由于山地城市用地情况复杂且各类地质灾害频发，适宜建设用地的选择往往成为影响城市空间发展方向和方式的主要因素，造成新建区域的跳跃式发展，如图 5.6 中的江津、合川、广元等。与此相适应，山地城镇空间的密度分布与地形条件的限制存在密切联系，地形条件较好、区位相对优越的地域往往在土地经济的促使下进行了较高强度的开发，而将地形复杂、存在地质隐患的区域减弱其开发强度或控制为非建设区。因此，在宏观空间上，山地城市的空间密度分布带有强烈的地域特征。三、局部区域过度拥挤的倾向。山地城市空间局部地段高密度的建设特征有利于空间资源的集约利用，但缺乏引导和控制则容易因为开发强度过高造成城市品质的下降。重庆直辖后快速扩张的过程中高强度开发的趋势明显，局部区域空间过度拥挤的现象已十分明显（图 5.8）。

成渝城镇密集区部分中心城市人均建设用地指标　　　　**表 5.1**

城市	重庆	成都	绵阳	德阳	南充	泸州	宜宾	永川	涪陵	南川	江津	合川	长寿
2008 年人均建设用地	72	87	95	97	105	105	107	77	82	86	86	82	87
规划至 2020 年人均建设用地	84	89	101	108	100	103	100	95	93	90	97	95	88

资料来源：根据相关城市统计年鉴及规划成果资料整理绘制。

5.2.3　建设空间拓展的不良倾向

1. 城镇密集区建设空间集散失调的典型问题

微观层面建设空间的集约利用是实现城镇空间紧凑拓展目标的基础。根据城镇密集区

图 5.8　高强度开发下的重庆

集约发展规划的对象分析，微观建设空间层面的要素包括生活性、生产性和支持性空间三大类。由于支持性空间面临的主要问题往往与宏观、中观布局的系统性与协调性有关，因此对于建设空间紧凑利用方式的影响，生活性和生产性空间占据重要地位。

关于建设空间紧凑设计与管理方法的研究较多，但对于城镇密集区城镇空间紧凑拓展综合协调而言，应针对城镇密集区内建设空间拓展中存在的突出的、典型的空间集散失调问题，提出空间集散关系综合协调的调控策略。

一方面，由于聚集了大量的人口和社会经济活动，加之严格的土地管制制度，城镇密集区内的城市用地❶相对于其他地区存在过度集中的高强度开发的倾向。另一方面，与通过“招拍挂”途径取得的城市商业用地不同，工业用地虽然也实施出让制度，但由于地方政府招商引资、追求经济增长速度的价值取向，工业用地取得的成本往往十分低廉，导致城镇密集区内工业用地的利用普遍存在过度分散的低效利用倾向。因此，针对目前城镇密集区内这两种典型的空间集散失调的现象提出综合协调的策略，应是城镇密集区建设空间紧凑利用综合协调研究的重点。

2. 成渝城镇密集区建设空间拓展的几种不良倾向

从协调好空间的集中与分散、促进城镇空间紧凑拓展的角度来看，目前成渝城镇密集区内各城镇在空间建设的过程中，同时存在过度集中和过度分散两种不良倾向，不利于区域城镇空间的集约发展，需要警惕。

1）生活性空间过度集中的倾向。成渝城镇密集区内人口密度大、空间资源有限，加之经济利益驱动等方面的原因，区域内各大城市的城市用地❷都不同程度地存在高强度开发的倾向。

从历史发展的情况来看，成渝城镇密集区内各城镇由于发展历史长、发育程度较高，长年累月“见缝插针”式的建设使得区域内各城镇旧城区普遍建设密度较高，开发强度较大。以重庆市主城区为例，其解放碑区域现状毛容积率部分地块已超过10，整个解放碑区

❶ 从目前我国的实际情况来看，由于工业用地（特别是二、三类工业）相对于其他城市用地具有一定排斥性，为便于分析，本小节将城镇用地中的工业用地单列出来不包含在内。

❷ 从目前我国的实际情况来看，由于工业用地（特别是二、三类工业）相对于其他城市用地具有一定排斥性，为便于分析，本小节将城镇用地中的工业用地单列出来不包含在内。

域的毛容积率据测算已超过 3.53（表 5.2），这种现象在成渝地区的二级中心城市内同样普遍（图 5.9）。另一方面，从近些年发展的情况来看，自从国家实行“分税制”和商业用地“招拍挂”制度以来，土地财政已成为各地地方财政的一笔重要收入，较高强度的规划设计条件所带来的土地价值收益成为了地方政府推动城市用地高强度开法的内在动力。以川南片区的宜宾市为例，2008 年和 2009 年共选址商业用地地块总数 66 块（不含工业用地），其中容积率小于 2.0 的地块仅 8 宗，占总数的 12%，而容积率为 3.0～4.0 的高强度开发地块为 28 宗，占总数的 42%，商业用地开发的高强度倾向已经十分明显（表 5.3）。

泸州市旧城区　　宜宾市旧城区　　乐山市旧城区

图 5.9　成渝城镇密集区内部分二级城市旧城区

重庆市主城区部分地块现状毛容积率一览表　　**表 5.2**

密度控制单元编号	现状毛容积率	密度控制单元编号	现状毛容积率	密度控制单元编号	现状毛容积率
渝中区-D1	12.57	大渡口-B2	5.71	两路-G1	4.22
渝中区-E2	12.14	SPB-D1	5.71	SPB-F1	4.21
渝中区-E1	10.05	大石坝-F1	5.7	北碚-B5	4.15
渝中区-D2	9.95	两路-E3	5.67	观音桥-L1	4.08
渝中区-F3	9.75	大杨石-R1	5.66	人和-H3	4.06
大杨石-S1	9.22	大渡口-E1	5.57	沙坪坝-K1	4.05
南坪-C1	9.18	两路-H1	5.55	大渡口-B1	4.01

资料来源：重庆市规划设计院．重庆市主城区密度分区规划［R］．2008。

宜宾市中心城区 2008～2009 年选址地块及相关指标统计　　**表 5.3**

出具规划选址地块总数	划拨用地与出让用地地块数（不含工业）	商业出让地块数		66	
		容积率＜2.0	容积率 2.0～3.0	容积率 3.0～4.0	容积率＞4.0
154	66	8	21	28	9

资料来源：根据宜宾市规划和建设局相关资料整理。

生活性用地较高强度的开发有利于在建设空间层面落实城镇密集区内空间的紧凑发展，是城镇密集区内特别是大城市内应对土地资源稀缺的必然，但同时应当注意避免因为空间过度集中带来的城市环境问题。

2）生产性空间过度分散的倾向。与通过“招拍挂”途径取得的城市商业用地不同，工业用地虽然也实施出让制度，但由于地方政府招商引资、追求经济增长速度的价值取向，工业用地取得的成本往往十分低廉，通过返还税收等手段“零地价”招商的情况在各地政府招商的过程中并不鲜见。低廉的工业用地取得成本使得工业用地低效使用、闲置的现象在成渝城镇密集区各城市中不同程度地存在。

以重庆市重点发展的产业园区北部新区为例，规划工业用地总面积合计21.03平方公里。其中，北部新区经开园16.03平方公里，北部新区高新园5平方公里。从现有土地出让情况来看，区内已出让工业用地面积11.03平方公里，工业用地开发率为52%，其中已建成的工业用地面积为4.02平方公里，占已出让工业用地面积的36.4%，整个北部新区规划工业用地的建成率仅为19%，其余用地均处于在建、闲置或待开发状态（表5.4）。从工业用地开发强度来看，依据《重庆市经济技术开发区土地集约利用潜力评价项目成果报告》的数据显示，目前重庆市经开区北区毛容积率（总建筑面积/已建成用地面积）为1.39，建筑毛密度（总建筑基地面积/已建成用地面积）为23%。其中工业用地毛容积率为0.87，建筑毛密度为43%❶，容积率指标略大于国土资源部《工业项目建设用地控制指标（试行）》（国土资发［2004］232号）中确定的工业用地容积率控制下限指标。重庆市北部新区作为国家级的经济开发区所在地，招商引资与土地利用效率在成渝地区应当属最为乐观的地区之一，其他二线区域中心城市则更不乐观，以泸州江南轻工业集中发展区为例，规划总控制面积30平方公里，近期规划11平方公里，已建工业用地面积2平方公里，平均容积率仅为0.47，远低于国土资源部《工业项目建设用地控制指标（试行）》（国土资发［2004］232号）中确定的工业用地容积率控制下限指标，且工业用地闲置情况较严重❷。

重庆市北部新区北部片区规划工业用地开发利用状况一览表　　表5.4

已出让工业用地			可出让工业用地	规划工业用地
已建工业用地	前期筹备工业用地	合计出让工业用地		
4.02平方公里	7.01平方公里	11.03平方公里	10平方公里	21.03平方公里

资料来源：重庆市规划设计研究院．重庆市北部新区工业用地调整规划研究报告［R］.2008。

成渝城镇密集区处于工业化、城镇化快速扩张的时期，空间扩张的过程中工业用地所占比重往往较大。在某些以工业为主导的二线城市，工业用地所占城市用地的比例已经达到相当高的程度。以宜宾市为例，全市域范围布局了五粮液工业集中区、白沙工业集中区、罗龙工业集中区等13个省、市级工业集中区，总面积达到106.01平方公里❸。而《宜宾市城市总体规划》确定的全市域（一区九县）城镇建设用地规划总面积为250平方公里左右，若以此计算❹，则工业用地占据了总规划用地面积的40%。工业用地在城镇密集区城镇空间的拓展中占有如此重要的比例，其低效率的使用状况是造成目前城镇密集区内空间低效蔓延的重要原因。

需要说明的是，空间紧凑发展的调控对象对于不同规模的城市来说，其侧重点有较大

❶ 重庆市规划设计研究院．重庆市北部新区工业用地调整规划研究报告［R］.2008。

❷ 泸州市发改委．泸州市工业集中区发展调研报告［R］.2009。

❸ 宜宾市发改委．宜宾市工业集中区布局规划［R］.2009。

❹ 由于规划编制的主体不同，工业集中区规划中的面积与城市总体规划中确定的工业用地面积有一定的出入。

的不同：在城镇密集区内，城市规模越大其空间结构越复杂，且由于空间结构（包括水平结构与垂直结构）组织不当引发的各类空间集约发展的矛盾越突出。因此，对于以上调控对象，建设空间紧凑是中小城市综合协调组织策略控制和研究的重点。城镇空间用地、密度布局紧凑的方法则在应对大城市、特大城市和超大城市空间发展过程中由于空间结构不当引发的各类集散失调问题过程中发挥重要作用。

5.3 成渝城镇空间紧凑拓展综合协调的组织策略

城镇密集区城镇空间紧凑拓展目标的达成，最终依赖于空间集散综合协调，调控对象的自组织和他组织过程。分析受控对象紧凑拓展的组织策略，对于充分发挥综合协调的调控作用，运用综合调控手段促进成渝城镇密集区内城镇空间走向适度集中的空间状态具有重要意义。

5.3.1 分散的集中化：城镇空间用地的紧凑布局

空间的集中促进了经济的聚集效益，降低了经济发展的成本，但空间的过度集中会引发诸多负面效应，如环境污染、交通拥堵等，随着城镇空间规模的扩大，负面效应协调的难度与成本会随之增大。因此，从城镇空间用地布局来看，一方面要保持城镇空间用地布局的适度集中，满足城市经济发展的聚集要求；另一方面，要避免城镇用地布局过度集中后带来的负面效应。如何使用地布局的集中与分散做到对立统一，需要进行综合协调。

一般来说，对于规模较小的中小城市，城镇空间的用地布局应当强调集中，以利于城市经济的聚集效应。而对于一定规模以上的城市，协调好城镇建设空间与非建设空间的比例、分布关系，形成“分散的集中化”结构，同时通过快速公共交通的联系和合理的城市空间功能配置，能够在保持城市规模带来的聚集效益同时，为创造良好城市环境质量提供前提条件，这是在城市空间用地布局的过程中实现集散关系协调的有益选择。

1. 规模紧凑：城市用地规模的总量控制

促进城市空间的集中发展，可以首先从控制城市用地规模的总量入手，在容纳相同人口和社会经济活动的情况下，通过占用更少的城市用地规模，实现城市空间规模的紧凑扩张。人均建设用地指标是代表城镇土地利用集约程度的重要指标，人均建设用地指标越低，说明人均占用土地空间资源越少，城市空间的集中程度就越高。制定并落实合理的人均建设用地指标，就控制住了城市用地的总体规模，就能保持城市具有适度集中的用地状态。因此，执行合理的人均建设用地指标，控制城市用地规模的总量是在宏观层面对城镇空间用地布局集散关系实施综合协调的手段。

据联合国社区中心的统计资料显示，国外经济发达国家大城市人均建设用地量差异悬殊，大体上可以分为三类：第一类是经济发达，人口密度相当高的地区，人均建设用地不足 100 平方米，如东京人均 76 平方米、大阪人均 67 平方米、首尔人均 67 平方米。第二类是欧洲的大多数大中城市，经济发达，用地相对宽裕，人均建设用地大多在 100～200 平方米，如伦敦人均 157 平方米，阿姆斯特丹人均 178 平方米。第三类是经济发达而土地资源十分丰富的国家，人均建设用地量很大。最具代表性的是美国，《美国规划手册》1980 年资料显示，50 个主要城市人均建设用地为 248.5 平方米。从国内情况来看，我国城市人均建设用地差异也比较悬殊，城市规模越大人均建设用地越少。据住房和城乡建设部城市规划司2008年统计资料：我国人口规模在100万人以上的特大城市人均建设用地平均为87平方米，与日本、韩国等同类城市相近；大城市人均建设用地为98平方米；中等城市为118平方米；小城市为143平方米。

从成渝城镇密集区主要大城市现状及规划人均用地指标来看，基本遵循了城市规模大则人均建设用地指标相对较小、东部的山地城市较西部平原城市人均建设用地指标小的规律（表5.1）。与国家平均水平相比较，成都市与同期国家特大城市人均建设用地指标持平，重庆市比平均水平低15平方米，这与其独特的山地地形环境是分不开的。在大城市层面，成都平原的德阳、绵阳与国家平均水平相当，川南的宜宾、泸州、川东北的南充人均建设用地指标比国家平均水平高10平方米左右，而重庆都市圈内的涪陵、南川、合川等则比国家平均水平低10平方米左右。这是因为，成都平原城市由于地形条件较好，与国内其他区域的大城市建设条件相当，故人均建设用地指标接近国家平均水平；川南及川东北大城市总体城市用地条件较好，但由于河流的分割作用，城市布局相对分散，故河谷型组团城市人均用地指标略高于国家平均水平；重庆及周边山地城市地形条件复杂，可建设用地资源紧张，故人均建设用地指标低于国家平均水平。这些情况基本反映了不同地形环境下不同聚集程度的城市其人均用地规模（图5.10）。

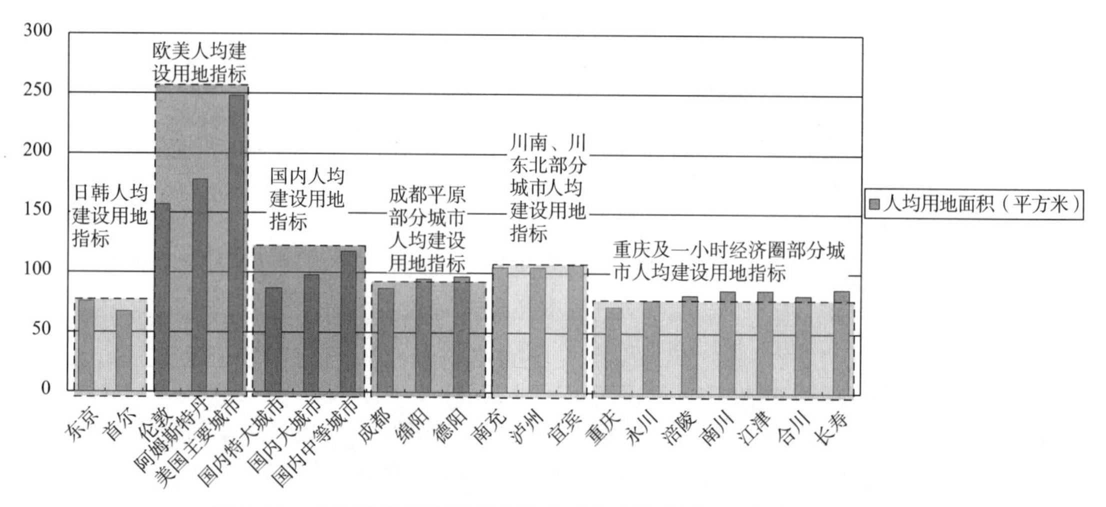

图5.10　成渝城镇密集区部分城市现状人均建设用地指标比较图示

资料来源：根据相关城市总体规划资料整理。

从目前成渝城镇密集区内各主要城市发展的空间直观感受和与国际、国内同级别的城市比较来看，未来重庆山地城市的人均用地指标应当予以适当提高，以避免城市发展的过度集中倾向。重庆都市区的人均建设用地指标可控制在80～85平方米，其他大城市可控制在90～95平方米；而川南、川东北等城市的人均用地指标应适当降低以增强城市空间的集中度，加强空间的利用效率，大城市人均用地指标应控制在95～100平方米范围内。成都平原内目前城市的空间聚散程度相对合理，未来特大城市（成都）可控制在85～90平方米，大城市可控制在95～100平方米范围内。通过与表5.1内各相关城市的总体规划数据比较来看，目前成渝地区内的绵阳、德阳、宜宾、南充、自贡等城市在发展百万人口特大城市的过程中，人均建设用地规划指标偏大，普遍在100平方米以上，部分城市（如德阳）接近110平方米，不利于城市空间未来的适度集中发展。

2. 结构紧凑：分散的集中化空间结构

在适度紧凑用地规模确定的情况下，采用何种方式的用地布局结构对城市空间拓展的效率有重要影响。用地布局结构需要避免城市局部区域的过度集中或分散，协调好用地布局过程中的集散关系。当城市规模达到一定程度时，紧凑的结构要避免简单“摊大饼”连续蔓延的过度集中模式，它应当在充分平衡集中和分散分别带来的利弊关系过程中，寻求一条在空间结构上集中与分散相协调的道路。从表面上看“紧凑布局”与分散主义是根本对立的，但实际上相对于一味强调集中的传统集中主义，分散主义在本质上与“紧凑布局”更为接近。如在沙里宁看来，“分散的目标，并不是把居民和他们的活动，散布到互不相关的极限状态，分散的目标，是要把大城市目前的那一整块拥挤的区域，散布成为若干集中单元，例如郊区中心、卫星城镇，以及社区单元等。”❶。重温沙里宁的主张可以看到，他的有机疏散并不是主张真正的分散，而是表达了一种将原来更大空间尺度的集中与城市内部一定尺度分散的结合，也就是集中前提下的分散以及分散后的紧凑与集中的辩证思想。

分散的集中化布局模式是综合协调城市规模增长和环境保障的一种空间发展模式。通过局部集中增强城市空间的活力与效率，通过组团结构上的生态空间隔离避免建设空间规模的过度膨胀，是针对大城市、特大城市有效协调空间分散与集中关系的基本指导思想。

分散的集中化布局模式，其分散与集中的相对关系与以下三个方面有密切的关系：1）与城市规模的大小有密切的关系。城市规模小，为保证规模效益则对于集中的要求更高，在空间模式上往往表现为单中心的集中城市模型；城市规模越大，其面临的生态环境压力使其对于宏观分散的要求更高，且庞大的城市规模使分散后的城市组团仍能保持足够的集中度，满足城市的规模效益。在这种情况下，城市在空间模型上往往向多中心的城市结构进行转化。一般来说，100万人以内的城市规模，单中心的城市模型被认为是有效率的❷，如果交通顺畅（平均时速达到30公里），这样规模的城市能够保证半小时从城市外缘到达城市中心。100万人以上的城市规模，则要逐步考虑通过组团化、新城、卫星城等方式组织多中心的城市空间结构。2）与城市所处地理环境有密切的关系。城市空间布局的集散关系与其所处的自然地理环境之间有密切的联系，平原城市由于地形条件较好，在城市建设成本的驱动下，城市往往倾向于集中式布局；山地城市和水系城市由于自然山水的天然阻隔，城市更倾向于分散的组团式发展，这在成渝地区的城市发展过程中表现得十分明显（图5.5、图5.6）。3）与城市交通的发达程度有密切的关系。交通技术的进步为城市空间的分散发展提供了技术前提。分散的集中化城市结构在一定程度上解决了保持城市规模同时保障城市生态环境质量的问题，但同时带来了交通通勤距离增大的困难，这需要将城市空间的拓展与城市交通系统充分整合，借助公共交通加强中心城市内的交通联系，将相对分散的城市组团连接成一个结构紧凑的整体。交通技术的进步特别是轨道交通的出现，为城市的分散布局提供了交通支持。目前，成渝城镇密集区内超大城市成都与重

---

❶ 伊利尔·沙里宁．城市——它的发展、衰败与未来［M］．北京：中国建筑工业出版社1986：170－179。

❷ Bertaud A. The Spatial Organization of Cities: Deliberate Outcome or Unfore-seen Consequence?［A］. World Development Report 2003, Dynamic Development in a Sustainable World［C］. Background Paper, 2003。

庆正在大力发展卫星城，在这一过程中，以轨道交通为主的公共交通一体化建设是重要的前提条件。

基于以上原则，从空间结构的基本集散关系对成渝城镇密集区内的城市进行考量，可以分为三个层次（图 5.11）：一是人口小于 20 万的小城市（包括县城），由于城市规模较小，无论处于成都平原还是其他山地、水系地区，城市的空间布局都应当努力实现单中心集中模式发展，促进空间资源的集约利用。二是人口大于 20 万小于 100 万的大中城市。由于地形条件的不同，在成都平原内的德阳、眉山等城市可采用单中心集中发展的模式，而受到其他山水地形条件限制的地区，则可以采用多中心适度分散的布局模式，如南充、宜宾、泸州、乐山等，但仍应注意各组团内部的相对集中。三是人口超过 100 万的特大和超大城市，由于城市规模较大，无论是平原和山地城市均应考虑对中心城市的功能适度分散，走组团化发展的道路。

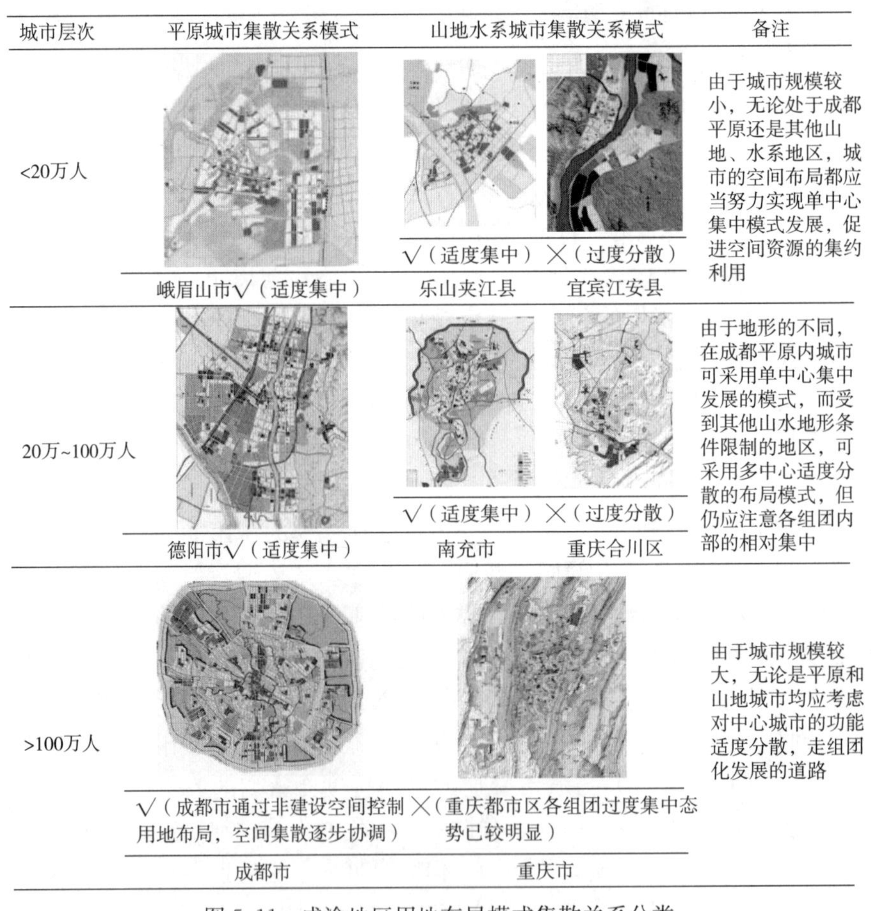

图 5.11 成渝地区用地布局模式集散关系分类

资料来源：根据相关城市总体规划成果整理。

3. 功能紧凑：城市组团功能的混合配置

城镇空间的集散与空间背后的社会、经济活动有着密切的联系，因此，对空间集散关系进行综合调控必然涉及对城镇空间功能组织的综合调控。不同的使用功能之间存在复杂的社会、经济联系，结合各种功能之间存在的复杂联系并将其合理安排在恰当的空间区位上，无疑可以促进空间整体的运行效率，有助于城镇用地空间布局的综合协调。由于社会经济活动的复杂性，准确地将不同的空间功能安排在合适的空间位置上，使之形成一个协调的整体，这在实际的操作中很难实现，但我们仍可以基于空间集散综合协调的要求，对城镇用地功能布局的基本原则进行探讨。

从国内外城市发展的理论研究和实践经验来看，城镇组团用地功能的混合布局适应于分散的集中化空间布局结构，它有助于缓解空间集中状态下的城市交通拥堵，提高环境质量并增强城市空间活力。将商业服务、就业岗位和居住设施尽可能地混合布置于相对分散的各个城市组团，可以减少居民的出行次数和缩短居民在城市中的通勤距离，减少能耗和汽车尾气的排放，有助于城镇空间在高度集中情况下仍保持适宜的人居环境。城镇组团功能的混合配置是应对“适度集中”空间状态下的城镇用地功能布局的基本原则。

因此，城镇密集区内各大城市在空间分散的集中化扩张模式中，应充分考虑各新城组团功能布局的完善性，避免单纯的“卧城”出现。在新城的建设过程中，除了居住用地的开发和居住人口的引入外，同样要注意办公、商业等用地的配置和项目的引入，增强新城的活力，使居民尽可能实现就近就业，促进城市空间的紧凑拓展。近年成渝城镇密集区内成都与重庆都在发展轨道交通的基础上，以原有的一些近郊区县为依托强调“新城”的建设，如成都的都江堰、彭州、郫县，重庆的南川、北碚、江津等。新城的建设过程中除了疏解人口、建设居住组团，很重要的一个任务应当是疏解主城区的部分城市功能，只有这样才能保证未来新城的建设真正达到“疏解主城”的目的。

5.3.2 疏密有致：城镇空间密度的紧凑分布

城镇空间密度的合理分布，反映了城镇空间在竖向层次上的集散关系。局部区域开发强度过高会导致城市环境恶化，局部区域开发强度过低会导致土地的低效利用，这都是城镇空间密度集散失调的表现。结合城市用地功能布局和地域环境条件，建立疏密有致的空间密度，对于实施城镇空间紧凑拓展的综合协调同样关键。

显然，城市适度集中的发展，与竖向城镇空间内保持一定的整体密度有着密切的联系。城镇建设是一个类型复杂、时间跨度很长的过程，如何在城镇建设的过程中控制合理的建设密度，可以通过有效的规划管理手段，在对城镇空间内建设总体规模进行预测和控制的前提下，将其有效地分布到城镇空间的各个区域内，形成恰当的空间密度结构，以达到控制城镇整体建设密度的目的。以下以笔者参与的《重庆市主城区密度分区规划》为例，对综合调控大城市、特大城市城镇空间密度组织策略进行分析：

1. 整体密度紧凑：城市开发总量的预测与控制

对城镇开发总量的控制是在宏观层面对城镇密度空间集散关系进行综合协调的基本手段。城市的整体开发强度（毛容积率指标）与城市的土地资源供给条件、经济社会发展需求之间存在着密切的关系，也在一定程度上决定了城市的环境标准。从容积率的角度出发，如果以城市现有建筑容积率为参照，比照城市条件、经济社会目标及总体规划要求，特别是并与同类型其他城市进行比较，可以在此基础上综合确定未来适宜的环境标准所需要的整体开发强度指标。在拟定的城市整体开发强度控制目标基础上，结合由人均用地指标和人口规模确定的城市建设用地规模，就可以推算出城市理想的建筑总量规模，并以此作为总体目标对城镇建设密度进行总体控制。

以重庆市主城区整体开发强度指标和建筑规模总量作为案例进行预测：从表5.5可以看出，北京（中心城）的城市建设毛容积率最低，仅为0.60；纽约（曼哈顿）城市建设毛容积率最高，达1.36；而东京（都）、上海（中心城）、深圳（特区内）则维持在0.87～0.98之间。重庆市主城区2005年城市建设的毛容积率约为0.83。在重庆主城未来的发展中，高容积率尽管可以大规模集约用地，但对城市的交通组织、基础设施配置、环境保护等方面都会带来很大的困难。有鉴于此，结合表5.5的相关城市发展的经验数据和相关分析，重庆市主城区可以考虑确定毛容积率在0.85左右。一方面，0.85的毛容积率值与国内城市的经验值范围结合起来了；另一方面，0.85的毛容积率值与2005年的实际毛容积率值差别不大。依据《重庆市城乡总体规划（2007～2020）》，重庆都市区至2020年城镇人口为930万，城镇建设用地总面积为865平方公里，以毛容积率0.85计算，则2020年重庆都市区总建筑量为7.35亿平方米。通过综合分析比较确定重庆主城区的整体密度目标和总体建筑规模，并在此基础上进行主城区各区域空间密度的分区，可以实施对重庆主城区城市空间密度整体调控。

国内外部分城市建设的毛容积率比较 **表5.5**

城市	纽约（曼哈顿）	东京（都）	北京（中心城）	上海（中心城）	深圳（特区内）	重庆（中心城）
年份	2005	2002	2004	2004	2001	2005
城市建设用地（平方公里）	87.5	591	770	678	133.4	465
城市毛容积率	1.36	0.96	0.60	0.87	0.98	0.83

资料来源：重庆市规划设计研究院．重庆市主城区密度分区规划［R］．2008。

2. 密度结构合理：疏密有致的空间密度分布

在城市整体密度和总体建筑规模已经确定以后，密度分区是从中观层面对城镇竖向空间集散关系综合协调的重要手段。密度分区决定了如何将城市的总体建筑规模科学、有效地分布到各个城市区域中去，实现城市疏密有致的密度结构。

综合协调城镇竖向空间的集散关系以形成疏密有致的空间密度结构，应当遵循以下原则：1）适度集中、疏密有致。城镇建设在竖向空间内的分布需要结合城镇不同片区的地形地貌形成合理的分布，形成布局均衡、疏密有致的垂直空间体系。2）环境优先、兼顾经济。由于经济的聚集作用和土地资源的限制，城镇密集区内各大城镇普遍形成较高的建设密度。对城镇竖向空间进行密度分布控制的首要目的是通过疏密有致的建设方式，改善密集区内高强度建设下的城镇空间人居环境。但为了保证城镇发展的经济活力，集约使用城镇密集区内有限的土地资源，也要适当考虑土地使用的经济效益。3）因地制宜，反映特色。城镇垂直空间是反映城市特色和城市形象的重要载体，是人们感知城市的重要媒介。因此，城镇密集区内城镇竖向空间的密度分布控制不仅要考虑改善人居环境和经济效率，还需要考虑竖向空间对区域城市形象和特色的塑造。对于山地、丘陵城市中一些不适宜建筑和道路交通的陡坡地，地形较复杂的、破碎的地段和地质灾害易发区要尽量控制建设，尽量使之成为合理的生态保护用地。通过因地制宜的垂直空间控制，要自觉保护、发掘、继承和发展不同地段的特色，充分展示城镇密集区内城镇空间的独特魅力。

重庆市主城区密度分区规划采用相关影响因子构成的密度分区模型进行空间密度分布

研究，包括基准模型和修正模型两个阶段：1）基准模型遵循微观经济学的效率原则，以交通区位、服务区位和环境区位作为密度分区的基本影响因素。理论假设是区位条件越是优越，开发强度也就应当越高，这意味着城市公共设施可以得到最为有效的利用。在基准模型的效率原则基础上，引入其他相关原则，如生态原则（生态敏感地区）、安全原则（不良地质地区）、美学原则（城市设计的形态考虑）或文化原则（历史保护地区）等，对基准模型进行逐一修正，可能会提高或者降低局部地区的开发强度（表5.6）。2）修正模型是特殊的和局部的密度分区模型，修正模型的特殊性意味着并不是每个城市的基准密度分区都需要进行相同的修正。一些城市存在生态敏感地区（如成渝城市中的水系、山系等），另一些城市存在历史保护地区，还有一些城市存在不良地质地区。在基准模型经历了各项局部修正以后，形成城市密度分区的扩展模型，包括基于效率原则的基准（或称为一般）密度分区和基于其他原则的修正（或称为特殊）密度分区。

密度影响要素及表征变量 **表5.6**

要素类型	影响要素	规划解读	可采用的规划表征变量
基准要素（一般和全局的影响因素）	服务条件	反映服务能力、聚集经济程度、土地收益性，一般越靠近中心，开发强度越高	与服务中心的距离
	交通条件	反映地区的可达性，影响居住开发强度、就业开发强度，一般交通条件越好，开发强度越高	与城市干道、轨道线的距离，公交线路开发强度。微观层面的地块相邻道路的数量
	环境条件	公共绿地、公共空间、自然景观等环境条件可调节生态，影响土地价值，一般环境条件越好，开发强度越高	与公共绿地、公共空间、自然景观的距离
修正要素（特殊和局部的影响因素）	生态要求	特殊生态地区为保护生态功能，对城市开发提出要求，一般为限制性要求	生态控制范围内的用途限制、开发强度限制、高度限制等具体要求
	安全要求	特殊地区或设施由于安全原因，影响城市开发，例如受地质、地形条件影响的特殊地区，机场、电力、垃圾处理、核设施等特殊设施。一般为限制性要求	安全防护控制范围内的用途限制、开发强度限制、高度限制等具体要求
	美学要求	为达到塑造城市景观的要求，从美学角度对城市的建设形态可提出具体的指引性或限制性要求	城市设计提出的有关节点、轮廓线、走廊、带、高度分区等美学指引与控制要求
扩展要素（个别的影响因素）		其他对开发强度产生影响的特别情况。例如城市规划对个别土地用途的特殊考虑	根据实际情况整理具体要求

资料来源：重庆市规划设计研究院．重庆市主城区密度分区规划［R］．2008。

运用密度分区模型的方法，重庆市对主城区规划建设用地范围内的标准密度分区进行了规划。首先依据密度影响的基本要素综合确定密度分区的基础分布方案：交通因子方案中首先研究轨道对密度控制单元的影响，分析轨道线路的影响范围[1]。同时对路网影响因

[1] 轨道交通影响（吸引）范围是指轨道交通所吸引客流的全部区域范围，包括一次吸引范围和二次吸引范围。一次吸引范围也称直接影响（吸引）范围，指轨道交通吸引的直接客流区域范围，是步行到轨道交通的客流分布范围和轨道交通的合理步行范围。二次吸引范围也称间接影响（吸引）范围，指通过非步行方式与轨道交通换乘的客流区域范围，是轨道交通的影响区范围。同理，进入轨道交通线网的客流也分为直接吸引客流和间接吸引客流。直接客流的吸引能力取决于车站所在地区居民的出行强度，而间接客流的吸引能力取决于交通方式间的合理衔接与协调。

素进行分析，按照干道网影响范围与密度控制单元面积的比值来评估各密度控制单元的路网影响程度。根据不同轨道站点类型和干道类型确定影响区域的影响因子，进行加权后得到基于交通因子的密度分区初步方案。服务因子方案按照市级中心、副中心、组团中心商业服务的影响范围和影响程度来划定。考虑到市级中心、副中心和组团中心的影响力差异，在三种服务条件分区的基础上赋予相应的权重，并经过加权后得到基于服务因子的密度分区方案。环境因子方案基于公共绿地对土地价值的影响。根据市级公园、区级公园等不同的等级给定影响的赋值，加权后得到基于环境因子的密度分区方案。在通过基本要素确定密度分区的基础分布方案情况下，还必须通过生态、美学及其他修正要素和扩展要素进行修正，再将它们综合起来进行加权评估，得到最终的密度分区方案。比如考虑到城市形象要素，以重庆市城乡总体规划、各区分区规划的“城市设计导引”、江北城城市设计、渝中半岛城市设计等规划成果为依据，对密度分区基础分布进行相应的局部修正。通过以上的各项修正，并叠加密度控制单元划分界限，最后得到以密度控制单元为控制主体的最终密度分布方案（图 5.12）。

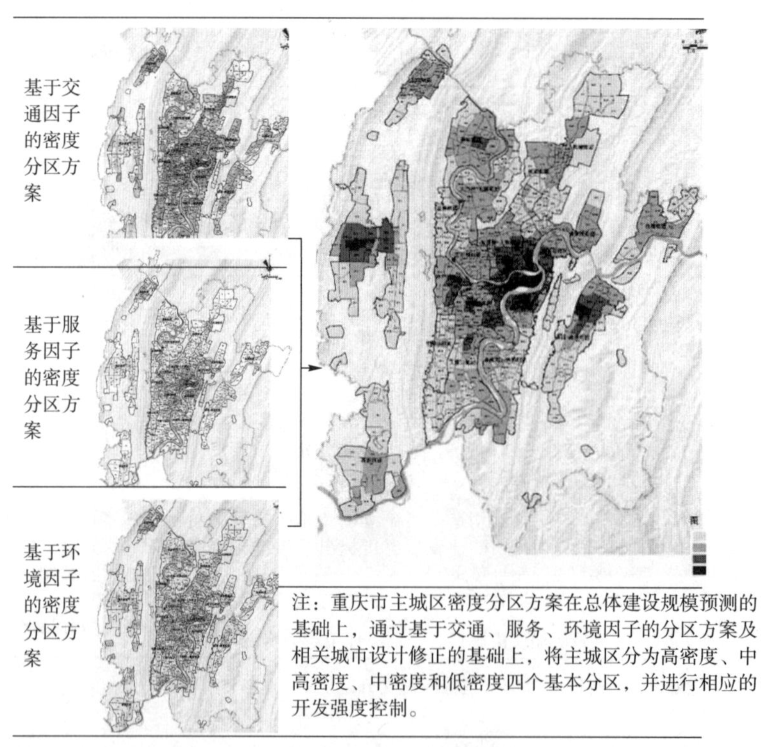

图 5.12　重庆市主城区密度分区方案

资料来源：根据《重庆市主城区密度分区规划》相关成果整理。

5.3.3　典型建设空间紧凑开发的组织策略

1. 高强度开发下生活性空间的紧凑组织策略

城镇密集区内大城市、特大城市生活性空间存在的高强度开发倾向一方面是由于区域经济发展土地价值不断升高，另一方面也是针对区域内土地资源相对稀缺、城市集中发展所做出的必然选择。在成渝城镇密集区内，由于山地地形复杂，山地城市内空间的高强度开发倾向更为明显。

较高强度下建设空间紧凑开发的组织策略，就是要通过科学的设计手段在微观空间环境内综合协调建设空间的集散关系，需遵循以下原则：

1）建设空间功能的混合使用。功能混合是建设空间紧凑策略的重要特征。高强度开发下土地的混合使用可以提供多样化的城市生活环境，为市民提供便利的就业、商业服务条件，增强城市的活力，同时，避免由于单一城市空间大规模出现而使城市空间呈现出“条块化”的不利情况。此外，功能混合可以减少交通出行的几率，由于多样化的活动集中在一起后，许多出行在步行范围内就可以解决，在减少小汽车出行的同时有利于改善城市环境。2）建设空间系统的整体性。较高强度开发下的建设空间应当强调各类建设空间之间的整体性，避免各类空间自我封闭，造成建设空间整体发展效率的降低。城市本来是一个开放的大系统，要求物畅其流，人畅其道。如果各个建设单元都追求自身的独立和封闭，对外界采取排斥、隔离的态度，必然会造成画地为牢、以邻为壑、人为地割裂城市系统完整性的现象出现，给城市交通的组织造成很大困难。因此，较高强度开发下建设空间的紧凑组织策略应当强调区域空间的整体性，使紧凑布局下各类功能的城市空间之间实现一体化发展。这种整体性体现在三个方面：一是功能布局上整体规划，实现各类功能之间在空间上的连续性，避免形成孤立的功能单元。二是在公共空间上保持建设空间内部的整体性，将各类功能用地内的公共空间有效串联，形成公共空间体系，并在此基础上形成区域内的步行系统。三是建设空间的设计与其所处的地域环境、地形地貌整体设计。建设空间紧密结合地形地貌进行整体化的设计，可有效地节省空间资源，避免对地域环境的破坏，这一点在重庆山地城市中的表现尤为突出（图5.13）。3）人性化的交通组织体系。较高强度的建设空间开发必须建立在便捷与人性化的交通体系之上。随着开发强度的增加，人的出行活动密度大幅度增加，交通问题成为城镇密集区内城市建设空间拓展中面临的突出矛盾，组织起人性化的交通系统也是建设空间实现紧凑发展的重要支撑。

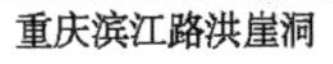
重庆滨江路洪崖洞

重庆大学山地掩土食堂

重庆大学山地宿舍群

图5.13　山地城市空间结合地形地貌的整体化设计

较高强度开发下建设空间对外交通的解决必须依托公交优先的战略。实践经验证明，在城镇密集区人口高度密集的城市空间内，必须将空间的紧凑发展与公共交通的发展紧密结合起来。较高强度开发下建设空间内部的交通联系应充分重视人行系统的建立，创造连续、宜人的步行环境和公共空间。人行系统的建立一方面可以作为建设空间内部交通组织的有效补充，降低机动车通行的几率。如果将人行系统与各类公交站点有机地结合起来，可以大大降低小汽车出行的必要性，缓解较高强度开发下城市交通的压力。同时，建立人行系统并辅之以良好的公共空间环境，对于改善较高强度下建设空间的生活环境具有重要意义。

2. 低效率倾向下生产空间的紧凑策略

工业用地的集约利用对于城镇密集区城镇空间的拓展效率具有十分重要的意义，成渝城镇密集区内较高的工业用地比例及工业用地普遍的低效利用倾向使工业用地建设空间有巨大的潜力可挖。不同于生活性用地，工业用地上附着的不同产业功能之间存在着密切的经济联系，协调各类生产空间之间的产业功能，促使区域工业集群发展，可以极大地提高工业用地上的经济产出效益，是研究生产空间紧凑拓展组织策略的基本出发点。相对于沿海发达地区工业化已相对成熟的情况，在正处于快速工业化发展阶段的成渝城镇密集区内，强调对工业产业功能的引导和区域工业的集群化发展，对于改变目前成渝地区工业用地发展的低效、无序状态具有重要的现实意义。

1）工业用地入园。城镇密集区内工业用地入园是工业发展和生产空间紧凑使用的基本要求。只有在工业用地相对集中的前提下，才便于对工业用地进行集中管理并实现各类产业的关联布局。只有在此前提下，才便于提高城市内各类产业的协调程度，实现产业的集群发展。2）园区产业整体定位。工业园区目标不明的产业招商行为只会使许多低效无关产业占据了园区内宝贵的空间资源，不利于园区的可持续发展。工业园区开发建设必须以充分发挥区域比较优势为出发点，将园区建设放到整个区域的发展规划之中，从区域整体发展的角度来定位工业园区的产业发展目标。如宜宾临港经济开发区的产业选择，就是基于自身发展基础和临港经济机遇，将开发区的产业定位为以先进装备制造业、新材料产业、生物医药、食品工业等为主导，以现代物流、现代商贸为深度配套的“4＋2”产业格局（图5.14）。3）园区产业内部实现集群发展。同类企业的集聚能够带来知识、技术的溢出与交互作用，更有利于整个园区企业的高效发展。工业园区的产业协调的目标是要实现区域内相关产业的聚集并形成合理的产业链，通过园区内各类相关产业的竞争合作，增强园区产业整体的竞争力。如重庆市北部新区设立的汽车产业集中发展区（图5.15），通过以长安、长安福特等大企业为龙头，吸引轮胎、特种玻璃等零部件、物流相关产业企业进驻园区，形成了以汽车产业为主要主导的产业集群，增强了工业园区的竞争力。随着工业园区的企业效益的提高和进驻企业品质的不断提升，城市工业用地的利用效率必然会随之提高。

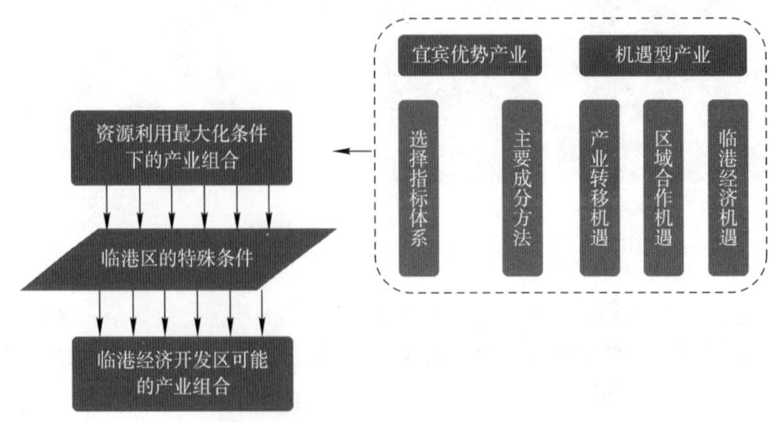

图5.14　宜宾市临港经济开发区基于自身基础和临港机遇进行的产业选择

资料来源：宜宾市发改委．宜宾临港经济开发区战略规划［R］．2010。

图 5.15　重庆北部新区汽车产业集中发展区

此外，相对于以上各类工业用地产业功能组织的综合协调，面对目前我国城镇密集区内工业用地建设普遍过度分散、低效利用的现状，引导和调控工业用地的开发和投资强度是当务之急。因此，加强对工业用地集约利用的保障机制研究对于改变目前工业用地集散关系普遍失调的状况具有更为现实的意义。

5.3.4　成渝城镇密集区城镇空间紧凑布局的理想模式探讨

为防止城市新区无限度发展，采取行之有效的增长调控手段，1994 年，美国经济学家与城市学家安东尼·道斯在其所著的《美国大城市地区最新增长模式》一书中提出了三种防止住区无限制低密度扩张的模式：有界高密度模式、新社区和绿带模式、限制扩张混合密度模式。基于我国城市发展的具体情况和空间集散的基本关系，笔者在其基础上将城镇空间紧凑布局的理想模式简化提炼为两种：单中心界内高强度开发模式、多中心界外混合开发模式，分别适应于单中心集中型城镇布局模式和多中心分散集中型布局模式。

1. 单中心界内高强度开发理想模式

这种模式的基本特征是单中心的城市形态结构，城市中心高度集聚。在对城市总体发展的方向与规模作出预期和判断后，可以对城市的发展在一定区域内通过规划绿带，建立一道相对集中的建设控制边界，用以控制城市规模的扩张。边界内的地块开发需要有引导地提高建设强度，较高的工作和居住密度大大提高了对建成区基础设施的利用程度，降低了城市基础设施与管理的平均运行成本。旧城位于整个城市的中心，并承担了主要的行政办公、商业等公共服务功能，新建区域通过城市快速干道与城市中心相连。

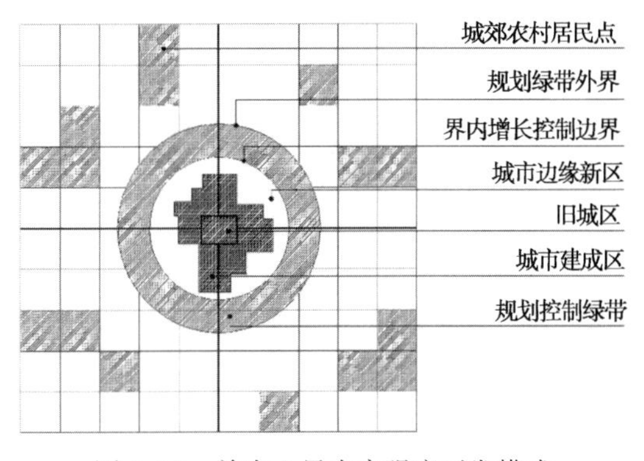

图 5.16　单中心界内高强度开发模式

这种模式适用于规模不大的城镇（100 万人口以下），由于人口规模不是特别大，主要聚集在城市中心地区，表现出来的发展方向是周围人口向中心集聚，商业集中于城市中心，服务业集中在城市中心边缘（图 5.16）。20 世纪初以前，世界上城市主要表现为单中心的城市空间形态，我国城镇密集区内的多数大城市也是单中心的结构，对单中心城市发展的研究，不仅具有很大的现实意义，而且有助于单中心城市在向多中心城市的过渡中吸取前车之鉴。

在我国城镇密集区的大城市建设中，许多房地产开发倾向于提高开发强度，这与紧凑发展的思路是一致的。但过高的开发强度对于人居环境也是不利的，在单中心界内高强度开发模式中，由于城市建设用地相对集中、粘连，因此对其中建设用地开发强度的限制、街头公园广场的布局控制显得十分重要。单中心界内高强度开发模式适用于城市规模不大，没有特别的自然条件如较大的河流、山体等阻隔的城市，如成渝城镇密集区内成都平原内的大中城市德阳、眉山等（图 5.17）和所有人口规模不超过 20 万中小城市。对这类城市的空间模式的引导应当充分重视对“开发界线”的控制，引导城市在“界内”进行适度的高强度开发。

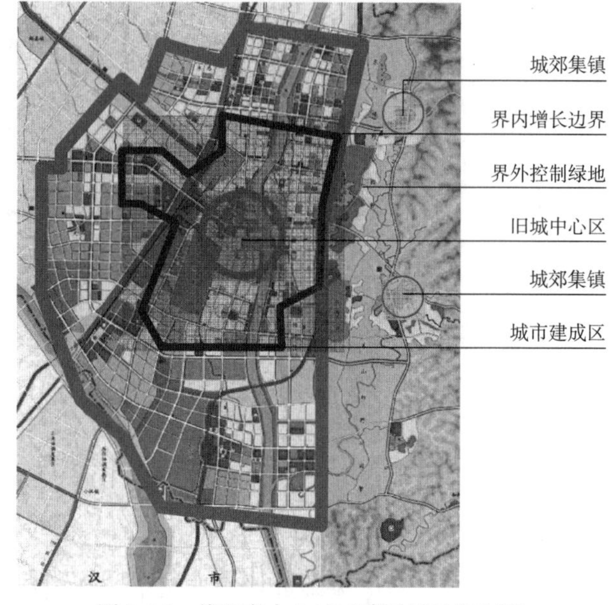

图 5.17　德阳市中心城区建设用地规划图

资料来源：根据德阳市总体规划相关图纸改绘。中国城市规划设计研究院．德阳市城市总体规划［R］．2008。

2. 多中心界外混合开发模式

随着城市的发展，现代许多特大城市向郊区扩展，人口与就业向郊区转移，形成城郊次中心。城郊次中心地带形成的直接原因是产业集聚所致，阿瑟·奥沙利文（Arthur O'Sullivan）认为，许多迁往城郊的企业选址靠近其他企业，几个城郊区位的企业群落导致城郊次中心地带的发展。图 5.18 显示在一个有环形公路（距市中心 4 公里）和两个就业次中心地带的虚拟城市不同区位的地租。地租表面有三个高峰——最高的一个在市中心，另两个稍低的在次中心地带，形成一个集中在外环公路的分水岭。城市空间发展在继续扩散的同时开始在特定地点重新集聚，包括一些新型产业活动中心和交通枢纽节点，从而造就了一种多中心城市布局形态的新原型。

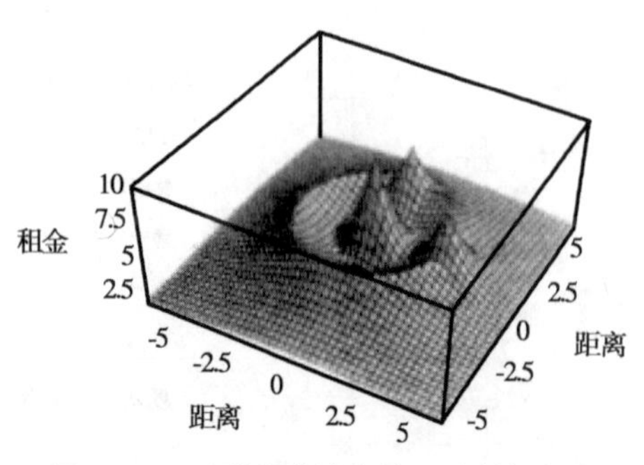

图 5.18　环形公路城市的土地投标租金

资料来源：［美］奥沙利文著．《城市经济学》［M］（第四版）．1998。

多中心界外混合开发模式是应对特大、超大城市的一种分散的集中化紧凑发展模式。在经历了单中心界内高强度开发模式以后，城市空间的对外扩张应以郊区新城的建设为主要模式。城市郊区发展与卫星城建设一般处于中心城市组团边界的外围，对于相对独立的新区开发，需要进行严格的限制，避免遍地开花，而应采取相对集中成片的紧凑开发，有利于集中基础设施建设。从界外新城开发功能上提倡混合模式，不仅要提供居住生活条件，还应提供工作岗位和商业购物设施，减少由于新区与老城之间的密切交流而带来的频繁的交通出行。同时，新城的开发应与城市公共交通、特别是大运量的快速轨道交通的发展相结合，通过交通干线将新城与中心城紧密相连（图 5.19）。对于成都这样的超大城市而言，虽然没有特殊的自然山水相阻隔，但随着城市规模的扩大，走多中心发展的城市空间结构，实现分散的集中化城市空间布局却是应对城市规模迅速膨胀的必然选择（图 5.20）。

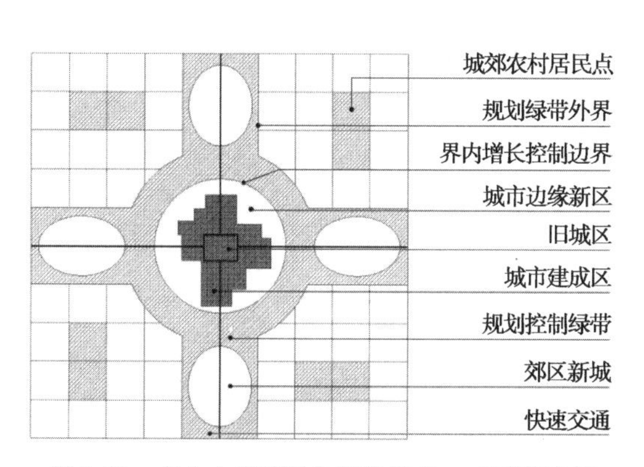

图 5.19　多中心界外混合开发模式一（平原城市）

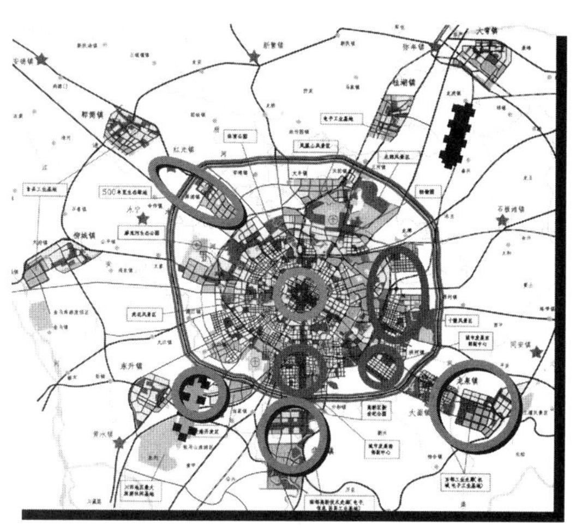

图 5.20　成都市中心城区建设用地规划图

资料来源：根据成都市总体规划相关成果整理改绘。

而对于成渝地区内广泛存在的其他长江水系沿岸的“河谷组团型”城市而言，当城市规模达到一定程度时，必然要实现跨江、跨山的空间拓展，相比平原城市，成渝地区“河谷组团型”城市形成多中心城市结构更多地是受到地形环境的天然约束，它们同样适合于多中心界外混合开发的模式。离开旧城的城市新兴组团要尽可能地进行混合式开发，完善城市新区组团的城市功能，并提倡组团内的高强度开发，组团间通过快速交通干道紧密相连，形成分散的集中化城市布局（图 5.21）。

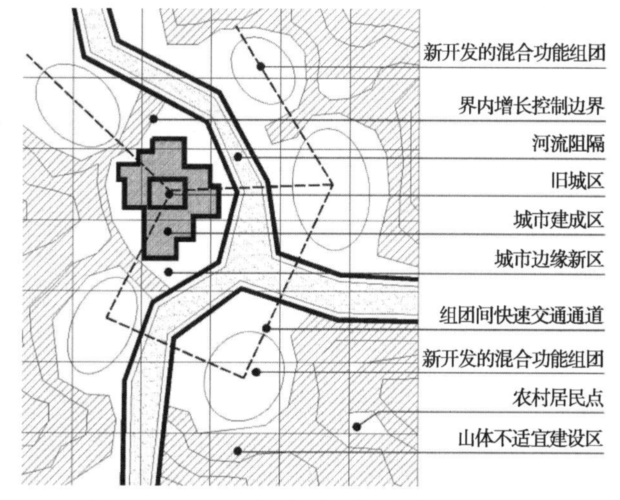

图 5.21　多中心界外混合开发模式二（河谷城市）

综合前文所述，基于空间结构的基本集散关系对成渝城镇密集区内的城市进行考量，可以把这些城市分为小城市、大中城市和特超大城市三个层次，根据其各自所处的地理环境不同，分别适应于不同的基本集散关系状态。若将这三个层次的城市类型分别归入以上两种基本的城镇空间紧凑布局模式，笔者认为：成渝城镇密集区内人口小于20万的中小城市和人口在20万～100万之间成都平原的大中城市多适应于单中心界内高强度开发的紧凑布局模式，如德阳、眉山、峨眉山等；人口在20万～100万之间的川东北、川南、重庆一小时经济圈内的大中城市和人口超过100万的所有特大城市多适应于多中心界外混合开发模式，如成都、重庆、南充、宜宾、绵阳等（表5.7）。

成渝城镇密集区城镇空间紧凑布局模式分类表 **表5.7**

	城市		典型城市用地规划图示	
	平原地区大中城市	小城市（县）	平原地区大中城市	小城市
一、单中心界内高强度开发模式	德阳、永川、眉山、资阳、都江堰、彭州、邛崃、崇州、双流、江油、什邡、金堂、简阳、峨眉山	郫县、大邑、蒲江、新津、中江、罗江、安岳、乐至、荣县、富顺、泸县、威远、隆昌、南溪、筠连、兴文、西充、营山、仪陇、蓬安、达县、宣汉、开江、大竹、渠县、苍溪、剑阁、青川、平昌、万盛、双桥等	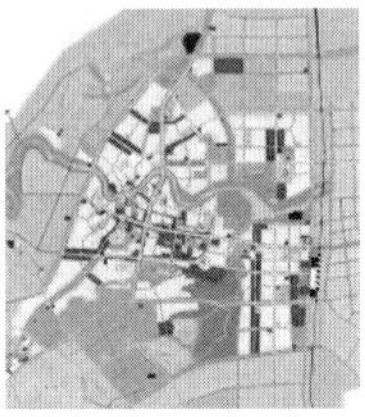 	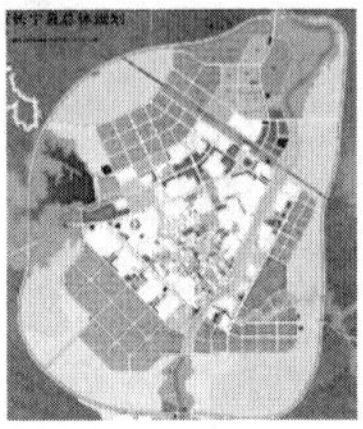 
	水系、山地大中城市	特大城市	水系、山地大中城市	特大城市
二、多中心界外混合开发模式	广元、遂宁、乐山、江津、合川、涪陵、长寿、内江、广安、巴中、雅安、广汉、綦江、铜梁、大足、荣昌、南川、潼南、璧山、绵竹、仁寿	重庆、成都、绵阳、南充、达州、宜宾、自贡、泸州	 	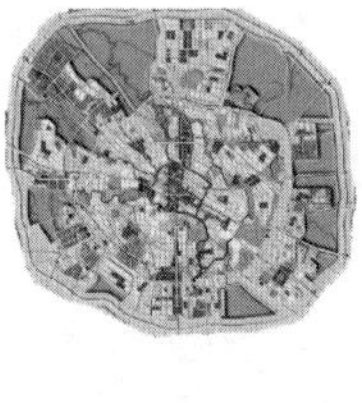 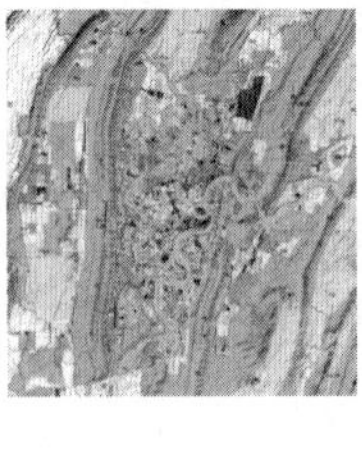

资料来源：根据相关城市总体规划资料整理。

需要说明的是，除了对城镇空间布局模式集散关系的综合协调之外，为了实现成渝城镇密集区城镇空间的有效拓展，对城镇空间密度分布和建设空间利用集散关系的综合调控也是很重要的。如前文所述，成渝地区城镇空间密度分布的对象特征可分为平原城市和山地城市两大类，综合协调成渝地区城镇空间密度的集散关系，首先应当在矛盾突出的特大城市内展开，应当逐步在主要中心城市开展城市密度分区的规划编制及相应的管理工作。而对于成渝地区建设空间集散关系的综合调控，除了建立起高强度开发下集散关系协调建设方式的奖励机制之外，当前，应对工业用地普遍低效利用状况的调控机制也具有紧迫的现实意义。

5.4 成渝城镇空间紧凑拓展综合协调的保障机制

实现城镇空间的紧凑拓展依赖于在城镇空间的布局模式和建设空间的利用方式两个层次上实现空间的适度集中。如前文所述[1]，我国城镇密集区内城镇空间的扩张存在着引导与控制机制失灵的问题，结合城镇空间紧凑拓展综合协调对象的特征和目标要求，有必要对相关机制进行创新，以保障城镇空间适度集中发展的要求。

对于成渝城镇空间的布局模式，在目前城市规划编制与实施体系的背景下，可以针对空间集散综合协调的特定要求在现行规划机制的基础上创新；对于建设空间的利用方式，除了提倡紧凑的设计理念以外，对于大规模的复杂建设活动，建立有效的市场化引导机制应是积极有效的措施。

5.4.1 城镇空间紧凑布局综合协调的规划保障机制

结合成渝城镇空间紧凑布局的要求，目前规划编制与管理的机制创新应体现以下内容：

1. 创新城镇用地规模的决策机制，促进城镇空间规模的总体紧凑

1）建立人均建设用地控制指标决策的法律依据。目前城市规划中对城镇用地规模采用人均建设用地指标的方式进行控制，因此在空间资源紧张的城镇密集区内采用科学的人均建设用地指标体系并将其法制化，对于保持区域内城镇合理的用地规模进而促进其紧凑发展具有重要作用。

我国现行城市用地结构指标自1990年出台以来一直沿用至今，对于城市土地利用的指导作用已趋于减弱。且目前的控制标准仅停留于规章制度的层面，缺乏法律效力，对于城市用地发展仅具有软约束作用。控制指标的执行往往取决于当地经济发展水平，而非规划标准。其中最主要的原因在于激励与约束机制的不相容，致使指标的执行后果与城市的进一步扩张相脱节，严格执行指标不会得到相应的激励，不执行指标也不会得到相应的惩罚。由我国城市建设的现状可知，人均用地控制标准虽在一定程度上起到了衡量城市用地紧凑状况的作用，但并未有效调控城市用地扩张。我国很多大城市用地规模严重不符合控制标准，城市用地依然在持续扩张，其主要原因在于人均用地控制标准缺乏法律法规的保障，从而大大减弱了标准的执行力度。

当然，人均建设用地指标体系法制化要建立在指标体系本身科学实际的基础之上，目前沿用的《城市规划编制办法》中确定的指标体系还需要针对城镇密集区内不同的实际情

[1] 详见本书第2章的2.3——建设空间低效扩张：空间引导与控制机制失灵。

况进行进一步研究细化。如在成渝城镇密集区内，可以按照不同地形将指标控制体系分为三种情况：川西平原、川中丘陵和川东山地。也可按照城市级别的不同分为核心城市、中心城市和小城市，并结合所处地形的不同情况进行分类控制。在针对成渝城镇密集区实际发展和地域空间环境状况对人均建设用地指标体系进行完善和细化的前提下，必须强化控制标准在区域内实施的法定地位，避免控制标准的执行流于形式。

2）建立城市规划与土地利用规划城镇规模的协调机制。城市规划和土地利用规划实质上都是处理以土地利用为核心的空间资源配置问题。从土地利用的角度，可将二者矛盾分解为以下两个层面：一是城市总体规划所划定城市用地总规模超过土地利用总体规划所控制的规模（自然也就存在若干地块性质和用途安排上的差异）；二是城市总体规划所划定的新增建设用地规模在没有突破土地利用规划控制的情况下，“两规”对同一地块性质和用途做出不同安排。

从目前城市建设规划管理的实际情况来看，城市用地规模上的矛盾是“总规”与“土规”的核心矛盾，且由于审批体制和管理体制上的问题，城市用地规模“总规”普遍大于“土规”确定的指标。因此，作为对城镇空间土地利用起决定作用的两大规划，有必要建立起“两规”城镇规模控制的协调机制，通过“两规”背后的规划、国土管理体系的综合协调对城镇空间用地规模进行更有效的控制。

2. 加强建设用地增长边界的管理，促进边界内高强度、混合开发

在美国控制城镇建设用地蔓延、促进城镇集中发展的各种对策中，对城市范围及边界的研究都被置于核心位置。以美国俄勒冈州为例，州政府通过法律要求地方政府在规划中划定城市的增长边界（即UGB）。根据本地区的土地利用现状和经济发展状况，UGB内的土地应满足20年规划期内的城市发展用地要求。地方政府通过土地利用管理和公共资本投资等措施鼓励城市开发在UGB以内进行，并限制UGB以外的开发行为。自从划定UGB以后，俄勒冈州波特兰市城市人口从1975年至今增加了50%，但消费的土地仅增加了2%，有效地控制了低密度的住宅与商业开发项目向周围农业区的扩展。由此可见，加强建设用地增长边界的管理，对于促进区域内城镇的相对集中发展具有积极的作用。

目前国内对于“边界”的法定管理依据来源于城市总体规划确定的建设用地范围边界线和建设用地范围内的绿化开敞空间边界线，依据《城乡规划法》，二者均属于总体规划的强制性内容，具有法定性。但在实际的规划管理过程中，由于城市总体规划编制过程中的深度等原因，“边界”划定的科学性和准确性本身还存在一定的问题，导致在规划管理中对其执行的力度并没有达到其应该具有的法定地位。因此，鉴于城镇建设用地增长边界在促进城镇集中发展方面的重要作用，有必要在机制设计上强化对成渝城镇密集区内各城镇建设用地增长边界的规划和管理，通过更科学细致的工作划定更为准确的城镇增长线，通过更严格的管理程序加强对城镇增长边界的管理。无论是对于成都平原内的单中心界内高强度开发模式还是河谷组团型多中心界外混合开发模式的城市而言，加强增长边界的管理，促进界内的高强度、混合开发，无疑对于促进城镇空间的紧凑拓展均是一种必要和有效的基本规划手段。

3. 将密度分区规划纳入成渝中心城市的法定规划体系，促进城镇密度空间集散关系的协调

成渝城镇密集区内的中心城市[1]空间资源紧张，各种由于城镇空间过度集中造成的城市问题与矛盾十分突出，城镇空间的用地布局和空间密度结构相对其他城市也复杂得多。因此，加强成渝城镇密集区内中心城市用地结构和空间密度结构的研究与管理，对于缓解中心城市内空间资源稀缺与经济社会发展要求之间的矛盾十分重要，也是促进中心城市空间紧凑发展的举措。

从目前城市规划的法定体系而言，对于以用地布局为核心的规划已经形成了从宏观到中观、微观相对完整的体系，能够基本做到总体规划、分区规划、控制性详细规划层层落实。但如第二章相关内容所述，对于城市竖向空间密度的规划和管理还存在宏观缺位的问题。对中小城市而言，城市空间密度分布涉及的问题相对简单，密度分布集散失调所引发的问题还不突出，但对于中心城市而言，在城市总体规模确定的情况下，合理的城市空间密度分区规划对于缓解各类城市问题、促进城市竖向空间内形成疏密有致的空间集散关系十分重要。

正是基于对特大城市空间密度集散关系控制管理重要性所形成的共识，国内多个城市已经开始开展关于密度分区规划的研究探索工作。对于成渝城镇密集区而言，其中心城市所面临各类由于空间密度集散关系失调而引发的问题日益突出，在城市规划中加强对于城市竖向空间的规划管理已成为必然趋势。因此，有必要在现行城市规划编制体系的基础上，通过将密度分区规划纳入城镇密集区中心城市的法定规划编制体系，强化对中心城市内密度空间的宏观管理，形成促进中心城市空间密度集散关系综合协调的长效机制。

5.4.2 建设空间紧凑利用综合协调的导控机制

微观层面建设空间的开发利用涉及的实施主体众多、类型复杂。因此，除了提倡紧凑的设计与建设理念以外，市场化的引导、长效化的管控机制对于引导众多的建设项目走集散协调的紧凑发展之路十分关键。针对成渝城镇密集区生活性空间过度集中与生产性空间过度分散的两种基本倾向，可以通过相应的机制设计来进行应对：

1. 容积率奖励机制：引导高强度空间高层低密度的空间集散关系

源于土地资源的稀缺和对开发用地经济效益的追求，城镇密集区内特别是中心城市的生活性空间不可避免地倾向于较高的开发强度，这符合城镇集约发展的要求。在此前提之下，除了宏观层面通过政府规划管理的方式对城镇空间的密度分布进行调控之外，在微观建设层面可以通过容积率奖励等市场化引导措施，鼓励高强度地块开发模式下的建设业主为城市提供更多公共空间，改善成渝城镇高密度建设下的建设空间集散关系。

许多私有制国家在土地开发管理规定中，都提到了容积率奖励或类似的管理办法，其操作方式和在建设开放空间、改善城市环境上的成效，都很值得成渝城镇密集区内空间资源紧张、城市环境问题突出的各个中心城市借鉴。如美国在新区划法中提到的容积率奖励，是用于奖励高密度地区的开发商为城市提供额外公共空间，并按规定增加一定楼板面积的做法。在曼哈顿密度最高的街区，开发商在临人行道一侧每提供一个单位的开放空间，可在高度上增加 10 个单位的建筑面积，曼哈顿几乎每个大型新建筑都充分利用这一优惠政策，在其实

---

[1] 城镇密集区城镇体系中的中心城市是一个相对概念，其特指区域内城市规模突出、经济辐射能力强、空间集聚和扩散能力大、空间结构复杂、空间功能多样化的区域性中心，随着城镇密集区规模的扩大和结构的升级，某些区域性中心城市可能升级为跨区域性城市甚至全球性城市。

行后至1973年的十多年时间里，仅寸土寸金的曼哈顿中心区就有约4.45公顷（约44500平方米）的公共步行广场由私人提供❶。目前国内许多特大城市也在探索高密度开发下的容积率奖励措施，以此来改善高密度开发下的城市空间环境品质。如北京、上海、南京等地均采取了容积率奖励及开发权转让这一政策，并制定了相应的奖励前提与标准。成都市中心城旧区在满足管理部门对开放空间技术规定的基础上，给予建筑面积奖励，见表5.8。虽然各地对“在什么条件下、什么范围内，给予何种程度奖励”等问题还缺乏有针对性的研究，但随着对国外成功经验的深入学习和国内各城市应用经验的积累，各地根据自身城市建设需求对该政策应用范围、应用方法的制定将逐步健全完善。

成都市容积率奖励标准规定 **表5.8**

核定建筑容积率FAR	奖励的建筑面积/平方米
FAR<2	1.0
4>FAR≥2	1.5
6>FAR≥4	2.0
FAR≥6	2.5

资料来源：成都市城市规划管理局．成都市城市规划管理技术规定［Z］.2008。

成渝城镇密集区特别是中心城市内为了缓解高强度开发下的城市空间环境问题，除了加强空间规划管理，运用市场化的机制加以引导十分重要，应当加强关于容积率奖励等相关引导措施的研究工作，以便形成长效机制，引导高强度开发下的城市建设空间向集散关系综合协调的模式发展。

2.改革工业用地供地机制：引导生产性建设空间的土地集约利用

城镇密集区是国家产业经济集中发展的区域，各类工业用地在城镇建设用地中的比例十分突出。如前文所述，在目前城镇密集区内各地方政府招商引资、投资冲动的大背景下，由于尚未建立起成熟、系统的约束与激励机制来引导工业用地的集约使用，使城镇密集区内的工业用地普遍利用效率偏低。因此，除了前文所述的工业用地紧凑开发的组织策略以外，工业用地的供应政策和机制设计对于引导和控制工业用地空间的集中拓展具有决定性意义。

1）门槛管制与奖励政策的手段并重。提高工业用地开发强度的方法可以从两个方面入手，一方面通过各类管理措施规范工业用地的使用强度和投资强度，给工业用地的开发设置门槛，另一方面还可以通过一些奖励手段鼓励企业提高土地开发强度及投资强度。目前国家制定了很多相应的措施去促使工业用地的集约化开发，但目前这些手段多是从设置门槛的角度使企业被动地提高空间的开发强度。与居住等经营性用地不同，对于工业用地使用强度的提高，可以采取一定的奖励政策来引导企业加大对土地的开发强度。

如成都市政府为鼓励工业项目节约集约用地、增资不增地，出台政策规定在原有规模基础上提高容积率进行扩建，增加部分的建设面积不征收相关税费。容积率高于3.0以上部分（符合规划）免收地价，通过这些措施推动工业区产业转型升级。

2）改革供地方式。改革供地方式是从土地管理的角度针对工业用地低效使用问题提

❶［美］克莱尔·库珀·马库斯，卡罗琳·弗朗西斯．《人性场所：城市开放空间设计导则》［M］．中国建筑工业出版社，2001。

出的近远期相结合政策措施。通过政府主导规划建设标准厂房，发展工业厂房租赁业务，为小企业发展初期提供过渡性的生产场地，相比于直接出让土地，一方面有利于土地开发强度和利用效率的提高，另一方面也有利于园区的产业升级和可持续发展。

泸州市在其酒类工业集中区建设过程中，探索改革供地方式，提出了土地与房屋产权分离的模式。即由政府提供土地，企业按照政府规划统一建设标准化厂房，办理临时房屋产权并签订协议：每五年进行一次效益评估，对于没有达到评估标准的企业，政府对厂房按建设成本及相应的利息估算，进行房屋产权回购，租给新引进的企业（图 5.22）。这种方式在一定程度上解决了招商企业前期投入资金大和企业进入后低效利用土地甚至囤积土地的双重困难，促进了工业用地的适度集中。

图 5.22　泸州酒类工业集中区房、地分离供地模式下政府统一规划建设的传统风貌厂房

城镇密集区内随着经济增长方式的转型，产业结构的调整和升级相对于目前的土地出让年限来讲速度非常快。适当考虑缩短工业用地出让的年限有利于工业园区协调远近期发展之间的矛盾，保障工业园区能够随着时间的推移总有适当的土地资源去吸引合适的产业项目落户发展。成都市高新技术开发区也正在考虑关于改革土地出让年限的研究。他们认为，一项高新技术产业能够维持所谓的“高新”，一般在 10 年左右，过了这个阶段，“高新”的优势就不存在了。而土地出让年限往往是 30 年甚至更长。高新技术一旦过时，土地供应的政策倾斜就应该改变，否则就会浪费。因此，土地出让年限应该有一定的弹性，这对集约利用土地资源非常重要。

此外，对于已建工业园区低效利用的状况，充分利用级差地租理论，以空间换资金，实施“腾笼换鸟”的战略，促进其通过改造的方式提高空间的集中利用水平，在目前成渝部分工业化已经较为发达的地区正在积极实施。如成都市东郊工业区实施的“腾笼换鸟”战略：近 40 平方公里的东郊工业园区是计划经济时代的老工业区，城市功能单一，土地利用低下，为促进低效的工业企业搬迁，成都市土地储备中心利用政府信誉向银行融资，根据企业土地性质按评估价格的 65%～70%为基价，与企业签订土地收购合同，并按照企业搬迁进度付款给企业用于新厂建设，待企业新厂建好完成搬迁后，将土地包装整理交由市土地拍卖中心拍卖，拍卖收入扣除有关成本全额返还企业，用于支持企业搬迁。这一成功模式使得东郊老工业区调整比预计的时间提前了 5 年完成❶。

---

❶ 资料来源：四川省国土资源厅．加快我省新型城镇化对策研究——四川新型城镇化进程中土地资源集约节约利用研究［R］．2010。

第6章　空间拓展与生态保护：多层次生态化空间发展战略

生态安全是城镇密集区空间集约发展的重要原则，生态空间的有效保护是体现空间集约发展生态维度的重要目标。在我国城镇密集区快速城镇化与工业化的特定发展阶段，城镇空间的快速扩张是特定阶段的必然现象。在这一过程中，如何协调好城镇空间拓展与区域生态环境保护之间的关系，使空间的拓展符合区域自然生态环境的客观规律，营造和谐的"人地关系"，是在城镇空间拓展的过程中实现生态空间有效保护的重要因素。

成渝城镇密集区地处长江上游，肩负建设长江上游生态屏障的重要职能，其生态环境的保护具有重要的国家战略意义。因此，协调好区域经济、社会发展与生态环境保护之间的关系，避免由于空间拓展无序造成的生态环境问题，这对于成渝城镇密集区而言具有重大意义。

6.1　"人地关系"：生态空间有效保护综合协调的核心关系

人地关系（man-land relationship），狭义而言是指人口与耕地的关系。广义而言，人地关系并非仅指人口与土地的关系，而是指人类社会和人类活动与自然环境的相互关系[1]。从城镇密集区空间拓展的角度来解读"人地关系"，可以理解为区域内人工空间的拓展与其赖以生存的自然生态环境之间的关系。在城镇密集区空间拓展的过程中，不断向外扩张的人工空间与作为人工空间扩张载体的自然生态环境间的"人地关系"，是在实施生态空间有效保护目标过程中需要协调的核心关系，可以作为城镇密集区生态空间有效保护综合协调的基本参量。

6.1.1　"人地关系"的生态学内涵

自美国芝加哥学派创始人帕克把生态学引入城市研究之后，人类聚居方式的生态学研究迅速兴旺起来。人们意识到，城市并不是一个完整的生态系统，人居环境的研究必须把城市与其赖以生存的生态环境看成一个整体，强调研究城市空间必须把人类社会、经济系统赖以生存的自然生态系统包括进来。吴良镛先生指出，只有人工构成部分（Architecture of man）和自然构成部分（Architecture of nature）两者综合在一起，包括城市的人工构成部分和自然构成部分，才形成人类的居住环境。

生态学对正确理解城镇空间拓展的内涵提供了思路和方法论。Ecology（生态学）来自希腊语的"oikos"与"logos"，前者意为 house 或 household（居住地、隐蔽所、家庭），后者意为学科研究。可见生态学原意是关于生物住所与生存环境的学科，表明了生态学从一诞生，直至演变至如今的人类生态学，都十分强调有机体（包括城镇空间）与其

---

[1] 朱国宏．《人地关系论——中国人口与土地关系问题的系统研究》[M]．上海：复旦大学出版社，1996。

环境之间相互关系的研究。虽然人类是生命系统中最重要的部分，具有不同于一般生物的社会属性，但在研究城镇空间这一人类聚居环境的时候，不能忘却自然生态环境在人类人工系统中的重要作用。《马丘比丘宪章》在强调“人与人相互作用与交往是城市存在的基本依据”的同时，提出“同样重要的目标是争取获得生活的基本质量以及与自然环境的协调”。这一思想与当今人类生态学主要思想不谋而合，并被自觉或不自觉地贯穿在城镇空间研究中。

由此可见，在城镇人居环境的研究中，将人工空间与其赖以生存的自然生态系统作为一个整体进行研究，城镇空间的发展充分尊重整个区域生态环境空间系统分布的自然生态规律，保持人与自然的和谐共处状态，是“人地关系”生态学内涵的基本思想。

6.1.2 协调“人地关系”的相关规划理论与实践

为了协调城镇空间发展与其赖以生存的自然生态环境的关系，有学者将生态学的思想运用于空间规划中进行了大量的理论与实践研究，对其进行总结梳理有助于认知空间规划过程中“人地关系”协调的理想状态，并以此作为在生态空间有效保护综合协调过程中对各调控对象进行调控的基础。

1. 国外城市规划的生态学思想及实践

20 世纪初，生态学作为一门年轻的基础学科，开始呈现与城市规划、风景园林等学科的全方位融合趋势，以格迪斯（Geddes），E. 帕克（Park）和 L. 沃思（Wirth）等人为首的学者利用生态学原理在城乡建设中的应用研究奠定了生态规划的基础。

如格迪斯的《城市开发》（1904 年）和《进化中的城市》（1915 年）两本专著，将生态学的原理和方法运用到城市中，作为生物学家的格迪斯也被称为传统区域规划与城市规划的先驱思想家之一。规划专家麦凯耶（Maekaye）和芒福德（Mumford）等人强烈建议将区域规划与生态学联系起来，认为“人类生态学关心的是人类与其环境的关系，区域是环境单元。规划是描绘影响人类福祉的活动，其目的是将人类与区域的优化关系付诸实践。因此，区域规划就是生态学，尤其是人类生态学”。

20 世纪 60 年代后，国际社会对工业化所引起的生态危机给予广泛的关注，以《增长的极限》、《寂静的春天》等著作为代表，国际上掀起了基于生态基础上的人类理想栖息环境研究的热潮，生态学与规划学科融合趋势加快。1969 年麦克哈格（McHarg）的《设计结合自然》（*Design with Nature*）就是这方面的力作，它成功地建立了一个城市与区域规划的生态学研究框架，其因子叠合的生态规划方法被称为麦克哈格法，并得到广泛的应用；1982 年由麦克哈格夫人代为发表的《自然的设计》（Nature's Design）进一步阐述了麦克哈格的生态规划思想，探讨了在城市生态平衡基础上如何建立自然与人和谐关系的方法。90 年代左右，城市规划和生态规划得到进一步的融合，在理论和实践方面都有诸多新的成果。MAB 报告（1988）年提出生态城规划的 5 项原则：1）生态保护策略；2）生态基础设施；3）居民生活标准；4）文化历史保护；5）将自然融入城市。1991 年 C. B. 契斯佳科娃总结了俄罗斯城市规划部门对改善城市生态环境所做的工作，提出城市生态环境鉴定的方法原理及保护战略，并用于指导城市的规划和建设管理。同年，J. 史密斯（Smyth）在美国加州文图拉县（Ventura Country）制定可持续发展规划时，提出“可持续性规划的生态规划六项原则”。1993 年英国城乡规划协会中的可持续发展研究组发表

《Planning For A Sustainable Enviroment》，提出将自然资源、能源、污染和废弃物等环境要素管理纳入各层次的空间发展规划。

2. 国内城市规划的生态学思想及实践

中华民族至今仍保留了独立文化系统和古老文化传统，与自然和谐的生态思想和“天人合一”、“象天法地”的系统整体辨识方法形成了特有的中国传统文化的思想精髓，也形成指导中国古代城乡建设的思想基础和技术方法。早在战国时代，魏国的李悝、秦国的商鞅等进行了将山林、草地、农垦地、城邑、低地、水域作为一个整体进行综合规划的实践，对城镇空间整体的生态建设的思想散见在《禹贡》、《周礼》、《管子》等名著之中，较多地反映了因地制宜利用土地、资源承载力协调进行城市布局，趋利避害聚落选址等人居环境建设思想。

近年我国城市规划和生态规划之间关系的研究已经逐步展开，从生态学入手的研究成果有：1983 年至 1985 年北京环保所进行的“应用可能满意度评价；东城分区的城市生态现状和规划研究”；1984 年马世骏、王如松发表了《城市生态规划初步探讨》论文；1986 江西省宜春市进行了我国首个生态市建设试点。1988 年王如松在其博士论文《高效和谐——城市生态调控原则和方法》中提出创建生态城的生态调控原理，强调生态规划应是实现生态系统的生态平衡，调控人与环境关系的一种生态规划方法。与之相关的研究还有《城市生态经济研究方法及实例》（周纪伦等，1990）、《城市生态调控的决策支持系统》（杨邦杰等，1992）、《城市生态调控方法》（王如松等，2000）、《生态与环境》（王祥荣，2000）、《生态城市建设的原理和途径》（吴人坚等，2000）等。

从城市规划角度入手的研究有中国国家星火计划项目《四川万源官渡山区集镇综合示范试点规划》（黄光宇 1985）中应用生态学的原理和方法在规划建设贫困山区集镇方面的探索，《乐山绿心环境生态城市结合新模式规划研究》（黄光宇，1987 年）探索了绿心生态城市模式及相应物质规划方法。类似的研究还有《山地城市生态特点及自然生态规划初探》（黄耀志、黄光宇，1993 年）、《城市生态规划研究——承德城市生态规划》（薛兆瑞，1993 年）、《城镇生态空间理论》（张宇星，1998 年）、《生态城市及其规划建设研究》（陈勇，2000 年）等。《广州番禺区生态廊道控制规划》（黄光宇、邢忠 2003）、《成都非建设用地规划》（黄光宇、邢忠 2004）等，这些以城市生态用地为对象的生态规划研究将生态规划成果推向了规划管理的具体实施过程中。

6.1.3 人地和谐：生态空间有效保护综合协调的目标状态

从促进城镇密集区空间集约发展的角度出发，对生态空间有效保护的综合协调仍然要落脚到对人工空间发展过程的引导与控制上。

总结梳理前文中“人地关系”的内涵研究及国内外关于城市规划生态学思想的理论与实践经验，可以认为，生态空间有效保护综合协调的基本出发点就是如何使区域人工空间的拓展对自然环境的生态规律保持适应性：在城镇空间的拓展过程中应当适应自然生态环境运行的生态规律，空间的拓展要充分尊重区域生态空间的基本格局及其背后的生态学内涵，并将其作为空间拓展的前置条件。如前文中格迪斯、麦凯耶和芒福德等人的观点所示，在城镇人居环境的研究中，应将人工空间与其赖以生存的自然生态系统作为一个整体进行研究，区域规划应当与生态空间和生态学联系起来，城镇只是区域环境中的一个被植入的人工单元。又如麦克哈格在《自然的设计》中指出，城镇空间的拓展应尊重区域生态系统的平衡关系，将新建的人工空间系统融入区域生态空间系统的运行秩序中，努力维系一个由人工空间、生态空间共同构成的高效运行的空间系统。

从空间集约发展的角度可以将生态空间有效保护综合协调具体为以下目标状态：①人工空间的拓展不突破区域自然生态环境的阈值，保证区域生态安全。②人工空间的拓展要与区域自然生态系统发展的生态规律相契合，拓展同样规模的人工空间应尽量降低对区域生态空间的影响程度。

综合协调的组织过程中，他组织要遵循自组织的客观规律，这是综合协调论中协调主客观性统一的基本原则。在"人地关系"协调的过程中，生态环境的自组织规律具有客观性，调控主体对人工空间进行的主观他组织过程中，也应当体现主观服从客观的原则，对人工空间拓展方式的调控只有遵循生态环境系统的客观生态规律，才能使生态空间有效保护的综合协调过程更为高效。

6.2 成渝生态空间有效保护综合协调的对象分析

对复杂空间系统的综合协调具有多层次性，结合城镇密集区人地空间系统的特征，可以将生态空间有效保护综合协调的对象解析为宏观、中观和微观三个层次。其中宏观层次调控区域城镇空间与区域自然生态背景之间的关系，中观层面调控城镇空间内部建设空间与非建设空间的关系，微观层面调控建设空间生态化的建造方式。

本节以成渝城镇密集区内典型"人地关系"为例，对生态空间有效保护综合协调受控对象的特征进行分析，作为下一节综合协调组织策略研究的基础。

6.2.1 宏观层面：区域城镇空间与生态空间的"人地关系"

1. 区域城镇空间与生态空间"人地关系"的内涵解析

区域生态空间对于城镇密集区不是一种纯学理上的或者象征意义的生态支撑作用，而是有其具体的、实实在在的表现内容：生态空间中的森林、河流、湖泊等蕴藏着丰富的地表水和地下水，为城镇空间提供饮用水源，是城镇密集区的"血液系统"；生态空间中的农田、菜地、鱼塘、果园、经济林地等，具有较高的初级生产力（生物量产出能力），为城市提供了粮食、蔬菜、瓜果及副食品等，是城镇密集区人类生存必需的"粮仓"和"菜篮子"；自然空间中大量的绿色植被是氧气的生产者，是城镇密集区的"氧气库"，对城镇密集区的氧气平衡起着重要的调节作用。

区域城镇空间与生态空间存在复杂多样的联系，从生态空间有效保护综合协调的目标状态出发，宏观层面人地关系综合协调可概括为两个方面：

1）区域空间"人地比例"。城镇密集区是人类社会发展到先进阶段的产物，它作为自然—经济—社会的复合生态系统，具有一定的生态环境容量，城镇空间的发展必须满足区域生态环境容量的要求。城镇空间规模的拓展突破了区域生态环境的容量，就会危及区域生态系统的平衡，使宏观层面的"人地关系"陷入失调的危险境地。

2）区域空间"人地布局"。区域生态空间是一个存在复杂生态联系的空间系统，城镇空间的拓展方式如果不符合区域自然环境内在生态规律，将对区域的原生自然生态环境产生更大程度的破坏作用，区域空间拓展的生态效率将大大降低。

2. 成渝城镇密集区的宏观“人地关系”特征

区域城镇空间的分布模式与区域自然地理环境有着密切的关系，分析成渝城镇密集区宏观层面“人地关系”需要从认识其发源、发展的宏观空间环境入手。成渝城镇密集区的宏观空间环境具有两个显著特征，一是区域地理环境较为复杂，平原、丘陵、山地等地形环境共同分布其中；二是区域流域特征明显，主要城市与区域水系之间存在着紧密的共生关系；三是成渝地区宏观生态区位独特，生态环境的保护具有国家战略意义。

1）成渝城镇空间分布结合地理环境阻隔呈分散的组团式分布。成渝城镇密集区介于我国自西向东三个台阶的一、二台阶的过渡地带，大致上是四川盆地的范围，土地面积19.17万平方公里，其中平原约1.9万平方公里，约占土地面积的10.1%，丘陵约10.3万平方公里，约占53.8%，山地约7.1万平方公里，约占36.81%，平原面积较少，丘陵是主要的地貌形态，区内自西向东分别为川西平原、川中丘陵、川东平行岭谷地区，地势起伏逐渐加大（图6.1）。从地貌类型来看，成渝城镇密集区具有一定比例的冲积平原和缓丘平原，但其总体上仍以丘陵、山地地形环境为主，浅丘、低山的地貌类型有较大的分布比例（图6.2）。成渝城镇密集区在西部地区相对地势平缓，降水丰沛，温度适中，是我国西部最适宜人居的地区之一。

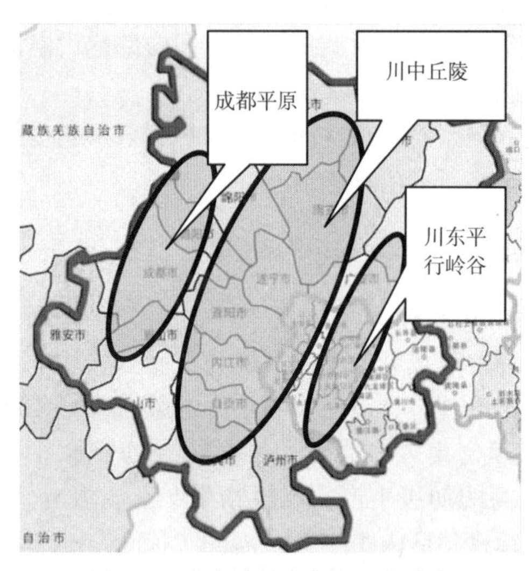

图6.1　成渝城镇密集区地势分布

图6.2　成渝地区地形地貌

成渝城镇密集区面积广大，地形相对国内其他主要城镇密集区而言具有复杂性和多样性的特征，而在区域城镇的分布上则表现为较强的组团性特征，具体表现为两个方面：一是城镇的发展布局受到地形条件的阻隔限制，很多城镇发展空间分布上相距较远，彼此相对独立，空间布局上呈现出较为分散的组团型格局。二是四大组团的分布与区域地形地貌特征有着紧密的联系。成都组团以川西平原地貌范围为主要分布区域，重庆组团则布局于川东平行岭谷地貌地区范围内，川南与川东北组团则主要分布于川中丘陵地貌区域范围。

2）区域城镇空间分布与长江流域水系联系紧密。就成渝城镇密集区的空间环境而言，除了与四川盆地的地理背景之外，另一显著的特征在于其流域特征，即成渝城镇密集区的城镇空间发展与长江上游流域水系具有十分密切的关系。

成渝城镇密集区地处长江上游，是长江流域最重要的城镇密集区之一。在成渝城镇密集区范围内，长江干流自西南向东横穿而过，长江上游的重要支流岷江、沱江、嘉陵江分布在长江以北，乌江则分布在长江以南，长江支流水系分布呈现不对称的向心状。岷江、沱江、嘉陵江、乌江最终均汇入长江。以长江为主干，集合各个支流，就形成了网罗川渝地区的水系网络和交通网络。长江沿岸城镇十分发达，主要包括宜宾、南溪、江安、纳溪、泸州、合江、江津、重庆、长寿、涪陵、丰都等。从成渝城镇密集区的城镇空间布局而言，绝大多数城镇都是沿长江干支流水系结合布置（图 6.3），城镇的水流特征非常突出。

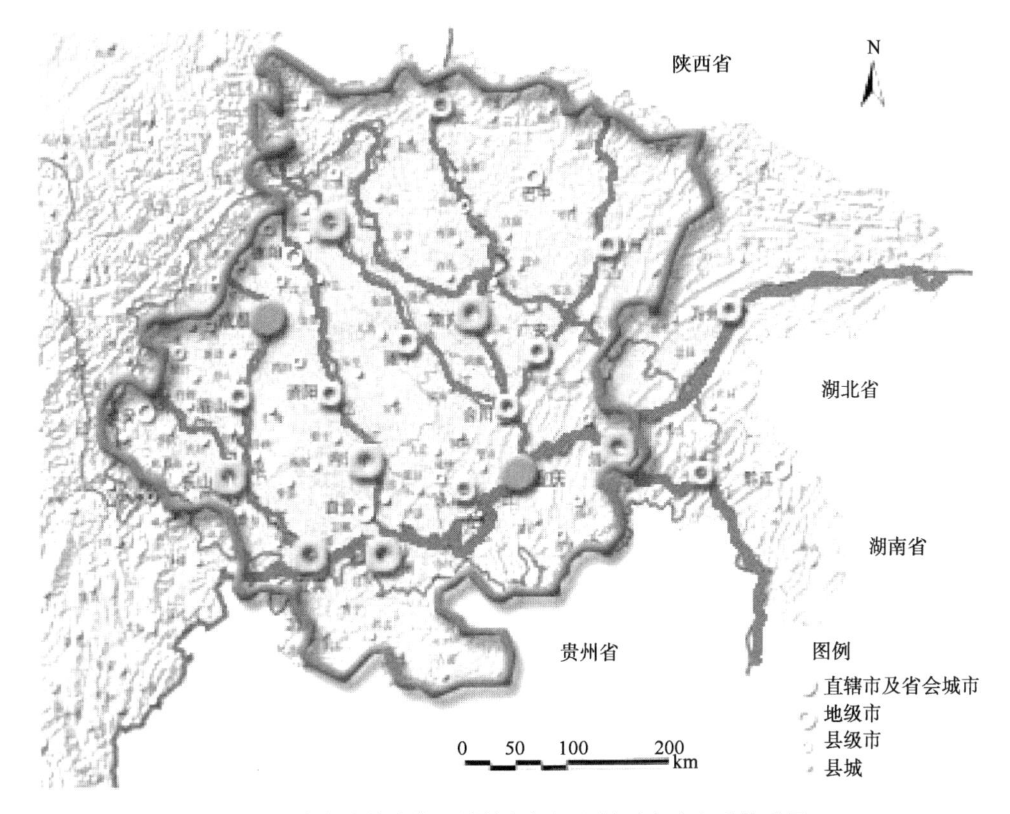

图 6.3　成渝城镇密集区城镇与长江上游干支流水系关系图

由于成渝城镇密集区的城镇空间布局与长江流域具有十分密切的关系，一方面，通过长江上游干支流水系的“自然联系”，将成渝城镇密集区的诸多城镇整合为一个统一的整体；另一方面，长江上游的干支流水系为成渝城镇密集区的城镇交通运输、贸易往来以及工业发展等创造了良好的基础条件。川渝地区河流纵横，相对发达的水运成为川渝地区城镇发展的大动脉，并有力地推动了成渝城镇密集区的形成与发展。

3）成渝城镇空间发展需要适应建设长江上游生态屏障的宏观战略要求。成渝城镇密集区不同于长三角、京津冀等城镇密集区的最大特点是，它具有独特的生态区位，是长江上游生态屏障的重要组成部分。由于该区域的生态环境状况、生态环境质量直接关系到三峡库区生态以及长江中下游地区能否可持续发展，因而其生态环境的保护和建设至关重要。

成渝地区地貌类型多样，降水丰沛，温度适宜，形成了森林、草地、河流、湖泊、湿地等丰富多样的自然生态系统，该区域森林资源和生物多样性丰富，在全国具有重要地位。川渝地区是我国三大林区之一，是我国森林资源的集中分布区。植被类型丰富，动植物特有种和珍稀种分布集中，是世界25个生物多样性热点地区之一。成渝地区独特的生态战略区位在于它位于长江上游，岷江、沱江、涪江、嘉陵江等众多支流在该地区汇入长江，成为长江上游重要的水源涵养区和生态屏障，其生态环境状况不仅关系到自身的长远发展，也关系到三峡库区及长江中下游地区经济社会发展和环境安全，具体来讲可以体现为三个方面：一是成渝地区的水土保持关系到三峡库区和三峡、葛洲坝水电工程的安全，如果处于上游的成渝地区大量的水土流失进入长江水系，对下游的防洪、水利等工程将造成无法挽回的影响。而历史上成渝地区恰恰是我国水土流失最严重的地区之一❶，生态环境保护的压力巨大。二是长江水系沿岸城市的水环境污染防治关系到整个长江流域的水环境质量，并对区域水系内的生态环境造成巨大影响。如成渝地区水系是许多长江珍稀鱼类回游繁殖的重要区域，越来越严重的水污染问题已对区域的生物多样性造成了巨大的影响。三是作为我国长江上游重要的水土涵养区，成渝地区生态环境的保护对于调节区域气候、保证长江水系流量稳定具有重要意义，并由此对长江中下游城市的经济社会发展和环境安全产生重大影响。鉴于成渝地区宏观地理空间环境的生态战略意义，对成渝城镇密集区内的城镇空间发展就要提出更严格的生态保护要求，在区域城市化、城市重大基础设施建设、资源有效利用等方面强化对区域生态空间保护的思想，对不利于流域内环境保护的发展模式和建设方式要进行控制。

6.2.2 中观层面：城镇建设空间与非建设空间的“人地关系”

1. 城镇建设空间与非建设空间“人地关系”的内涵解析

城镇空间的拓展依托于特定的自然生态环境，并随着人类经济、社会活动的发展过程逐渐与自然生态环境融为一体，成为建设空间与非建设空间相耦合的空间状态。其中建设空间指以人工无机建材覆盖为主的空间，包括建筑群、道路等及其附属空间，在土地使用类型上主要指城市用地分类标准中的前八类用地，非建设空间指城市用地分类标准中的绿地（G类）、其他用地（E类）及城镇外围的各类生态绿地、农田等（图6.4）。

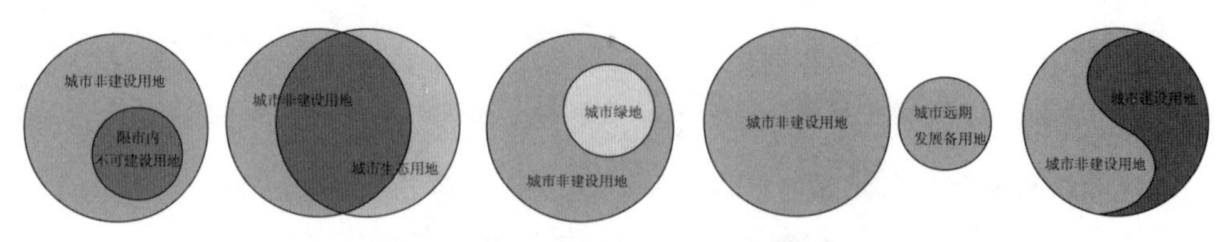

图6.4 城市非建设空间相关概念解析

资料来源：高芙蓉．城市非建设用地规划的景观生态学方法初探——以成都市城市非建设用地为例［D］．重庆大学硕士论文，2006。

建设空间主要承担社会、经济活动等城镇功能，而非建设性空间以其自身具有的生态功能给予城镇生态支撑，维持城镇正常功能的运转。它就如同连接城市建设空间实体的气脉，携带着各种“生态功能”，将清洁的用水、新鲜的空气输送给各城镇建设单元，消纳

❶ 详见本书第2章的2.4——生态环境问题突出：经济导向下的区域空间发展模式。

建设空间产出的废弃物，同时调节城镇气候、提供休闲场所。城镇建设空间单元如同细胞一样游离于非建设性空间（自然网络）构成的细胞液中，不断从中吸纳着维持生命活力的养分。

城镇空间内的建设空间与非建设空间是一个互为图底关系的整体，二者的相互关系决定了城镇空间的基本结构。从生态空间有效保护综合协调的角度来看，城镇建设空间与非建设空间相互耦合构成的城镇空间结构应当符合区域生态环境的客观生态规律，即他组织的城镇空间结构过程中要尊重区域生态环境的自组织规律，实现在中观城镇空间层面上生态空间有效拓展综合协调的主客观性的对立统一。

2. 成渝城镇建设空间与非建设空间“人地关系”的典型特征

与成渝地区孕育城镇的地形地貌特征相对应，成渝各城镇内特征明显的非建设空间环境孕育了成渝城镇密集区内平原城市、山地城市和水系城市几种典型城镇“人地关系”的空间结构类型（图 6.5）。从非建设空间的布局形态上来看，成渝地区城镇“人地关系”可

平原城市（成都）：非建设空间呈散点式布局于城镇空间之内

水系城市（绵阳）：非建设空间沿水系呈线性贯穿于城镇空间内

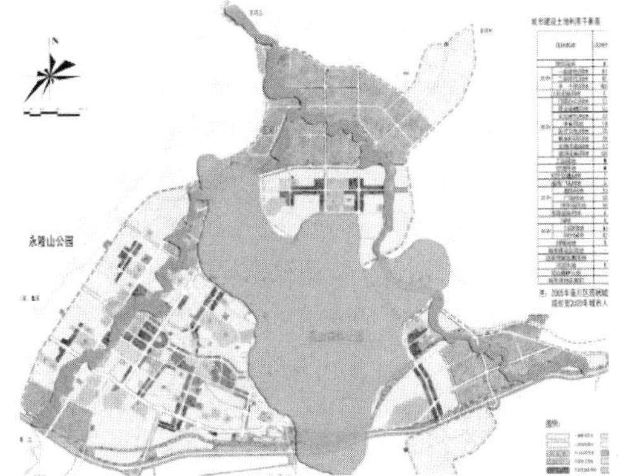

山地城市（南川）：非建设空间结合山体呈聚集式布局，形成城镇空间内的“绿核”

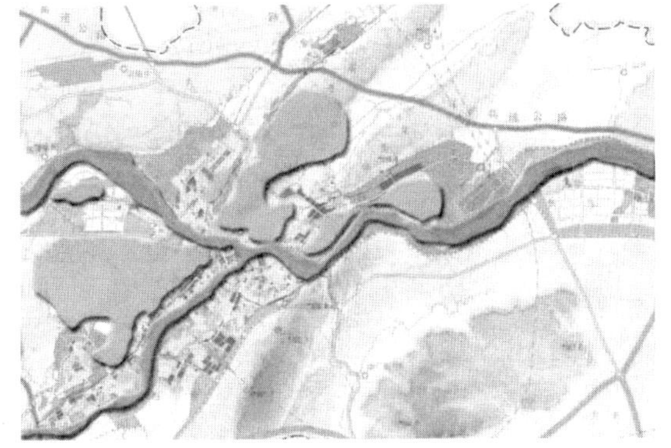

水系、山体城市（宜宾）：由自然山体和水系共同构成城镇空间的非建设空间构架

图 6.5　成渝城镇空间“人地关系”的几种典型形式

资料来源：根据相关城市总体规划资料整理。

概括为以下几个类型：1）平原城市非建设空间散点式布局的“人地关系”格局。平原城市内由于没有显著地形地貌的限制，非建设空间在城镇空间内的布局一般相对分散，呈散点状布局于城镇空间内。如成都市，城市外环以内都市区非建设空间即呈现散点状布局。2）水系城市非建设空间线性分布的“人地关系”格局。沿水系特别是大江、大河布局的城市，江、河作为最重要的地理阻隔要素，使得这类城镇空间内的核心非建设空间格局往往沿水系呈线性分布。成都平原周边的水系城市往往呈现该类特征，如绵阳市。3）山地城市非建设空间集中分布的“人地关系”格局。山地城市内城镇建设受复杂地形影响较大，非建设空间的布局形态也往往结合城镇空间内的主要山体呈相对聚集式布局，往往成为城镇空间内的“绿核”。重庆周边不临主要水系的区县往往呈现出该类特征，如重庆南川区。4）水系、山地城市城镇空间“人地关系”。成渝城镇密集区内成都平原以外的川东北、川南和重庆一小时都市圈内的主要大城市往往同时受到山地、水系的共同作用，非建设空间在城镇空间内往往呈现出“线性”与“绿核”特征同时存在的基本格局。如川南的宜宾市。

从非建设空间的生态功能来看，与国内其他城镇密集区相比，成渝城镇密集区内城镇的“人地关系”更具有生态脆弱性。由于地处内陆，成渝城镇的生态环境相比沿海地区更封闭，地域内由山系、河谷、水系等构成的区域小环境对城镇空间生态环境质量的影响较大，一旦小环境的关键生态要素受到破坏，其自我净化、补偿的能力相对沿海地区要弱得多。另一方面，成渝地区地形地貌复杂，城镇空间在拓展过程中对原始地形地貌的破坏作用相对其他地区要大，这恐怕也是川渝地区成为我国水土流失最为严重地区之一的重要原因。区域内城镇多属地质灾害频发的地区，由复杂山水关系构成的生态环境其承载能力相对沿海地区要小。因此，相比其他地区，成渝地区城镇空间的发展过程中注重“人地关系”和谐的生态化拓展方式显得更为重要。

6.2.3 微观层面：建设空间的生态化建设方式

除了宏观、中观层面“人地关系”的综合协调，显然，微观建设空间层面选择生态化的建设方式也是实现人工空间拓展与生态空间保护之间综合协调关系的重要基础。对于城镇密集区而言，在微观建设空间层面鼓励生态化的建设方式，一方面可以减轻城镇内密集的建设空间对于城镇生态环境的压力，提高生态空间有效保护综合协调的整体水平，促进宏观区域层面和中观城镇空间层面的“人地和谐”；另一方面通过在建设空间层面推广生态化的建设方式，对于改善城镇密集区内高强度开发下建设空间的人居环境品质也具有很重要的意义。

所谓生态化建设，是按照自然环境存在的原则和规律设计人类的居住形式和居住环境。生态化建设的基本出发点，是试图为人类寻找一种在地球上愉快地生活而又不会对地球生态造成破坏的生活方式。因此，生态化建设的最低目标，是在目前的技术水平条件下设计一种物质和能源消耗较少的生活方式，要在尽量充分了解大自然的这种巧妙与和谐的情况下按照大自然的智慧来设计，使建设项目最大限度地符合自然规律并充分融入当地的自然环境中。

成渝地区相对其他地区建设环境所面临的山地、丘陵、滨水等复杂环境较多，建设空间的生态化建设方式需要更注重于与地理环境相结合，减少对原本复杂、脆弱的地理环境的破坏。一个典型的例子是在成渝城镇密集区内众多水系城市面临的滨江岸线处理方式上，注重防洪功能的挡墙式岸线处理方式使得滨江地区的生态功能逐步退化，同时也丧失了其应具有的观水、亲水功能（图 6.6）。

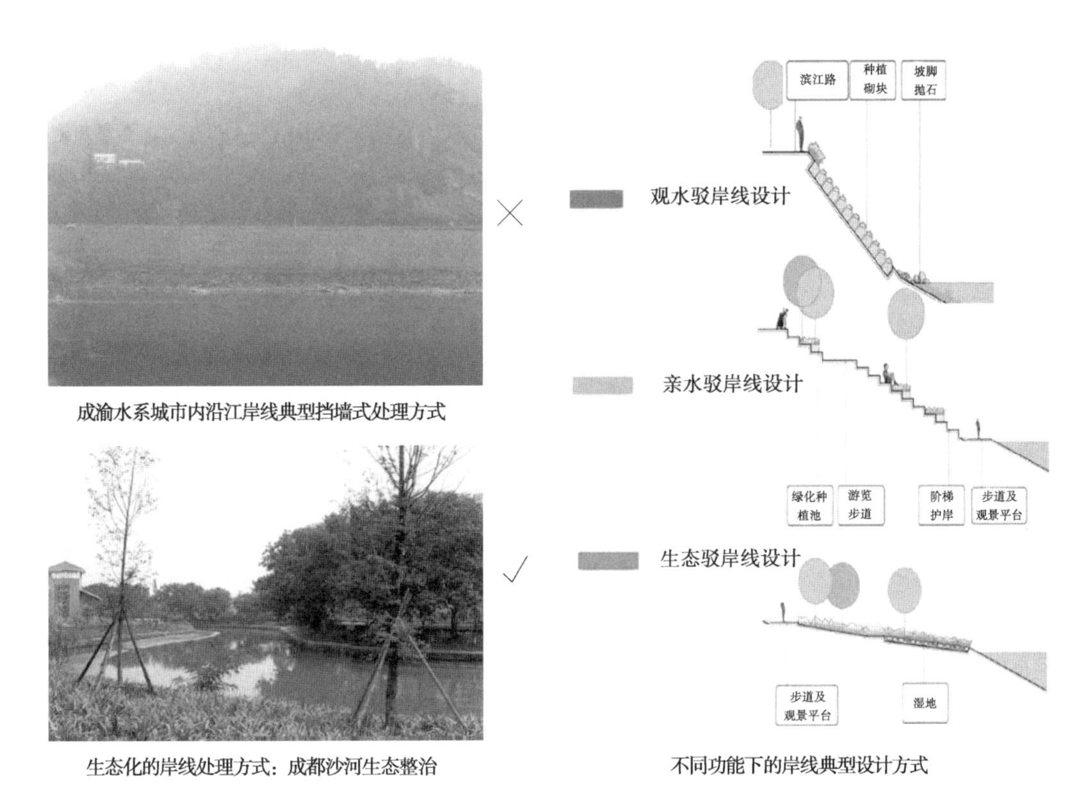

图 6.6 成渝地区滨水城市岸线处理图示

6.3 成渝生态空间有效保护综合协调的组织策略

成渝城镇密集区生态空间有效保护目标的达成，需要在宏观、中观和微观层面实施多层次的生态化空间发展战略，综合协调各层次调控对象的自组织与他组织过程，最终实现区域内多层次空间的“人地和谐”状态。

6.3.1 宏观层面：规模适度、生态导向下的区域城镇空间分布

宏观层面区域城镇与生态空间“人地关系”的综合协调，核心问题表现为城镇空间在区域生态环境中的比例关系和分布方式。前者关注将区域城镇空间的规模控制在区域生态环境的环境容量以内，维持区域生态系统的基本平衡，保证区域的生态安全。后者则关注将区域内城镇空间的拓展方式纳入区域环境的生态安全格局中，提升宏观城镇空间拓展的生态化水平。

1. 区域空间“人地比例”和谐：在区域生态空间环境承载力范围内，控制适度的城镇空间用地比例

将区域的城镇建设和人口聚集限定在一定的比例范围内，对于从宏观上调控城镇空间与生态空间之间的人地关系、保障区域的生态安全具有积极意义。区域城镇空间规模的适度比例研究应当基于生态环境对城镇密集区发展的制约。讨论城镇发展空间占城镇密集区总用地比例的极限，可能永远也得不到精确的答案，但这并不妨碍对这一问题思考的价值和意义。对于这一问题，可从两个方面着手思考。

1）“理论分析”的思维。比较可行的是采取近年来国际上兴起的一种“生态足迹”的量化方法。所谓生态足迹（Ecological Footprint），是从生态学角度衡量区域可持续发展的一种方法，指一定人口和经济条件下，维持区域内人类生产、生活的资源消费与吸纳废弃物所需要的生物生产型土地面积。根据城镇密集区的人口数量，可以对支撑这些人口所需的自然生态空间用地面积进行估算。生态足迹的计算公式为公式（6.1）所示。

$$ef = \sum r_i \frac{c_i}{p_i} \tag{6.1}$$

其中 ef 为人均生态足迹，r_i 为第 i 种商品所属于的土地类型的均衡因子，c_i 为第 i 种商品的人均消费量，p_i 为第 i 种商品的全球平均生产量。

从全球的平均生产能力来看，重庆市 2007 年人均生态足迹为 1.03 公顷，而可利用的人均生物承载力为 0.23 公顷，人均生态赤字为 0.80 公顷。重庆市的生态足迹已经严重超出其生物承载力的 4.5 倍，重庆市总人口的生态足迹赤字高达 2535 万公顷，是重庆市国土面积的 3 倍。重庆市的人均生态足迹低于世界平均水平（1.8 公顷，2006），也低于全国平均水平（1.5 公顷，2007）。而生态赤字则超过世界平均水平（0.4 公顷，2006）及全国平均水平（0.7 公顷，2007）。四川省 2007 年人均生态足迹为 1.53 公顷，而可利用的人均生物承载力为 0.21 公顷，人均生态赤字为 1.32 公顷。四川省的生态足迹已经严重超出其生物承载力的 7 倍，四川省总人口的生态足迹赤字高达 9789 万公顷，是四川省国土面积的 2 倍。四川省的人均生态足迹低于世界平均水平（1.8 公顷，2006），与全国平均水平（1.5 公顷，2007）持平。而生态赤字则超过世界平均水平（0.4 公顷，2006）及全国平均水平（0.7 公顷，2007）。从生态足迹的研究本身并不能直接得出成渝地区生物承载力的具体数字，但是从横向的区域比较来看，川渝地区的人口已大大超过其生态系统的承载能力，在国内也属于生态压力相对较大的地区（表 6.1）。

国内相关区域生态足迹对比表 **表 6.1**

区域	资料时期	人均生态足迹	人均生态赤字
四川省	2007	1.53	1.32
重庆市	2007	1.03	0.80
全球	2006	1.80	0.40
中国	2007	1.50	0.70
北京市	2002	2.91	2.80
陕西省	2003	2.09	1.05
云南省	2003	1.05	0.59

资料来源：中国城市规划设计研究院．成渝城镇群协调发展规划专题研究［R］．2008。

2）“经验统计”的方法。通过对国际上典型城镇密集区的城镇空间与自然空间的用地面积情况进行统计，以及对其可持续发展情况进行分析，以便获得较为“可靠”的城镇空间与自然空间构成比例。这一方法的难点在于获取统计数据的难度。相关研究对美国东北海岸城镇密集区城镇空间与自然空间的构成比例进行了统计（表 6.2），城镇发展空间占美国东北海岸城镇密集区总用地的比例约为 7.5%。因此有学者认为，城镇密集区中较为理想的城镇发展空间用地比例宜保持在10%的范围以内[1]，笔者认同这一观点。

美国东北海岸城镇密集区城镇空间与生态空间构成比例统计　　表6.2

空间类型		人口占城镇密集区比例	面积占城镇密集区比例
城镇发展空间		74.8%	7.5%
其中	中心城	22.0%	0.2%
	内环	29.5%	1.8%
	郊区	23.3%	5.5%
自然生态空间		25.1%	92.5%
其中	外郊区	11.8%	11.9%
	乡村	12.2%	50.0%
	自然	1.1%	30.6%

资料来源：根据“The northeast Megaregion”统计绘制。参见：University of Pennsylvania. Reinventing Megalopolis The northeast Megaregion [R]. 2005：20-21。

2. 区域“人地布局”和谐：自然生态格局引导区域城镇空间结构

1）区域“人地布局”和谐的组织原则：城镇空间扩张应符合区域生态空间的自组织规律。从空间分析的角度看，城镇密集区不断发展的过程，也基本上是城镇空间迅猛扩张及自然空间大量萎缩的空间结构演化过程。由于自然生态空间在促进城镇密集区可持续发展方面的重要支撑作用，以及城镇密集区空间发展过程中对自然空间的“强势”侵占和破坏，迫切需要引导城镇空间扩张以避免对城镇密集区区域生态空间格局的破坏。

由于区域生态系统的发展演化有其自身生态学意义的自组织规律，因此，城镇密集区的区域生态空间格局可以理解为建立在区域自然生态系统之上，在区域生态系统的自组织过程中，对保障区域生态安全、实现对区域生态环境问题有效控制和持续改善具有特殊意义的自然区域的空间分布状态。城镇密集区内城镇空间的拓展应当避免对区域自然生态格局的影响，尊重区域生态空间的自组织过程。

2）区域“人地布局”和谐的组织策略：生态空间区划控制下的城镇空间分布。生态空间区划就是在对区域生态空间系统客观认识和充分研究的基础上，应用生态学原理，揭示各自然区域的相似性和差异性规律，从而进行整合分异，从生态优先的角度划分生态环境区域单元的方法。生态空间区划把城镇空间的拓展和环境保护的矛盾统一起来，因地制宜地进行区域城镇空间结构的布局，使城镇密集区城镇空间的拓展增强科学性，减少盲目性。开展城镇密集区生态空间区划应当遵循的几项基本原则是：一、维护生态安全。区域生态空间应发挥生态环保功能，构筑良好的区域自然生态网络，保护、改善区域生态环境，降低各类灾害的破坏力和危害性。二、保持地方特色。区域空间发展的过程中应充分考虑本地山脉、河流的走向和湖泊、丘岗、农田的分布特点，维持和保护自然格局；系统完整地保护历史文化遗存，延续和发扬地方文化精髓。三、改善城乡景观。有效发挥区域生态空间在城乡之间、城镇之间以及城市不同组团之间的生态隔离功能，引导城乡形成合

[1] 李浩. 城镇群落自然演化规律初探 [D]. 2008：271-272。

理的空间发展形态，促进经济持续快速发展。四、与行政区划相结合。从可操作性的角度出发，区域生态空间区划应当尽量与现有行政区划相结合。

为促进宏观区域层面城镇空间与生态空间的综合协调发展，有必要在成渝城镇密集区规划（或类似规划）中组织开展“生态空间区划”（图 6.7）。通过对自然空间的调查和承载力的评估，综合协调成渝城镇密集区城镇空间发展与区域生态环境保护的关系，开展自然空间的保护区和建设区的区划控制，促进成渝城镇密集区的建设活动与自然环境相协调，综合协调城镇密集区城镇空间的主观发展与区域自然生态环境客观规律之间的关系。

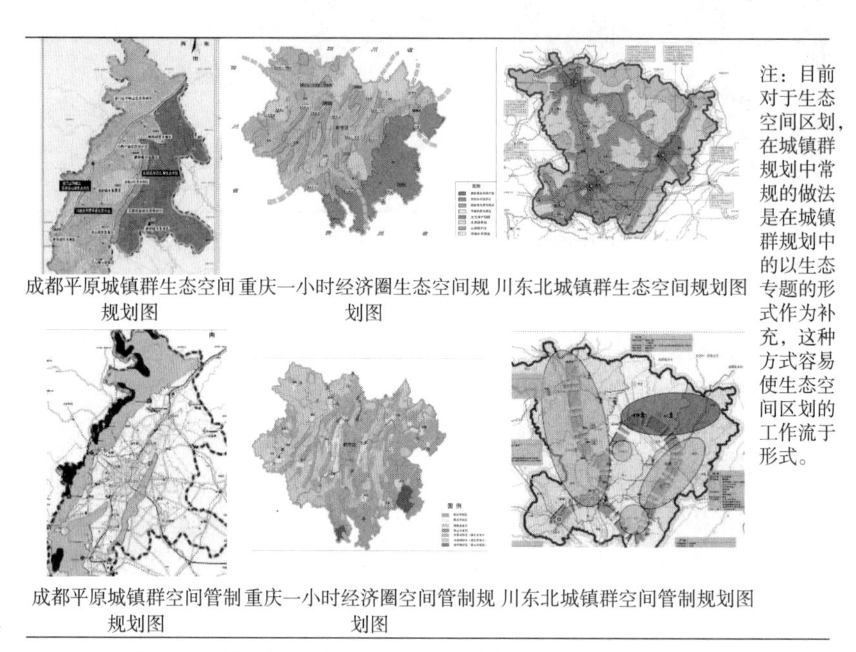

成都平原城镇群生态空间规划图　重庆一小时经济圈生态空间规划图　川东北城镇群生态空间规划图

成都平原城镇群空间管制规划图　重庆一小时经济圈空间管制规划图　川东北城镇群空间管制规划图

注：目前对于生态空间区划，在城镇群规划中常规的做法是在城镇群规划中的以生态专题的形式作为补充，这种方式容易使生态空间区划的工作流于形式。

图 6.7　成渝城镇密集区相关次区域规划中的生态空间区划图

资料来源：根据成渝地区相关城镇群规划成果整理。

6.3.2　中观层面：建立植根于自然环境的城镇空间结构

在中观层面成渝城镇空间内建设空间与非建设空间的综合协调，应当是在宏观区域城镇空间适度拓展的前提下，各城镇空间通过更符合本地自然环境生态化的拓展方式，来保持城镇非建设空间对城镇空间提供生态支持的效率。

1. 城镇空间“人地和谐”的目标：建立植根于自然环境的城镇空间结构

由于城镇密集区中心城市建设规模大、人均资源稀缺且生态环境压力相对较大，适度集中的城镇空间状态就是城镇密集区中心城市面对资源稀缺的环境和经济聚集发展的动力所作出的紧凑发展对策；而在整合建设空间与非建设空间的基础上建立起植根于自然环境的空间结构，则是城镇密集区中心城市空间有效拓展、实现对城镇生态空间有效保护综合协调的基本方式。从这个意义上来看，城镇空间“人地和谐”的理念与城镇空间的适度集中、紧凑发展是不谋而合的。

建立起植根于当地自然生态环境的城镇空间结构是实现中观层面“人地和谐”的基本出发点。这是因为：1）城镇非建设空间只有建立在尊重自然环境的生态系统之上，才能最大限度地发挥其生态支持功能。由山体、水系、湿地等自然生态要素构成的自然环境有其自身生态规律，通过构成一个复杂的自然生态系统对区域提供生态支持作用。城镇空间在对生态空间的利用过程中，对非建设空间的保护与控制如果能够建立在对区域自然生态系统充分认识的基础上，最大限度地保留与控制原有区域生态系统的完整性，就能最大限度地发挥非建设空间的生态支持功能。2）作为建设空间发展的背景，建立起符合自然生态环境特征的非建设空间，能够作为先决条件避免城镇建设空间的无序扩张。城镇密集区内建设空间资源稀缺，生态环境压力大，在建设空间拓展的过程中尊重区域自然环境的生态规律，可以有效地缓解区域的生态环境压力。

对于成渝城镇密集区而言，独特的山水自然条件和相对脆弱的自然生态环境，要求区域内各城镇在发展过程中更注重对所处自然环境的保护。特别是川东北、川南、重庆经济圈内的相关大城市，在城镇空间结构的布局过程中，尽管自然水系与山体阻隔增加了城镇相关基础设施建设的成本，但从生态优先的角度出发，由于城市建设面临的强烈的自然山水特征，建立植根于当地自然环境的城镇空间结构，避免对城镇空间内的主要山体、水系资源的破坏更是当地城镇空间发展过程中应引起重视的问题（图 6.5）。

2. 城镇空间“人地和谐”的组织策略：非建设用地导向的城镇规划模式

目前以建设用地为导向的城市规划方式无益于促进建设空间的生态化拓展，忽视对城镇自然生态环境的生态学研究过程只会加剧建设空间无序拓展过程中对生态资源的破坏。而以城镇非建设用地为导向的规划是实现中观层面城镇生态空间有效保护综合协调的关键手段。

从生态学的视角对非建设用地进行专项规划，作为建设规划的前置条件，对于城镇生态空间的有效保护有重要意义。传统规划是以建设用地为中心的规划，非建设用地成了规划后的附属物，忽视了生态环境的保护。为了避免传统规划的弊端，应首先从规划设计非建设用地入手，通过优先进行不建设区域的控制，来进行城镇空间规划，从而实现从建设优先向生态优先的转变（图 6.8）。正如仇保兴（2004）所描绘的：“规划和管理的重点从确定开发建设项目，转向各类脆弱资源的有效保护利用和关键基础设施的合理布局。包括：推行四线管制和保护不可再生资源：绿线、紫线、蓝线、黄线。”从建设规划方法论转为不建设规划方法论，对城市规划的编制与管理来说，从主要制定有计划的建设规划方案，转变为优先制定不建设规划；从被动的因开发建设需要而进行的规划，走向主动的为城镇整体安全和健康而进行的规划。

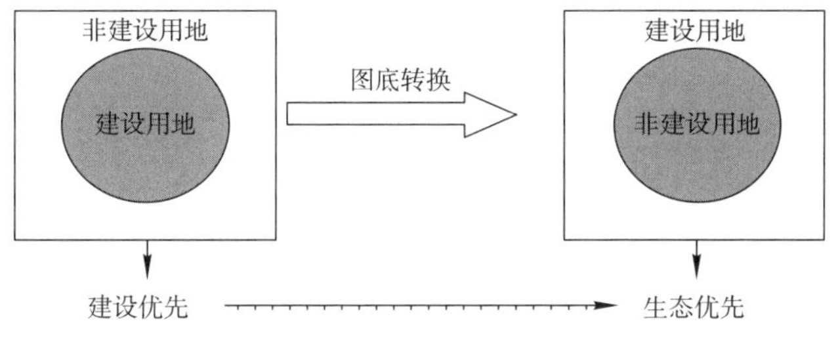

图 6.8　建设用地规划与“非建设用地规划”的图底转换关系

3. 成都市非建设用地规划案例研究

为规避成都城市的盲目无序扩张，避免城市的连片、“摊大饼”式的圈层发展，保障城市的生态安全，重庆大学城市规划与设计研究院受成都市规划局委托开展了《成都市非建设用地规划》的编制工作。以该规划为例，可以对城市非建设用地规划的具体方法进行案例研究。

1）成都市非建设用地现状的识别与分析。《成都市非建设用地规划》中通过信息技术和传统调研相结合的方式对中心城区范围内的非建设性用地分布情况进行识别和分析，得出其非建设用地的空间分布状况和问题。

按卫星影像图和国土部门提供的征地资料，成都市城市建设区的规模正在急剧膨胀，其规律是先沿主要城市干道形成点，继而变为线、为带，最终成为片，然后侵蚀片与片之间的空隙，由“指状”放射发展逐步演变为“蹼状”发展，最终形成“摊大饼”式的圈层发展。通过分析成都市中心城区土地使用现状和非建设用地分布的特征，提出了对成都市中心城区生态安全格局有重大影响的建设区域，为下一阶段城市建设用地的规划控制提出了依据（图 6.9）。

2）成都市非建设用地生态安全格局规划。结合对成都市非建设用地状况和自然条件、城市建设现况的分析评价，《成都市非建设用地规划》提出了以中心城区范围内空间领域相对完整、生态服务功能较强的自然或半自然生态功能单元为基础，以自然水系、基本农田和城市通风廊道为依托，按照“斑块—廊道”基本模式建构分形的开放性网络型系统空间结构。形成“两环八斑十四廊”非建设性用地生态格局结构（图 6.10）。

图 6.9　成都市非建设用地状况 GIS 分析

图 6.10　成都市中心城区非建设用地布局结构

资料来源：建设部山地规划与设计研究中心，重庆大学城市规划设计研究院．成都市非建设用地规划［R］．2005。

“两环”指绕城高速两侧各 500 米生态环廊，是防止中心城区无序蔓延的重要生态隔离带，也是维护生物多样性的重要廊道。三环路景观绿带及轨道交通环线防护绿带，是维护生物多样性的重要廊道。“八斑”是指安靖—大丰府河湿地生态斑块：地处中心城区上水方向，是中心城区的水源保护地，通过大型人工生态湿地的建设，在绕城高速和三环路附近对进入城市的水源进行两次生态处理，从而保障城市的水质。犀浦—黄田坝清水河湿地生态斑块：地处中心城区上水方向，也是中心城区的水源保护地。通过大型人工生态湿地的建设对进入城市的水源进行生态处理，既保障城市的水质又向三环以内城市建设区渗透，通过清水河的综合治理，将浣花溪、杜甫草堂、青羊宫、百花谭、武侯祠等具有厚重历史文化积淀的名胜古迹连成一体。机投—金花生态斑块：其首要生态功能是降低污染，同时亦具有降噪、防尘、休闲、游憩等一般性生态功能。太平寺生态斑块：具有降噪、防尘、休闲、游憩等一般性生态功能。琉璃—三圣南河生态斑块：是中心城区的氧源基地和物种多样性保护区，同时亦具有降噪、防尘、休闲、游憩等一般性生态功能。十陵风景区生态斑块：是中心城区重要的休闲、游憩基地，也是氧源基地，同时亦具有降噪、防尘等一般性生态功能。龙潭农林生态斑块：主要生态功能是防尘、降噪、降低污染，为中心城提供生态安全屏障，同时亦具供氧、休闲、游憩等一般性生态功能。凤凰山—斧头山生态斑块：处于城市的上风向和主导风向通廊中，现有水塘丰富，水资源充裕，通过整合水塘为大型湖面，为城市来风加上新鲜空气，成为城市主要的氧源基地。三环以内非建设用地布局为十四廊网络贯通。“十四廊”是指四条通风廊道和两渠八河组成的十条水系廊道相互贯通，恢复原有的护城河历史河道，将城市建成区固有的自然斑块和历史文化斑块连成一体的网络，并在此网络上严格控制城市建设，尽力在拥挤的城市中创造良好的环境。

3）成都市非建设用地的分类保护与分级控制。城镇内各种非建设用地在整个非建设用地生态格局中所处的地位和对城市的生态意义均有不同，有必要按其生态重要性进行分级，以利于保护和控制。如成都市将城市内的非建设用地按生态环境的现状和生态服务功能的大小划分为一类、二类、三类保护区（图 6.11），并以此为依据将规划期内城市非建设性用地按照其在整个城市非建设用地系统中的生态重要性进行分级，划分为一级、二级和三级控制区（图 6.12）。一级控制区指对形成非建设用地系统空间结构和维护城市生态系统良性运转具有很重要意义的关键地域，该区域具有重要的生态价值，用以维持城市综合环境质量和城市生态系统的健康发展，控制城市的发展方向。二级控制区指对城市生态系统良性运转和效率提高、形成非建设性用地整体结构具有特殊意义的地区，对其进行控制可以避免城市蔓延过程中侵占生态用地，保证生态系统的完整性，可以加强生态系统的功能和服务效率，突出特色景观，引导城市空间的扩展。三级控制区指对城市非建设性用地整体生态服务的完善，充分发挥其生态功用，增强城市生态环境的内在活力具有重要意义的地区。

图 6.11　成都市中心城区非建设用地分类保护图

图 6.12　成都市中心城区非建设用地分级控制图

资料来源：建设部山地规划与设计研究中心，重庆大学城市规划设计研究院．成都市非建设用地规划［R］.2005。

将城市内由一级、二级、三级非建设用地控制区构成的非建设用地架构范围进行详细界定，实施城市内的“增长边界”控制对于明确非建设用地的保护边界，增强管理中的可操作性具有积极意义（图 6.13）。在此界线以内的土地利用在任何情况下都必须服从于发挥生态服务功能的需求。在保证维护特殊生态用地自然生态原真性的基础上，优先发展对城市生态系统平衡具有建设作用和维护培育功能的相关项目。必须严格按照非建设用地的生态要求进行开发模式、强度乃至具体空间格局的管理和控制。

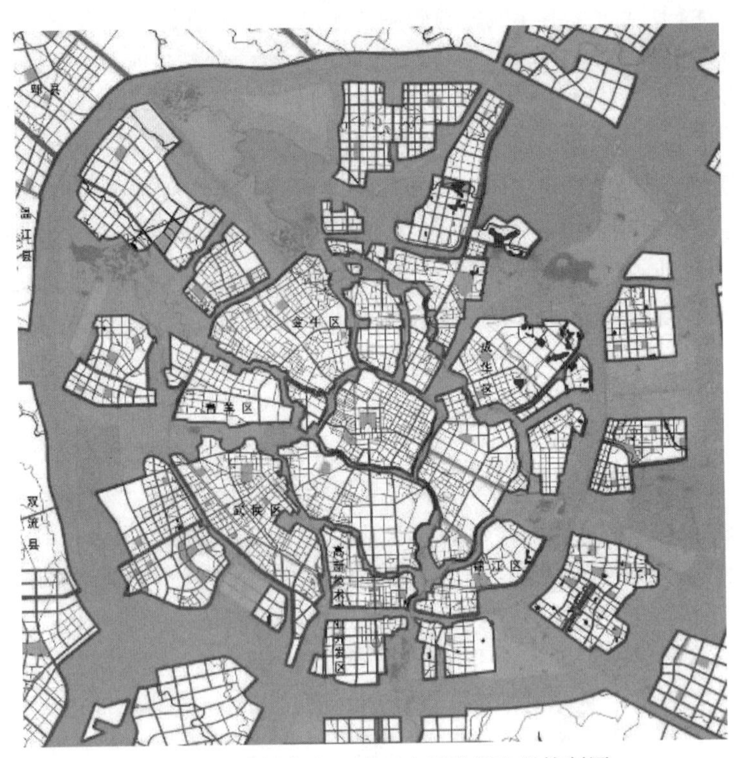

图 6.13　成都市中心城区建设增长边界控制图

资料来源：建设部山地规划与设计研究中心，重庆大学城市规划设计研究院．成都市非建设用地规划［R］.2005。

6.3.3　微观层面：生态化空间设计的基本原则

生态化建设涉及生态学、建筑技术等多方面的因素。从空间设计的角度，笔者认为生态化的原则可以理解为通过建设空间与基地自然环境的匹配与整合，使新建的人工空间环境与原生自然生态环境实现有效融合，最低限度地减小人工空间拓展对于原生自然环境的影响，最终使建筑与环境之间协调融合成为一个高效的有机结合体。城镇建设空间设计的生态化建设应遵循以下原则：

1. 空间同质。“同质”是指建设空间的空间构成要素与基地自然环境的生态性质之间保持一致性。建设空间的各类构成要素只有尽可能地来源于当地自然环境，才能增强建设空间对基地自然环境的适应性，才能促使建设空间更好地与原生自然生态系统相融合，建设空间也才能更有生命力。比如在建设空间的建造过程中，尽可能多地采用当地的建筑材料；在绿化种植的过程中，尽可能多地采用当地的原生植物等。建设空间要素与自然空间环境的“同质”可以尽可能减小人工环境对原生自然环境的改造，促进人工建设空间与自然环境的融合（图 6.14）。

2. 空间同构。“同构”是指建设空间的空间构成方式应与基地自然环境的空间特征保持一致性。建设空间只有保持与基地自然环境空间特征的一致性才能契合其中而拥有存在的根基，才能尽可能减少对原生自然环境的破坏，才能引发建筑与基地自然环境的认同感并整合为一个共同体。从空间整体感塑造的角度来看，空间同构的思想与建设空间紧凑设计的策略不谋而合。比如山地环境下建设的山地建筑，在长期与自然地形条件契合的过程中建立了一套符合山地空间特征的建设空间构成方式，建设空间在融入自然环境的过程中实现了对自然生态环境最大限度的保护（图 6.15）。

图 6.14　空间同质：就地取材的川西“碉楼”

图 6.15　空间同构：契合山地地形的西南地区吊脚楼

3. 生长与传承。“生长与传承”是指建设空间设计构成上体现基地自然环境的发展逻辑和发展方向，能够适应环境的发展需要，具有持续调整的可能，并通过整合来实现建筑与基地自然环境的共同发展。“生长与传承”体现了建设空间的使用者在满足自身空间需要的过程中，根据基地自然环境的生态规律特征对人工建设空间进行的演绎（图 6.16）。

空间的生态化建设是目前学界多领域研究的热点，以上仅仅是从空间设计的角度进行了初步的探讨。从综合协调的观点来理解以上建设空间生态化的基本原则，其思想实质是将“人地关系”综合协调的思想运用于微观建设层面的具体手段中。鉴于成渝地区自然地理环境的复杂性和脆弱性特征，与自然地理环境综合协调的相关原则在成渝地区的空间建设中具有重要的意义，是促进成渝地区宏观、中观整体生态空间有效保护综合协调的基础。

6.3.4　成渝城镇密集区生态区划下的区域城镇发展构想

成渝城镇密集区生态空间有效保护综合协调的组织策略可概括为宏观、中观、微观多层次生态化的空间发展战略。

图 6.16　生长与传承：复杂地形条件下建设空间现代演绎

出于篇幅和研究客体多样性的原因，本书不再针对成渝地区中观城镇空间、微观建设空间内“人地关系”的综合协调做进一步的案例研究，但出于实证研究的需要，对成渝宏观区域层面生态功能区划进行分析，并在此基础上探讨成渝区域城镇空间发展与生态功能保护综合协调的基本策略还是有必要的。

1. 成渝地区生态功能区划分析

成渝地区分别在 2003、2004 年由环保部门牵头完成了《四川省生态功能区划》和《重庆市生态功能区划》。根据成渝地区自然基础条件、资源分布、经济发展现状、生态系统结构与功能差异等区域性特征，本书以《四川省生态功能区划》和《重庆市生态功能区划》为基础，尝试对成渝城镇密集区生态功能区划进行分析。

《四川省生态功能区划》（2003）根据四川省区域生态环境敏感性、生态服务功能重要性以及生态环境特征的相似性和差异性，结合自然环境特征及生态系统类型、生态服务功能，将四川生态功能区划为五个生态区，并进一步划分为 13 个生态亚区和 36 个生态功能区（表6.3）。《重庆市生态功能区划》（2004）根据重庆市的实际情况，在完成生态环境敏感性评价（包括水土流失、酸雨、石漠化和滑坡敏感性评价）和生态服务功能重要性评价（包括生物多样性维持与保护重要性、水源涵养重要性、土壤保持能力和营养物质保持能力评价）的基础上，经系统综合分析筛选，分别确定重庆市4个生态区、7个生态亚区和13个生态功能区（表6.4）。

四川省生态功能区划表 **表6.3**

一级区（生态区）	二级区（生态亚区）	三级区（生态功能区）
Ⅰ.四川盆地亚热带偏湿润性常绿阔叶林生态区	成都平原农业生态亚区	平原北部水源涵养生态功能区
		平原中部都江堰灌区水文调蓄与营养物质保持生态功能区
		平原南部土壤与营养物质保持生态功能区
	盆中丘陵农林复合生态亚区	盆北深丘土壤保持与水源涵养生态功能区
		渠江水土保持生态功能区
		嘉陵江土壤侵蚀敏感生态功能区
		涪江土壤与营养物质保持生态功能区
		沱江中下游土壤保持与水体自净生态功能区
		岷江下游水体自净生态功能区
		长江上游白鲟达氏鲟特殊生境保护与营养物质保持生态功能区
	盆东平行岭谷低山丘陵常绿阔叶林生态亚区	华蓥山地区土壤侵蚀与石漠化敏感生态功能区
Ⅱ.盆周山地亚热带常绿阔叶林生态区	盆地西缘山地常绿阔叶林生态亚区	雪宝顶大熊猫特殊生境保护与水源涵养生态功能区
		茶坪山大熊猫特殊生境保护与土壤保持生态功能区
		邛崃山大熊猫特殊生境保护与水源涵养生态功能区
		峨眉山中山区四川山鹧鸪与生物多样性生态功能区
	盆南低中山喀斯特脆弱生态亚区	筠连土壤保持生态功能区
		古蔺-叙永土壤侵蚀敏感与营养物质保持生态功能区
	盆北秦巴山地常绿-落叶阔叶林生态亚区	米仓山水源涵养与生物多样性生态功能区
		大巴山水源涵养与土壤保持生态功能区
Ⅲ.攀西山原亚热带常绿阔叶林-暗针叶林生态区	沙鲁里山南部亚高山半旱、半湿润的暗针叶林生态亚区	
	西南山地偏干性常绿阔叶林生态亚区	
	金沙江下游干热河谷稀树、灌木、草丛生态亚区	
Ⅳ.川西高原温带-寒温带暗针叶林-草甸生态区	岷山-邛崃山暗针叶林—高山草甸生态亚区	
	沙鲁里山—大雪山暗针叶林—高山灌丛草甸生态亚区	
Ⅴ.石渠-若尔盖高原亚寒带草甸生态区	壤塘—若尔盖高原草甸—沼泽湿地生态亚区	
	石渠—色达河源区丘原高寒草甸生态亚区	

资料来源：根据《四川省生态功能区划》（2003）成果整理。

重庆市生态功能区划表 **表 6.4**

一级区（生态区）	二级区（生态亚区）	三级区（生态功能区）
Ⅰ. 四川盆地农业生态区	渝西丘陵农业生态亚区	渝西方山丘陵农业生态功能区
Ⅱ. 三峡库区平行岭谷农林水复合生态区	都市圈发达经济生态亚区	都市核心污染敏感生态功能区
		市郊水源水质保护生态功能区
	平行岭谷低山丘陵农林复合生态亚区	永川—璧山丘陵农业生态功能区
		綦江—江津低山丘陵水文调蓄生态功能区
	三峡库区土壤侵蚀敏感生态亚区	梁平—垫江丘陵农业生态功能区
		移民开发水土保持生态功能区
	三峡库区消落带人工湿地生态亚区	消落带人工湿地水质保护生态功能区
Ⅲ. 秦巴山地常绿阔叶—落叶林生态区	渝东北大巴山山地常绿阔叶林生态亚区	
Ⅳ. 渝东南、湘西及黔鄂山地常绿阔叶林生态区	渝东南岩溶石山林草生态亚区	

资料来源：根据《重庆市生态功能区划》(2004) 成果整理。

2. 成渝城镇密集区生态功能区划下的城镇空间发展构想

综合《四川省生态功能区划》和《重庆市生态功能区划》的研究成果可以看到，川渝两地共分为 9 个生态区、20 个生态亚区、39 个生态功能区，这种划分结论是基于对地域生态环境从生态学角度细分的结果，如果应用于指导区域城镇空间规划则显得太复杂；从生态功能区划的指导内容上来看，两项规划成果对于生态功能区从水质保护、土壤保持、污染防治、农业生态、生物多样性、灾害防护等方面进行了细致的划分，如果应用于指导区域城镇空间规划则还需在此基础上进行归纳整合，将生态功能保护与城镇空间发展的经济需求结合起来。

基于以上两项规划的成果，本书遵循以下原则对成渝城镇密集区的生态功能区进行划分：一是对两项规划成果的生态功能区，按生态重要性相似、地域特征相似和区域位置相近的原则进行归并整合；二是生态功能区的划分在体现地域生态特征的前提下尽可能与区域行政区划相吻合，便于对城镇空间规划进行指导；三是生态功能区的指导内容在体现生态保护导向的同时与区域内城镇空间的发展相结合，在明确各区主导生态功能的同时，还要基于生态空间的保护提出对城镇空间发展的要求。按照以上原则，可将成渝城镇密集区分为 7 个生态功能区（图 6.17）如下：

1）成都平原区。本区位于四川盆地西部，包括成都市的大部分地区及绵阳市、德阳市、眉山市、乐山市、雅安市的平原地区。本区以平原地貌为主，大部分地区属岷—沱江水系，该区域城市经济、农村经济均比较发达，人口活动密集。

该区域城镇空间拓展条件优越，城镇分布密集。应重点协调区域内城镇空间、产业布局，综合协调次区域内的交通基础设施、市政基础设施规划布局，强化成都平原区内的城镇空间一体化程度和空间集约发展的水平。重点发展资源节约型和环境友好型的制造业和现代服务业，促进产业结构的优化升级。优化城乡分布，严格控制农村面源污染和城市环境污染，限制工艺落后、占地多、污染大、能耗高的产业。

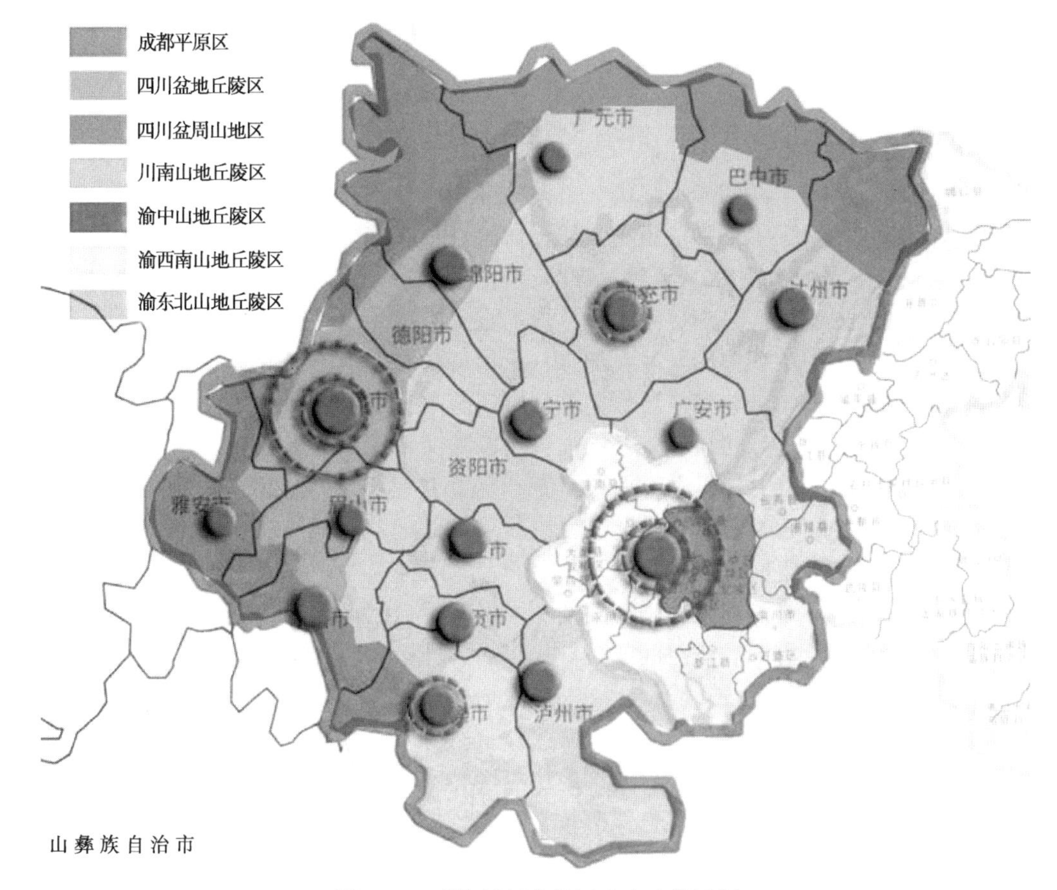

图 6.17　成渝城镇密集区生态功能区划

2）四川盆地丘陵区。本区位于四川盆地中部和东部，包括南充、遂宁、资阳、内江、广安等 5 市全部，成都、绵阳、德阳、自贡、宜宾、泸州、广元等市的丘陵地区。

该区域内水系发达，有岷江、沱江、涪江、嘉陵江、渠江等，应进一步优化长江水系上游内各城镇之间生态空间保护的协调程度，综合布局各水系流域内的重大环境基础设施如水厂、污水厂、垃圾填埋场等，加强农田生态环境保护与建设，防治水土流失。区域内空间发展应引导城镇空间的拓展向中心城市适度集中，控制各水系流域沿线县城内建设用地的过度扩张，特别是重点统筹规划流域沿线各县城沿江岸线的利用及各类产业园区的布局。

3）四川盆地周山地区。本区位于四川盆地北部和西部边缘，包括绵阳、德阳、成都、雅安、乐山、宜宾等市州的盆地周山地区。北部地貌以低山深丘为主，米仓山、大巴山自西而东贯穿全区，区内河流主要属嘉陵江水系。西部是川西高山高原向四川盆地过渡地带，地貌以中高山为主，区内地表水、地下水丰富，是四川盆地水资源的重要补给区。本区森林生态系统保存较为完整，生物多样性丰富，是我国大熊猫分布最集中的区域，是我国自然保护区密集分布区域。自然景观资源极其丰富，世界级的黄龙、青城山、峨眉山等风景区均在本区。

四川盆地周山地区应发挥山区优势，大力发展生态旅游及相关产业链；限制区域内城镇空间的规模，谨慎发展矿产资源型产业，防止城镇空间的拓展对生态环境和生态系统的不利影响。

4）川南山地丘陵区。本区地处四川盆地南缘，包括宜宾市和泸州市大部。本区是四川盆地向云贵高原的过渡地带，矿产资源丰富。长江上游干流四川段就在本区境内，金沙江与岷江相汇于宜宾，沱江和赤水河由北、南两个方向分别在泸州市城区和合江县注入长江。本区长江段是国家级珍稀濒危鱼类自然保护区（长江上游三江交汇段珍稀鱼类国家级自然保护区），还有蜀南竹海、画稿溪等国家级自然保护区。

区域内水陆交通发达，是连接渝、云、贵的重要门户和水陆出海通道。川南山地丘陵区应规范和严格管理矿产资源的开发，加强水土保持，综合整治矿产资源开发对生态环境的破坏，严格控制环境污染，在需要保护的区域实施生态移民，将城镇空间的拓展集中于中心城市。还要与重庆、贵州协调，共同保护川渝黔交界地带的天然林资源。

5）渝中山地丘陵区。本区位于重庆市都市区，包括渝中、大渡口、江北、沙坪坝、九龙坡、南岸等主城6区及北碚、渝北、巴南等3个郊区，面积约5500平方公里。

该区域一方面城镇空间高度密集，社会经济活动聚集，另一方面地理环境条件复杂，生态系统相对脆弱。应通过适度加强空间的利用强度、控制人均建设用地指标、加强区域城镇空间的统筹协调、实施产业空间的集群化布局、城市地质灾害防治工程等手段来应对区域相对脆弱的自然生态系统。

6）渝西南山地丘陵区。本区位于重庆主城区西南，包括铜梁、合川、大足、荣昌、双桥、永川、璧山、江津、綦江、万盛、南川等区县。其中，江津四面山自然保护区和南川金佛山自然保护区是地球上同纬度保存较好的原始常绿阔叶林带，是许多动植物重要的栖息地和国家珍贵的“生物基因库”。该区主导生态功能为水源涵养，水土保持，维持农业生产力及其可持续发展。

在城镇建设方面应加强中心城市的建设，控制县城、乡镇内的工业产业发展。加强高效生态农业建设，突出对四面山及金佛山生态系统的重点保护，重点是加强平行岭植被的保护与重建，恢复其生态功能。

7）渝东北山地丘陵区。本区包括三峡水库水质保护和水土流失控制重点区的长寿、涪陵、武隆等区县，地处川东平行岭谷与大巴山、武陵山交接地带。区域经济社会发展水平较低，应加强自然保护区管理和建设，保护野生生物栖息地。实施生态移民，逐步迁出自然保护区及水源涵养区的居民，保护优势生态资源。

作为实证研究，成渝城镇密集区生态区划下区域城镇发展的构想是对宏观层面区域城镇空间与生态空间“人地关系”综合协调的初步探讨。城镇密集区生态空间有效保护目标的实现需要多层次的综合协调，出于本书篇幅和实证研究对象多样性的原因，本书对中观、微观层面生态空间有效保护综合协调进行的实证研究相对较弱。但需要说明的是，目前成渝城镇密集区内成、渝两大城市均已尝试开展的都市区非建设用地规划工作显示，基于生态优先思想下城镇生态空间有效保护的工作已经越来越引起各地规划行政主管部门的重视，成都市198区域非建设用地规划管理经验和重庆市在应对主城区非建设用地管理方面出台的一系列文件表明，对将非建设用地的管理纳入规划编制与管理的法定体系中，已成为城镇密集区内中心城市规划编制与管理的趋势。

6.4 成渝生态空间有效保护综合协调的保障机制

实现成渝城镇密集区内生态空间的有效保护需要在宏观、中观和微观层面实施多层次的综合协调策略，以此促进区域内空间发展过程中的“人地和谐”。如前文所述，目前城镇密集区在对城镇空间发展的管理与控制机制中，以发展为导向的特征明显[1]，与“人地和谐”思想中“城镇空间拓展的主观过程应适应自然生态环境的客观自组织规律”的思想不相适应，需要从机制保障的层面创新。

6.4.1 生态空间有效保护综合协调的规划保障机制

1. 生态区划纳入成渝区域规划的法定体系：保障生态化的区域空间发展战略

传统的区域空间规划以经济区划为基本的方法，它以区域城镇发展符合区域内的经济联系和经济运行规律为主要原则，以促进区域经济空间的高效运行和可持续发展为基本目标。在目前以GDP为导向的发展政绩观影响下，经济区划的思想理念占据了区域空间规划的主导地位，区域空间规划中对区域空间的组织被单方面地认知成经济的空间落实与组织过程，所以经济区划就成了维系这种区域政策技术支持体系的重要内容。现行区域规划中采用的经济区划的原则有：一是与经济中心城市的辐射和吸引能力相结合；二是与国民经济宏观调控的体制能力相适应；三是与地区经济的现状和远景发展相结合[2]。

从“人地和谐”的思想来看，目前区域空间规划中并没有很好反映区域城镇空间发展过程中对自然生态环境的适应性，其表现之一就是用经济区划涵盖了对区域内的生态分异的总结。这种对生态忽略的区域空间规划方法客观上存在不足：1）经济区划与自然生态分异现象并不吻合。两者的分离给区域自然资源的保护和环境的治理带来隐患。2）在经济要素自由配置的市场经济背景下，人为的经济区划已经很难对资源要素的流动产生约束。特别是较大尺度的区域空间内，自然生态的分异在很大程度上影响了区域城镇空间的布局和基础设施选线等。

因此，从综合协调区域城镇空间与生态空间“人地关系”的角度看，引入针对区域空间的生态空间区划机制并将其纳入区域规划法定体系十分必要。目前成渝地区由环保部门牵头完成的《四川省生态功能区划》（2003）和《重庆市生态功能区划》（2004）工作，均是从2002年国务院颁布的《全国生态环境保护纲要》、《关于开展生态功能区划工作的通知》要求以后陆续开展的。从目前成渝开展的区域生态功能区划工作对区域空间规划的指导效果来看，由于组织编制部门的条块分割和强调生态专业性、对空间针对性不强等原因，编制的生态功能区划对区域空间规划的实际指导性不强，对区域空间规划编制的法定约束力也显得不足。因此，将生态区划的编制纳入成渝区域空间规划的法定体系中，应当注重对成渝区域空间规划的约束性和实效性。一是在组织编制的部门上应当考虑由编制区域规划的同一部门委托编制，如建设、发改部门在组织编制成渝城镇密集区区域规划的同时，同步委托相关的环保科研院所开展同区域的生态区划工作。二是在成渝区域空间规划

---

[1] 详见本书第2章的2.4— 生态环境问题突出：经济导向下的区域空间发展模式。

[2] 彭震伟主编．区域研究和区域规划［M］．第一版，上海：同济大学出版社．1998．p98。

的编制和审查法定程序中，强调区域生态规划的同步性。如在程序设定中要求区域规划的纲要评审阶段，区域生态规划采用规划环评的形式介入，并在规划审查、审批的程序中做强制性要求。

2. 非建设规划纳入成渝中心城市的法定规划体系：保障生态化的城镇空间发展战略

目前的城镇空间规划受经济导向下空间发展理念的影响，是以建设用地空间布局为导向、生态空间规划布局仅作为专项规划补充的规划编制体系。在规划机制上以建设用地发展优先的城镇空间规划，必然容易忽视城镇生态空间的生态联系和分布规律，不利于城镇空间内建设空间与非建设空间"人地关系"综合协调目标的实现。

传统的城市规划中对于非建设性用地的整体规划是缺位的，能够与非建设性用地相对位的就是绿地系统规划。但即使是这个已经"缩水"了的绿地系统规划，在目前快速城市化的现状下仍存在着先天不足❶：1）从价值观上来看，传统城市规划理论提倡"人本主义"世界观。这种以人为中心的价值观在它忽视了人类对自然生态环境的依存关系，使人类的价值与社会经济过程凌驾于自然之上，容易导致空间发展的过程中生态系统的破坏、生物多样性的丧失、生态环境退化。2）从编制的时序来看，传统的城市绿地系统规划作为法定总体规划中的专项规划往往容易沦为建设性用地规划的补充，处在一种被动和滞后的地位。3）从规划的方法和内容来看，由于受到建设性用地规划主导作用的影响，同时为了满足目前国家相关规范、规定及地方对于绿地指标的要求，目前的大多数城市的绿地系统规划对绿地系统"质"的关注远远不够，对绿地之间的生态联系研究不够，而在各地规划管理的过程中对绿地的管理很多时候还停留在"量"的控制上，注重绿地的"总量平衡"，忽视绿地系统的形态及其与建设性用地的关系研究。

因此，从规划编制与管理的实际情况来看，要促进城镇空间发展过程中建设空间对非建设性生态空间的适应性，需要通过非建设用地规划前置的方式将生态规划的理念融合进来，并通过将生态规划纳入城市规划编制与管理的法定体系中来贯彻实施。强调将非建设用地规划独立于法定建设用地规划进行编制，可以从规划源头上切实落实对城镇生态空间有效保护的综合协调作用，避免建设用地无序蔓延，促进城市建立植根于自然环境的空间结构。

由于空间结构的复杂性和城市生态矛盾的突出性，应当率先在成渝城镇密集区内的中心城市开展独立的非建设用地规划，并将其纳入中心城市的法定规划体系。比如可以通过成渝城镇密集区协调发展规划实施条例的形式，要求成渝城镇密集区内规划人口超过100万的中心城市，在编制城市总体规划的同时，必须将非建设用地规划作为专项规划同步报批。非建设用地规划的编制对于解决目前特大、超大城市空间无序扩张、恶性膨胀的问题，从生态空间保护的角度给出了一个有益的解决方案。

6.4.2 生态空间有效保护综合协调的导控机制

1. 建立基于生态区划的成渝区域生态空间管制机制

生态区划的实施是一个复杂的过程，除了作为技术前提反映到区域空间规划中以外，

❶ 谭敏．遵循生态优先基本原则 寻求城市建设图底关系——关于推进城市非建设性用地的规划与建设［J］．四川建筑 2008（5）：4-7。

对生态区划中确定的区域生态空间进行管制，是实施生态区划的关键因素。要实现成渝区域生态空间的有效管制，应注重以下原则：

1）政府协调，实现空间政策对部门的统筹。区域生态空间的管制涉及众多专业部门，不是单个部门能够协调实施的，可以由政府通过设立专门协调机构的形式组织日常协调实施工作。由县级以上人民政府协调规划、建设、土地、环保、农业、林业、渔业、水利、旅游、文物保护等行政主管部门统一进行。要逐步对涉及区域生态空间的资源政策、产业政策、行业发展规划、区域社会经济发展战略与规划进行协调，改变行业之间、区域之间各行其是相互冲突的政策取向。通过划定区域生态空间，把该保护的区域以统一的标准、更严格的措施保护起来，重点对各类开发建设行为进行管制，联合省直各相关职能部门，对区域重点监控的地区实行"多管齐下"的保护。由于隶属川渝两地的省级政府，要在宏观层面协调解决成渝共同生态地域环境内的矛盾，需要建立两地共同的权威协调议事机构。基于此，前文提出的成渝城镇密集区城镇协调委员会及其议事规则可以作为统筹两地生态空间政策的议事平台。

2）分级实施，划分各级政府规划管理权限。成渝宏观层面的生态空间区划可以通过对区域生态空间分级的方式，为成渝城镇密集区区域生态空间的规划建设提供宏观性、框架性的依据，指导成渝区域内各次区域及各城市在编制城镇体系规划和城市总体规划时，分别统一编制同级区域的生态空间规划。宏观层面区域生态空间区划可以明确规定成渝县级以上人民政府应定期对本辖区内区域生态空间的规划建设进行监督、检查，其中，省人民政府监督跨市（地级以上）域区域生态空间的规划实施，市级人民政府监督辖区内一级管制区域生态空间和跨县级区域的生态空间的规划实施，成渝城镇密集区城镇协调委员会总体统筹协调跨省域的重大生态空间规划事项。

3）绿线管制，以法定程序保证规划政策的贯彻。在成渝区域生态空间规划的基础上可以借鉴城市规划管理的手段划定区域"绿线"，作为成渝各级政府实施生态空间规划的法定依据。应该实施严格"绿线"管理，确保生态保护有"线"可依，有"线"必依。成渝区域生态空间范围内的土地利用和各项建设必须符合区域生态空间规划，遵照相关法律、法规，严格实施空间管制。任何单位和个人不得在区域绿地内进行对区域绿地功能构成破坏的活动，区域生态空间规划一旦批准，不得随意更改。

2. 建立基于流域生态补偿的区域生态空间引导机制

在目前城镇密集区内以经济为导向的发展模式下，为了调动成渝各级地方政府维护宏观层面生态空间保护目标的积极性，需要将被动地接受空间管制转向主动维护区域生态空间，基于市场价值理念的生态补偿机制是促进成渝区域内各城镇主动遵循生态化发展战略的重要手段。

国际上对生态补偿的理解是指环境服务付费（Payment for environmental services），表示企业、农户或政府相互之间对环境服务价值的一种交易行为，是建立在产权清晰和交易成本较低的基础之上的[1]。国际上比较成功的生态服务补偿案例主要是依托土地和森林

---

[1] Noordwijk M, Chandler F, Tomich T P. An Introduction to the Conceptual Basis of RUPES [R]. ICRAF Working Paper, 2005。

明晰的产权结构[1]，在生态环境服务的需求方推动下建立的。由于中国环境保护严重负债，土地和森林等自然资源产权属于国有，中国环境服务付费项目以政府财政转移支付为主，同时在中小流域存在自发的市场交易。我国的生态补偿制度研究在国内政府、学界都受到高度重视，也都不断地在探索、研究和发展这一制度，并积极地推动该项制度向政策化和法制化前进。2010年4月26日，国家发改委牵头启动《生态补偿条例》的起草，这意味着我国生态补偿制度在经历了漫长的讨论与摸索之后进入立法准备阶段。

建立起有效的生态补偿制度是将生态空间有效保护从被动引向自觉过程的必要手段。生态补偿的主客体、方式和标准在制度的设计上是一个复杂的系统，可以应用于生态保护的诸多方面，比如对天然林保护、污水排放权、矿产资源开发等。生态补偿机制应当把生态空间保护和建设的直接成本连同由于生态空间维护对于城镇空间发展的机会成本，补偿给主动实施生态空间保护的相关城镇，使其可以获得足够的动力在城镇空间发展的过程中以区域生态保护优先为基本理念，提高整个区域内生态空间系统的保护水平。从目前体系下便于操作的角度来看，可以采用两种方式：一是采用区域内城镇生态足迹的赤字和盈余作为进行生态补偿的依据。如前文所述，对重庆市和四川省进行生态足迹的计算可以看出均为赤字的状况，但如果对区域内进行更进一步的细分，则可发现不同行政范围内生态足迹的水平是不均衡的，这就为运用城镇生态足迹赤字和盈余进行生态补偿标准制定提供了依据。二是运用生态指标的配额交易制度来进行区域之间的生态补偿。例如，可以对成渝城镇密集区内的建设用地总面积、生态公益林面积、自然保护区面积等生态指标进行信用额度配置，信用额度可以在区域之间进行交易，这样，那些生态指标额度短缺的区域可以向指标富余的区域进行购买，从而实现区域之间的生态补偿。

基于成渝城镇密集区的流域自然特征和实施生态补偿机制利益相关方生态联系的紧密性，成渝城镇密集区内实施生态补偿机制可以从相关流域范围内开始，如建立沿长江范围内主要城市组成的流域管理委员会等，将流域管理委员会作为议事平台综合协调流域内的相关生态保护及补偿机制建立问题，这在我国其他地区已经有实施成功的先例[2]。

3. 在成渝中心城市建立基于非建设用地规划的城镇生态空间导控机制

城镇空间特别是中心城市内的空间资源十分稀缺，非建设用地除了对城市具有生态支持作用之外，也常常由于其具有的社会经济价值容易受到侵占。因此，基于非建设用地规划建立起针对非建设空间的有效管制措施是成渝城镇内生态空间保护的重要保障。

1）城市非建设用地的管制。对非建设用地的导控应本着“积极”的指导思想，强调对非建设用地系统中生态用地的积极建设：一方面，在维护其肌体健康、保证其系统良性运转的同时，谋求最大限度地发挥其相应的生态服务功能，以利于城市生态系统的整体平衡；另一方面，通过分类保护与分级控制相结合的方法，在有效防止城市建设对基本生态用地侵蚀的同时，促使城市生态用地渗入连片的城市建成区，并相互联系形成有机网络。

2）城市非建设用地中建设活动的控制引导。非建设用地控制区内并非所有的用地都不能进行任何开发建设。在不破坏生态平衡、不影响生态功能、不降低景观质量的基本前

---

[1] 靳乐山，李小云，左停．生态环境服务付费的国际经验及其对中国的启示［J］．生态环境，2007，(12)。

[2] 福建省自2003年开始，先后在闽江、九龙江和晋江等3个流域开展生态补偿试点工作，福建省财政厅、福建省环保局也相继制定发布了《九龙江流域综合整治专项资金管理办法》、《闽江流域水环境保护专项资金管理办法》，泉州市政府出台了《晋江、洛阳江上游水资源保护补偿专项资金管理暂行规定》及《实施细则》等相关规定。

提下，可以在严格控制政策的引导下对非建设用地控制区内的部分用地进行生态性开发建设。这部分建设项目的确立必须满足以下条件：一是以更为充分地发挥非建设用地的生态服务功能为目标，在限定条件下进行的以服务为主的辅助性开发建设；二是项目立项必须经过严格的生态评价过程；三是土地利用性质必须与土地自然特性相容；四是建设必须满足非建设用地控制性规划所制定的一系列生态指标和建设导则的要求。

3）综合运用相关建设与管理政策指引措施。在严格区分非建设用地的公共用途和相邻建设用地的商业用途的前提下，制定与不同类型的非建设用地相邻的建设用地的土地使用导引措施，可以引导不同类型非建设用地的合理保护和与其关联的建设用地的高效开发。

4）建立非建设用地管理控制的法律保障机制。鉴于城市非建设用地的生态重要性，以及在城市特别是特大、超大城市中对生态空间保护工作面临的紧迫局面，除了将非建设用地规划编制纳入成渝城镇密集区中心城市的法定规划体系中之外，还有必要考虑在成渝中心城市内建立起针对非建设用地管理的城市法规保障机制。如以城市非建设用地规划为基础，制定“城市非建设用地规划控制管理规定”并报请地方市人大批准，提高对非建设用地管理控制的法律地位。

第7章　分离与融合：城镇密集区区域城乡空间统筹

区域城乡空间统筹属于城镇密集区区域空间协调发展的重要内容。我国的城乡空间关系由于特有的城乡二元体制被扭曲，综合协调城镇密集区内的城乡空间关系，不仅可以通过促进区域城乡空间均衡发展来提高区域内整体建设空间的集约发展程度，同时通过城乡空间的统筹发展可以缩小城乡经济社会的发展水平，实现区域均衡发展的社会效益。

7.1　城乡关系：区域城乡空间统筹综合协调的核心关系

相对前文中论述的区域城镇协调发展、城镇空间有效拓展、生态空间有效保护而言，本书对区域城乡空间统筹展开的综合协调研究，其协调的核心关系相对明确，即城乡空间关系。作为综合协调的核心关系，针对区域城乡空间统筹综合协调各对象进行的调控均将围绕城乡关系理想的空间状态展开。

7.1.1　城乡空间的概念界定

1. 城与乡的概念

城乡即城市和乡村。城市在古代指用于商品交易的地域。现代意义上的城市，则涵盖了政治、经济、文化等多方面的内容，特指非农人口集中，政治、经济、文化高度集聚的社会物质系统。乡村，也称农村，是居民以农业为基本经济活动的一类聚落的总称。

城市和乡村的历史沿革以社会分工为基础逐步展开。“一切发达的、以商品交换为媒介的分工的基础，都是城乡的分离。可以说，社会的全部的经济史都概括为这种对立的运动[1]。”城市是社会分工不断扩大，社会生产力发展到一定阶段的产物。第一次社会分工，即农业和畜牧业的分工，迁徙流动的人群逐步转向定居，形成原始村落，为城市的产生奠定了基础。第二次社会大分工，即农业和手工业的分工，使商品交换得以发展，逐步形成了集市或比较固定的交易场所。第三次社会大分工，即手工业和商业的分工，出现了商贸业和商人，开始出现真正的城市，城乡关系随之出现。

2. 城乡空间的概念

在城乡统筹发展的进程中，城乡空间的协调发展成为历史必然走向，人类只有对城乡空间进行协调建设，才能建立宜人的人居环境、和谐的社会。在城市规划领域，空间作为城乡人居环境的载体，一切研究成果必然要落实到空间才具有实在的意义，城乡统筹发展必然要以城乡空间协调的发展为实际存在。

学术界对空间概念的定义众多且广泛，对城乡空间概念的定义亦如此，这为我们界定城乡空间的概念打下了基础。综观相关研究成果，国内外学者对城乡空间概念的界定各有

---

[1] 刘易斯.《二元经济论》[M]，北京经济学院出版社，1989。

侧重。

日本学者岸根卓朗从文化的角度出发，认为对城乡空间的理解重在对“间”的认识，他认为“间”绝不是丢去某些应有之物而形成的一种空虚，相反，却是积极创造出来的一种“实存状态”，是有意识创造出来的“空间”，城乡空间是包容于自然和丰裕空间中的人类定居圈❶。

同济大学王振亮在其博士论文《城乡空间融合论》从发展观的角度出发，认为城乡空间是发源于城市化的城乡关系概念，而又不同于城乡关系的概念，其最大的不同之处在于城乡空间“具有非常明显的动态性和时空性，因而更具有发展性❷”。

重庆大学杨培峰从生态学的角度出发，认为城乡空间是城市与乡村建设所直接涉及的人类聚居场所，是侧重从城乡生态关系的动态演进特征出发，城乡互动的直接作用空间、城乡各种生态流向互动场所的总体概念表述❸。

综合前人的研究，可以得出以下结论：城乡空间是人居环境的“实存状态”和载体，其所体现出的不同人居形式是城市和乡村之间各种经济、社会、生态关系综合作用的结果。从横向来看，城乡空间并不是纯粹的物质实体空间，而是包括社会、经济、自然等空间要素（或空间系统）所构成的复杂的开放巨系统。从纵向看，城乡空间在城乡互动关系的作用下，在动态演进过程中不断获得发展的动力和活力。

7.1.2 城乡统筹发展的相关理论借鉴

国内外针对城乡统筹发展均有大量的相关理论与实践研究，对其进行总结梳理，有助于认知城乡发展过程中“城乡空间关系”协调的内在社会、经济因素及其理想的目标状态。

1. 国外城乡统筹发展的相关研究

恩格斯最早提出“城乡融合”的概念，他在《共产主义原理》中说：“通过消除旧的分工，进行生产教育、变换工种、共同享受大家创造出来的福利，以及城乡的融合，才能使全体成员的才能得到全面的发展。”恩格斯指出实现城乡融合的两个标志是：工人和农民之间阶级差别的消失和人口分布不均衡现象的消失。

在城市学和城市规划学界，最早提出城乡一体化思想的首推英国城市学家埃比尼泽·霍华德（Ebenezer Howard，1850～1928）。他认为，并不是只有要么城市生活要么农村生活这非此即彼的对立性选择，还存在着能够将两者结合起来的第三种选择。1902年，他在《明天的田园城市》一书里主张农业与工业联姻，农村与城市联姻。提出在工业化条件下实现城乡结合的发展道路。施密特的“产业—生活田园城市”理论吸收田园城市理论的内容而形成，它超越了产业革命后的“工业城市”的模式，而转向一种作为人的完整生活环境的“产业—生活田园城市”，强调城乡区域内产业、生活和自然三个方面的和谐统一。

1954年刘易斯在《劳动力无限供给下的经济发展》中提出的“二元经济”模型与城乡关系研究表明，二元经济是发展中国家在发展过程中最基本的经济特征。正因为二元经

---

❶ 岸根卓朗［日］．何鉴译．环境论——人类最终的选择［M］．南京，南京大学出版社，1999。

❷ 王振亮．城乡空间融合论，上海，同济大学工学博士论文［D］．1998。

❸ 杨培峰．城乡空间生态规划，重庆，重庆大学博士论文［D］．2002。

济结构的存在，城市现代工业部门如要扩大生产规模就应按略高于农业劳动者工资水平的工资源源不断地雇佣到所需的劳动力。随着农业劳动者向城市现代部门转移，农业部门和剩余劳动力逐渐被工业部门完全吸收，农业劳动生产率提高，农业劳动者收入就会增加，直到农业劳动者的工资水平与城市现代工业部门劳动者的工资水平趋向一致，城乡差别逐渐消失，二元经济转变成一元经济，实现城乡一体化。刘易斯认为，二元经济发展的核心问题是传统农业部门的剩余劳动力向现代工业部门的转移问题，经济发展的重心是传统农业向现代工业的结构转换。

2. 国内城乡统筹发展的相关研究

20世纪八九十年代，学者们基于我国实际，对城乡统筹问题进行了广泛研究，主要内容包括：城乡统筹的内涵，城乡统筹的必要性，城乡统筹的制约因素，城乡统筹的对策措施。

近年来，理论界对于城乡统筹内涵的分析，对于深入认识城乡统筹概念发挥了重要作用。鞠正江（2004）将统筹城乡发展的基本内涵概括为：统筹经济资源，实现城乡经济均衡增长和良性互动；统筹政治资源，实现城乡政治文明共同发展；统筹社会资源，实现城乡精神文明的共同繁荣。焦伟侠（2006）提出城乡统筹实质有三层意思：一是改变重城市、轻农村及“城乡分治”的传统观念和体制，通过体制改变和政策调整，消除城乡之间的体制障碍，消除城乡分割，使城乡之间人口、产品、资金、技术、信息有效流动。二是把城乡作为一个整体，对国民收入分配格局和重大经济社会政策进行重新设计，实行城乡统一筹划，把支持农村、关心农民、调整农业作为城市化的重要内容，实现城乡共同繁荣和发展。三是要解决经济的二元结构和高级化问题。

对于统筹城乡发展的必要性，许多学者进行了专门研究，代表性的观点有：城乡统筹是全面建设小康社会的必然选择。这种观点以韩俊（2003）、石忆邵（2004）、焦伟侠（2006）为代表，他们认为，全面建设小康社会的重点和难点在农村，把全面繁荣农村经济和促进农村社会进步作为重中之重，由城乡分治最终走向城乡一体，统筹城乡发展，对实现全面建设小康社会的目标具有全局性意义。城乡统筹是国民经济持续快速发展的必要保证。刘奇、王飞（2003）认为，农村人口占绝大多数和分散经营的小农大国决定了我国必须确立工农业协调发展、城乡协调发展的战略，只有统筹城乡发展，建立平等和谐的城乡关系，才能保证国民经济持续、快速、健康发展。

对于城乡统筹的障碍因素，很多学者根据我国实际，主要是从城乡差距的成因出发，分析了制约我国城乡统筹发展的障碍因素，大体有以下观点：章国荣、盛来运（2004）从城乡居民收入差距的角度探讨城乡发展的不协调，分析了差距扩大的主要原因，即城乡产业结构差异导致工农效率差异。郭玮（2006）分析了我国城乡差距扩大的主要原因在于：城乡产业特性造成了城乡之间的差距；非均衡发展战略的惯性推动促进城乡差距继续扩大；城乡隔离是城乡差距扩大的根本原因。李雪艳（2007）认为，现行户籍制度是统筹城乡发展的最大制度障碍，城乡二元劳动就业制度是第二大障碍，此外，农地制度障碍限制了农村人口向市民的转变，城乡社会保障制度的不同步也成为重大障碍。

关于城乡统筹的措施对策，许多学者进行了探索性的研究，主要观点有：一是改变二元结构，统筹城乡发展。韩俊（2003）认为统筹城乡发展是一项巨大的系统工程，涉及社会经济生活的各个方面，其中关键是要在改变城乡二元结构、建立社会主义市场经济体制下平等和谐的城乡关系方面取得重大突破。二是消除劳动力市场分割，统筹城乡发展。钟甫宁（2004）认为，从长远看，创造非农就业机会和提高农民人力资本是增加农民收入的根本途径，是城乡统筹发展的核心，是保持社会安定、维持经济长期稳定和健康发展的必要条件。三是壮大农业经济统筹城乡发展。刘志澄（2005）以发展和壮大农业经济作为统筹城乡发展的突破口，认为只有正确把握农业经济的内涵，着眼工农业协调发展、城乡共同繁荣，才能不断发展和壮大农业经济。四是改革现行的城乡分割的体制，统筹城乡发展。顾益康（2005）认为，实现城乡经济社会统筹发展，必须在城乡经济结构和劳动力结构调整、城乡配套体制与政策改革、国民经济分配结构调整等三个方面进行重点突破。

3. 相关理论对城乡空间统筹的启示

总结梳理国内外关于城乡统筹发展的相关研究经验，我们可以得到以下两个基本结论：

1）城乡统筹具有综合性内涵，城乡空间的二元差异性是城乡经济、社会、自然环境多方面因素的二元性在空间层面的综合表现。一、城乡统筹首先体现为城乡二元经济上的统筹发展，农业部门和剩余劳动力逐渐被工业部门完全吸收，农业劳动生产率提高，农业劳动者收入就会增加，直到农业劳动者的工资水平与城市现代工业部门劳动者的工资水平趋向一致，城乡二元差别才会逐渐消失，如刘易斯在二元经济结构中的观点。二、城乡统筹发展对促进区域社会和谐、公平发展具有重要意义。统筹城乡发展要构建城乡平等和协调发展的制度和政策体系，应逐步消除城乡发展中轻视农业、歧视农村、剥夺农民的不平等制度和政策，构建融合发展的制度和政策体系，这在我国城乡统筹的相关研究中具有重要的地位。三、城乡统筹应建立起城乡结合、兼顾城乡优势的人居环境，强调城乡之间产业、生活和自然三方面的和谐统一。如霍华德的“田园城市”思想及施密特的“产业—生活田园城市”思想中鲜明地提出了这一观点。

2）我国的城乡空间二元差异性具有鲜明的体制特征，政策体制突破是实现城乡空间统筹的关键问题。从我国城乡统筹发展的相关研究来看，相对于国外的理论研究，我国的研究无论是城乡统筹的内涵、必要性、制约因素还是对策，立足于对我国特有的城乡二元体制的探讨均是相关研究的一个基本出发点，也是解决我国城乡统筹问题的突破口。我国目前的城乡空间分离状态不仅是城乡空间之间自身差异性的外在表现，还具有鲜明的体制特征。因此，探讨我国的城乡空间统筹问题，政策与体制上的改革是一个重要的突破口。

7.1.3 城乡空间融合：区域城乡空间统筹综合协调的目标状态

如前文所述，由于经济社会发展阶段的客观内因和城乡二元政策体制的外在约束，我国城乡空间二元结构突出的分离发展模式十分明显[1]。作为城镇密集区空间集约发展的核心目标之一，区域城乡空间统筹的实现应当通过相关的综合调控手段来实现城乡空间融合的目标状态。

1. 城乡空间分离阻碍了城镇密集区空间集约发展

在目前城乡二元的体制下，我国的城乡空间处于相对分离的状态。其表现为：“城乡分治”的传统观念和政策体制下，户籍、土地等城乡二元政策限制了人口、资金、资源、信息、技术等要素在城乡之间的自由流动，造成了城乡空间的二元结构矛盾突出。城乡二元体制造成了区域内城乡经济发展的不平衡，农民收入与生活水平长期大幅度地落后于城

---

[1] 详见本书第 2 章的 2.5——城乡二元结构突出：体制分割下的空间失衡。

市居民，如2008年重庆农民人均纯收入为3307元，四川省农民人均纯收入为3363元，重庆市城市人均可支配收入2008年达到12291元，成都市达到15346元，与本省市农民的收入差分别达到3.7∶1和4.5∶1，城乡收入水平差距巨大。不仅在经济社会发展层面，从建设空间的利用层面来看，城乡空间建设用地的使用效率上也存在巨大差距。据统计，我国2008年城市建设用地约7.8万平方公里，城市人均建设用地为130多平方米；2008年全国村庄建设用地约为1653亿平方米，按当年农业人口计算，人均村庄用地为218平方米，远高出国家定额最高值（150平方米/人）45.3%❶。由此可见，在城镇发展过程中，城乡空间分离的发展状态，对于城镇空间的集约发展有重大的不利影响。

城镇密集区内建设空间相对密集，无论是在空间距离还是在经济、社会和自然生态关系上，城镇密集区内的城乡空间都存在更紧密的联系，是一个休戚与共、共荣共生的空间整体。城乡二元体制下造成的城乡空间分离状态使城镇密集区内的各类矛盾更为突出：

1）从区域经济发展的角度来看，城乡空间分离的状态不利于高效利用区域内的空间资源，削弱了区域产业空间的集约化水平；2）从区域社会发展的角度来看，城乡空间分离的状态加剧了城乡社会发展的不平衡，造成了区域发展的社会矛盾；3）从区域生态空间保护的角度来看，城乡空间分离的状态不利于区域内生态环境的有效保护。城镇密集区内生态空间脆弱，城乡之间相对分离的空间状态加剧了生态环境保护工作的复杂性，乡村空间的污染正在成为城镇密集区内环境污染的又一隐患。因此，从经济、社会、生态综合效益的角度出发，城乡空间分离发展的状态不利于城镇密集区区域整体的可持续发展，严重阻碍了区域空间集约发展整体目标的实现。

2. 城乡空间融合发展的内涵

综合协调城镇密集区城乡空间之间的经济、社会和自然生态关系，促进区域城乡空间内各类要素的自然流动和相互渗透，组织城乡空间各系统充分发挥城乡各自的优势，实现城镇密集区内城乡空间的融合是城镇密集区空间集约发展的必然趋势。

城乡空间之间存在差异、互补性，在对资源的利用效率方面，城市比乡村更具有竞争性，但在对维持生态安全与健康的贡献中，乡村的竞争性远大于城市，城市内具有便捷的现代都市生活，而乡村具有更为生态宜居的生活环境。作为区域内各具特色、功能互补的两大人居环境空间，城乡空间是一个城乡关系共生和谐的空间整体。城乡空间融合发展的内涵可以总结如下：

1）优势互补：城乡空间的融合是在发挥城乡各自优势特色下的融合状态。城乡空间融合发展是在保存城市和乡村鲜明特色的前提下，建立的一种新型城乡关系，即效益共享、责任共担、相互协调、共同发展，它是城乡空间走向综合协调发展阶段的模式。当前，国家对“三农”问题日益关注，我国城乡空间正在进一步向城乡融合发展模式演进，即在明确城乡分工、相互促进基础上的城乡双向发展，它不是空间的均衡化，而是一个有效聚集、有机疏散、高度协作的最优空间网络系统，它强调城乡紧密联系、相互依存，在城市发展的同时实现农村现代化。城乡空间融合发展的目标不是消灭城乡差别，而是改善城乡空间的结构和功能，协调城乡利益和利益再分配，实现城乡生产要素合理配置和城乡经济的持续协调发展。

---

❶ 资料来源：依据《中国建设统计年鉴2009》整理。

2）多维互动：城乡空间的融合是实现城乡空间各类要素多维互动的融合状态。城乡空间融合是农村与城市之间的一个多维互动过程，它既包括农村的劳动力、资金与土地等经济资源向城市空间的流动，也包括城市先进的生产力如技术、科技等要素向农村空间的扩散、渗透和辐射（图 7.1）。在这一过程中，单方面地强调农村的发展或是城市的成长，都是不正确的，因为城乡空间融合不仅意味着城市对农村的作用，而且也意味着农村对城市的影响；它不仅是农村的发展，而且也是城市自身的发展，城乡空间融合是通往城乡空间综合协调发展的较高级阶段模式❶。

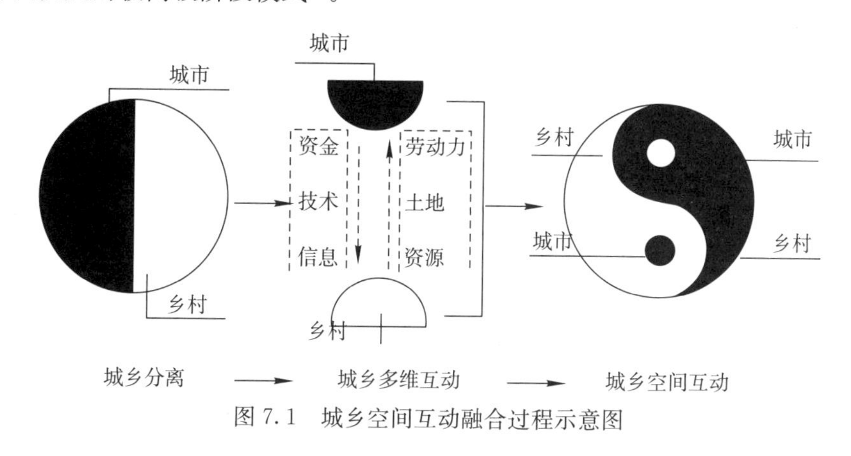

图 7.1　城乡空间互动融合过程示意图

7.2　成渝区域城乡空间统筹综合协调的对象分析

城乡空间融合是一个涉及政策体制并具有综合性内涵的复杂问题，应当聚焦于宏观层面进行探讨。因此，对成渝城乡空间统筹综合协调对象的层次选择也应聚焦于宏观层面：

①从前文城乡统筹相关理论的研究可以看到，城乡二元经济的统筹发展是消除城乡空间发展差距、实现城乡空间统筹的基础，城乡空间的分离首先在于人、土地、资金等经济要素在城乡空间之间的自由流动受到限制，造成城乡经济发展的不均衡。因此，产业空间的融合是区域城乡空间统筹综合协调的基础。②城乡空间统筹的根本目的是为了实现城乡居民生活环境的共同改善，改变城乡分治下城乡人居环境发展的不平等状况。因此，在城乡空间经济统筹的基础上，保持城乡空间人居环境特质的同时，实现城乡人居环境空间的融合发展是区域城乡空间统筹的最终目的。

综上所述，可以将成渝城乡空间统筹这一空间集约发展目标的实现，解析为城乡产业空间与住区空间融合两个基本调控对象（图 7.2）。

7.2.1　城乡产业空间

相对于沿海发达地区的城镇密集区，成渝城镇密集区城乡二元结构突出的矛盾首先就表现在城乡产业发展的不均衡上：现代工业与传统农业发展水平差距巨大，城乡产业空间之间发展相对分离的情况相比沿海发达地区的城镇密集区十分明显❷。要实现成渝区域城

---

❶ 赵柯．城乡空间规划的生态耦合理论与方法研究［D］．2007：68－69。

❷ 详见本书第 2 章的 2.5——城乡二元结构突出：体制分割下的空间失衡。

乡空间统筹的综合协调，首先要实现成渝城乡产业空间的融合发展。

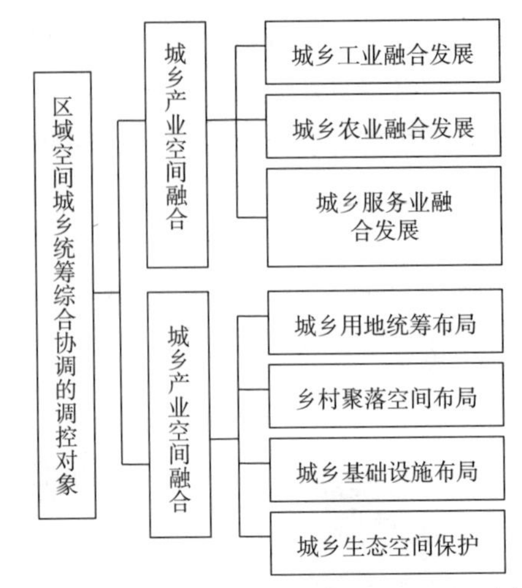

图 7.2　区域空间城乡统筹综合协调的调控对象体系

成渝城乡产业空间融合，其目标是要建立起城市与农村功能互补、有机统一的经济系统，利用成渝城市工业的资金、技术和人才优势来发展传统农业生产力，改善成渝地区相对落后的农村生活环境和农民发展状况。其内在动力来自于成渝城乡产业空间的优势互补，城乡市场的相互依存，人流、物流、资本流、信息流等资源和要素的自由流动和优化配置。成渝城乡产业空间的融合可具体分为工业、农业和服务业三个方面：

首先，发展工业是城市文明的重要体现，城市内的资金、技术、信息条件使工业在城市内的发展更具有优势。但城镇密集区内工业产业的发展与城乡之间均有着密切的关系，一方面由于空间资源的稀缺，城镇工业的发展越来越多地侵占原本属于乡村的空间资源，城镇工业化的过程与乡村城镇化的过程密不可分。另一方面，城镇密集区内越来越多的村镇开始发展第二产业，加入到与城镇争夺经济资源的行列中，这在成渝城镇密集区成都、重庆都市圈范围内已是极为普遍的现象。因此，协调工业产业空间对于成渝城镇密集区城乡空间的融合发展显得十分重要。

其次，成渝传统农业向现代农业的转变离不开城市内资金、技术、信息等资源的支持。乡村的发展要立足于自身产业优势，提高乡村农业产业化的发展水平，这是实现城乡产业空间统筹发展的重要部分。成渝城镇密集区内相对发达的城市经济为农业产业化的发展提供了资金、技术、人才方面的条件，同时，成渝城镇密集区内庞大的城市消费人群为乡村农业产业化的发展提供了市场基础。

最后，城镇密集区城乡产业空间在服务业上有着天然的互补性，城市内相对发达的现代文明技术为乡村产业发展提供技术、信息服务，乡村优良的自然环境和田园景观可以为都市居民提供休闲度假的场所，发展休闲产业已成为成渝城镇密集区内许多乡村经济产业的重要组成部分。

7.2.2　城乡住区空间

成渝城镇密集区城镇化水平比其他城镇密集区低，超大城市带超大农村的基本格局决定了在成渝地区城市空间与乡村空间相对分离的现象比其他区域明显[1]。由于成渝城镇密集区幅员比较广阔，地区之间发展不大均衡，区域城镇空间组团式分布的基本格局更加剧了区域内城乡住区空间之间分离发展的状态。

成渝城乡住区空间的融合不是要消灭农民、乡村和乡村生活方式，而是要通过区域内城乡空间的整体规划建设，减小城乡空间环境之间的发展差距，促使成渝区域内城乡两大

[1] 详见本书第 2 章的 2.5——城乡二元结构突出：体制分割下的空间失衡。

空间环境融合成为有机整体（图 7.1）。

作为综合调控的对象，需要将城乡住区空间的对象要素化。可以将成渝城乡住区空间融合的主要内容概括为：城乡用地统筹布局、乡村聚落空间布局、城乡基础设施布局和城乡环境保护与生态建设四大方面。城乡用地统筹布局是通过调整城乡布局形态，形成多层次、多节点、网络状、连续式、疏密相间的、相互渗透的、点线面相结合的区域综合体（图 7.3）。乡村聚落的兼并是成渝农业集约化、乡村城市化的必然要求，同时也是促进城乡统筹发展的有力手段。城乡基础设施建设是促进成渝城乡空间融合、缩小城乡差距的关键，它包括城乡交通体系规划、城乡市政基础设施和城乡公共服务设施等。城乡空间的统筹发展必须强调城乡空间整体建设与自然环境系统保护之间的联系，统筹区域生态建设与环境保护，避免城镇污染向农村地区转移、扩散，实现区域污水、垃圾等集中收集、处理，控制、减少农村面源污染。

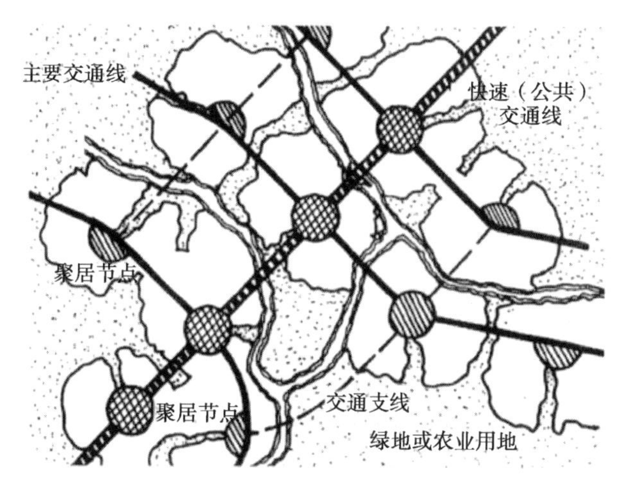

图 7.3　城乡区域空间综合体结构示意图

资料来源：黄光宇、陈勇．生态城市理论与规划设计方法［M］．科学出版社，2002。

7.3　成渝区域城乡空间统筹综合协调的组织策略

成渝城镇密集区区域城乡空间统筹目标的达成，需要对成渝城乡产业空间、住区空间两大基本调控对象实施综合协调，通过对两类空间内的城乡关系进行调控，实现区域城乡空间的融合发展，并最终提高整个区域的空间集约发展水平。

7.3.1　城乡产业空间统筹的组织策略

城乡产业空间融合的基本出发点是依据城乡优势互补的原则，从城乡空间两方面综合协调城镇密集区内的产业空间结构，形成既有分工又有联系的城乡产业分工。结合城乡产业空间融合的调控对象，成渝城乡产业空间综合协调的组织策略包括：

1. 工业集群化

工业产业集群化的实质是将某类工业产业链分解为众多零部件的生产环节，并分别由专业化程度高的中小企业在某一特定区域集中生产、组装，形成完整的专业化分工协作网络。成渝城镇密集区内工业产业集群化不仅是实现城镇空间紧凑发展的必要条件，也是实现成渝城市与乡村产业空间融合发展的前提：

1）工业的集群化发展减少对城镇密集区内乡村空间资源的占用。城镇密集区内城乡之间联系紧密，相对发达的工业产业使得密集区内城镇产业的发展占用了较多的乡村空间资源，对城乡环境的影响较其他区域更为剧烈。工业产业的集群化发展占用较少的城乡空间资源，避免城市空间对乡村空间的过度吞噬，为乡村空间内自身生态产业的发展留足空间。

2）工业集群化的发展为乡镇企业与城市大型企业的配套融合发展提供了平台。工业产业的集群化发展，强调的是在一个或几个核心企业的带动下，若干中小企业作为上下游配套企业形成的专业化分工企业群。在产业集群中，众多中小配套企业为城镇密集区内乡镇企业的发展提供了机会。由于具有区域位置的优势，我国城镇密集区内的乡镇企业已有较长时间的发展历史。从城乡产业空间融合发展的角度来看，乡镇企业的发展可以借助于城市大型工业企业的平台，利用大型企业在技术、市场等方面的竞争力为其做好产业配套，在激烈的市场竞争中找到自身的发展空间，而在城镇密集区内鼓励工业产业集群化发展的模式则为乡镇企业与城市大型企业的融合发展提供了产业发展平台。

3）工业产业集群化的发展有利于工业化与城镇化的互动。城镇密集区内工业产业集群的发展都伴随着新的产业工人聚集区的出现，有利于工业化与城镇化的互动。在我国城镇密集区的发展过程中，乡村人口有一部分转变为城市人口，即乡村人口的城镇化过程是城乡关系中的重要组成部分，它既是城市工业产业发展劳动力市场的需要，也是乡村农业产业规模化经营的需要。城镇密集区内工业产业集群的发展为有序、成规模地转变乡村人口为产业工人提供了有效途径。

以川南城镇密集区的泸州市为中心，300公里半径内的长江流域和赤水河流域，是中国最著名的白酒产区，拥有茅台、五粮液、泸州老窖、郎酒等知名企业，形成了中国白酒原产地黄金经济圈[1]。为促进散布于各区县的小酒厂、配套包装企业走集约化整体发展的道路，泸州市由政府牵头，企业运作，打造酒类集中工业园区，为实现酒类产业的集约、集聚发展，增强产业竞争力提供了平台（图7.4）。“中国酒谷”泸州酒业集中发展区位于泸州江阳区黄舣镇，总规划用地7500亩，投资额逾60亿元，年产值和服务性收入超过150亿元，是白酒生产加工配套产业园区。通过白酒酿造、勾兑、储存、灌装、包装、物流和展示、交易功能的综合配置，实现了酒类工业园区产业供应链的完整配套，吸引大量本地酒类企业和外地服务配套企业入驻园区。同时，通过酒类工业园区的集中发展创造的经济效益，园区配套建设黄舣镇被征地农民安置新村，限价出售给村民，村民用征地补偿款购置新房，实现了农民的集中安置。另一方面，工业园区的建立为当地村民创造了大量的就业岗位，是城市工业化与乡村城镇化的良性互动的典型案例。

2. 农业产业化

农业产业化，又称为农业产业一体化（agricultural integration），20世纪50年代起源于美国，在20世纪六七十年代发达国家基本完成了这一过程。农业产业化对于城乡产业空间融合的意义在于：

---

[1] 据有关权威专业部门统计，该区域生产的白酒原料酒占全国产业的一半以上。

酒类酿造区

酒类灌装区

集中储酒库

酒类包装区

物流园

酒类交易中心

酒类检测中心

酒类展示区

图 7.4　泸州市“中国酒谷”酒类集群化工业集中区

1）农业产业化提高了农村的生产力水平，减小城乡产业发展水平的差距。农业产业化的中心和实质是把农业生产的产前、产中、产后联结在一起，延长农业生产的产业链条，增加农产品的附加值，使农业生产的利润更高。

2）农业产业化将传统农业融入了现代产业空间的大循环中。农业产业化用“农、工、商三领域整体制”取代“农工商部门对立”，将传统农业生产在自我封闭的小圈子中循环引入现代城乡产业空间的大循环之中。它有利于促进生产要素在城乡空间之间的双向流动，把农业生产与城市市场联系起来，既保证了农产品的销售，也保证了城市的供应，是城乡空间之间一种现代化的流通方式。

3）农业产业化促进了城乡空间的集中与融合。在空间上，农业产业化促进了农产品加工业向农村的扩散，加快了农村社区的建设，推进了乡镇企业的相对集中，从而吸引了城市先进的技术、资金、人才和设备，促进了城乡之间的经济交融，使城乡空间优势互补，打破了城乡空间分割的传统体制，加速了城乡产业空间融合的发展进程。

成渝城镇密集区内的传统农业向现代农业的转型离不开农业产业化的过程。另一方面，目前成渝快速的城镇化过程和相对发达的城市经济为农业产业化的发展提供了广阔的市场和技术、资金保障。

对于成渝地区而言，由于比较复杂地形条件的限制不适合大规模机械化的农业生产，比较理想的农村产业化道路是发展特色农业，建设特色农业产业区，构建现代农业产业基地。可以在自然资源较好的地区，建设现代特色农业基地，使其成为农村经济发展、农民增收的空间载体。成都平原是成渝地区内农业产业化进行得较好的地区，也是特色农业发展水平较高的地区。成都平原各城市以农民增收为出发点，以农村土地改革为契机，以基本农田保护和粮食安全保障为前提，大力推进农业向规模经营集中，发展高产、优质、高效、生态、安全农业，推动农业产业化进程，努力实现传统农业向现代农业的转变。突出优势农产品，重点发展眉山的蜂蜜，雅安和乐山的茶叶，成都、眉山和资阳的水果，成都、德阳和绵阳的家禽，成都、雅安、德阳和绵阳的药材（图 7.5）。

3. 乡村休闲化

随着都市生活节奏的加快和城市生活压力的增大，乡村休闲产业已成为旅游产业下的一个重要组成部分。乡村旅游与城市旅游资源相对应，与城市繁重的生活压力和喧嚣的城市噪声、污浊的空气等因素相对应，为旅游主体提供一种比较宁静、悠闲、放松的短暂的生活方式和生存状态。乡村休闲产业的发展是城乡空间之间发挥自身特色优势实现产业空间融合的重要表现，是传统农业在城乡产业空间融合的过程中向新型服务业发展的重要手段。

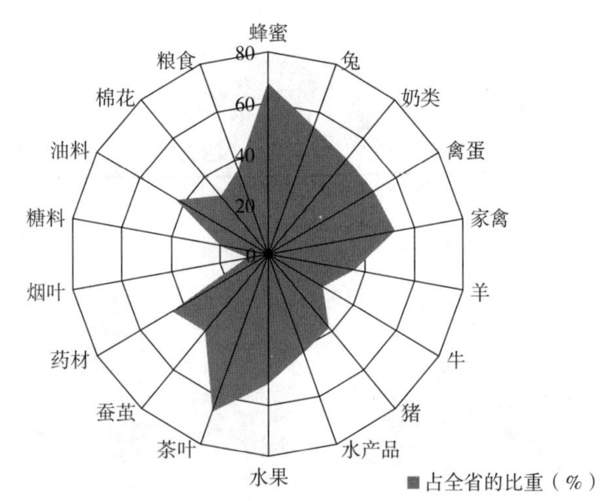

图 7.5 成都平原城市群主要农产品占四川省的比重

资料来源：《四川省统计年鉴 2009 年》。

城镇密集区内城乡空间在地理区位上十分紧密，密集的城镇人口和城郊乡村良好的区位条件为城镇密集区内的乡村发展都市休闲观光业提供了便利的条件。城镇密集区城乡产业空间统筹发展应重点研究乡村旅游的发展规划，合理布局乡村旅游资源。研究表明，我国城市居民 60％的出游市场集中在距城市 50 公里以内的范围，其中 37％集中在距城市 15 公里的范围内，24％集中在 15～50 公里的范围内。据有关报道，美国有 1/3 的时间、收入和国土面积是用于休闲产业❶。可见乡村空间休闲产业的发展空间是巨大的，在城镇密集区这一特定的城乡空间紧密联系的区域，乡村空间休闲产业的发展能够在促进城乡产业空间融合发展的过程中扮演重要的角色。

针对成渝乡村地区的资源特点，可划分为以下几类乡村空间类别进行引导：一是生态旅游区——以自然植被、原始森林为主要旅游点，如成渝城镇密集区内的旅游风景区。二是田园风光区——以开阔的麦田、油菜花等田园作物为主要的旅游资源，如重庆南川区的油菜花田园风光。三是历史文化旅游区——以历史文化名镇、古村落，以及传统宗教的寺、庙、院活动和民俗为旅游吸引点，如川南的龙华、福宝古镇。四是休闲美食旅游区——对适合钓鱼、攀岩、徒步、游泳等活动的区域进行集中发展，实现规模效应，如都江堰市的紫坪铺镇乡村休闲业。五是赏花果蔬旅游区——可在生产水果、蔬菜的地区规划果蔬旅游接待区，开花季节组织赏花旅游活动，如成都平原的龙泉驿乡村休闲业。六是种植、养殖产业化观光区——在具有一定规模和实现产业化生产的种植业或养殖业地区，规划以农业产业观光为旅游目的的区域，如重庆长寿区的乡村休闲业。通过对乡村旅游空间资源的板块化培育、规模化经营，可以有效促进城乡产业空间之间的互动发展（图 7.6）。

7.3.2 城市村庄：城乡住区空间统筹的组织策略

城镇密集区城乡住区空间的融合，是要寻找一条兼顾城乡空间优势、统筹城乡空间资源的城乡空间组织形式。我国长期以来形成了“城市—中心镇—一般镇—中心村—自然村落”的城乡体系结构，不仅在行政区划上使城乡空间形成了多层次的界限划分，在空间人居环境上也由于各级行政区划下附着的各种经济、政治和管理资源形成了城乡空间发展水平的巨大差距。

❶ 庄宇，张培刚．新时期城乡统筹理念在县域城镇体系规划中的运用［J］．安徽农业科学，2007，(33)。

生态旅游类型：巴中市光雾山自然保护区

田园风光类型：重庆南川区

历史文化旅游类：宜宾屏山县龙华古镇

休闲美食旅游类型：都江堰市紫平铺镇休闲农家乐

赏花果蔬旅游类：成都龙泉驿万亩桃花林

种植、养殖观光类：重庆长寿区现代农业园乡村奶牛养殖

图 7.6　成渝地区乡村休闲旅游的几种类型

资料来源：根据互联网图片及自摄照片整理。

城镇密集区内城乡空间之间的各类联系比上述体系结构更为紧密，过多的城乡空间层级不利于城乡空间的融合发展。将五级城乡体系转变成由城市村庄—小城镇—大城市构成的三级体系，对于实现城镇密集区内城乡空间的融合具有理论与现实意义（图 7.7）[1]。从成渝地区腹地广大、城乡空间相对分离的实际情况来看，“城市村庄”可以成为连接城乡、实现城乡住区融合的主要空间载体，“城市村庄”的规划和建设是实现城镇密集区城乡住区空间统筹的基本组织策略。

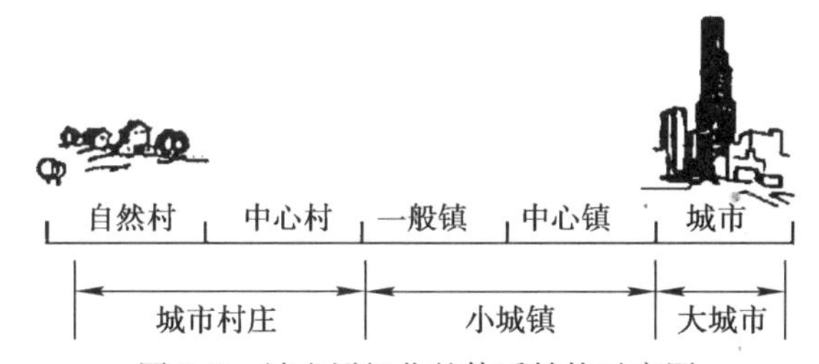

图 7.7　城乡层级化的体系结构示意图

资料来源：赵柯．城乡空间规划的生态耦合理论与方法研究［D］.2007（改绘）。

1. 成渝城镇密集区“城市村庄”形成的空间动力

1）空间资源的集约利用。城镇密集区内空间资源紧缺，传统自然村落散点式布局的乡村住区模式，无疑很难满足区域空间集约发展的要求。为了更高效地利用城镇密集区内包括乡村建设用地在内的各类建设用地资源，同时为了更有效地提供各类现代化的公共服务设施及市政基础设施，提高区域内乡村住区空间的生活环境水平，乡村空间的适度集中建设在城镇密集区内是有必要的。

[1] 赵柯．城乡空间规划的生态耦合理论与方法研究［D］.2007：151－152。

从目前成渝地区的城乡体系结构出发，城市和城镇是空间发展的重要极点，成渝地区广大的乡村可以在产业空间融合的基础上不断地聚集，通过区域内村民的适度集中，使乡村住区空间凝结成一个个极点，我们将其定义为“城市村庄”。

2）城乡产业空间的融合。“城市村庄”的形成动力与城乡产业空间融合有密切的联系。在工业集群化、农业产业化、乡村休闲化等城乡产业空间融合的过程中，随着城乡产业的融合、聚集，不可避免地伴随着村民不断聚集、聚居的过程，“城市村庄”的形成也成为必然的趋势。可以按城乡产业融合的动力不同将“城市村庄”的形成类型分为：

①工业化带动型。这些地区工业化程度高，城镇和集镇密度大，各村庄到镇区的距离近，农民工作生活在镇区而在农村保留口粮田和房屋的情况很多。在这些地区，农民居住集中的重点在各类城镇。这时的“城市村庄”即小城镇。在促进其形成中，首先引导乡村工业向城镇工业区集中，通过工业集中区的发展扩大城镇就业空间，引导农民从传统农业向产业工人的转变，同时，完善小城镇基础设施和社会服务设施，完善社会保障体系，吸引更多周围乡村人口迁居到城镇，形成工业化带动下的城镇型“城市村庄”建设。以成都郫县安德镇为例，通过川菜原辅料主业的集群发展，规模以上工业增加值达到5.6亿元，城镇建成区面积扩大到4.5平方公里❶。

②农业产业化带动型。现代农业发展的一个主要方向就是各类农业园区，农业园区开发是实现农业规模化经营的主要途径。这种模式适合于大型农业生产基地、都市农业开发区、城郊农业发展区等地区现代农业园区建设，是引导传统农业向现代化农业转型的新动力。在我国，农业园区类型主要有现代农业示范园、工厂化畜禽养殖基地、旅游观光农业园、设施农业园等各类农业园区（以下简称园区）。通过农业园区开发，带动土地规模化经营，提高农业产业化水平和农业比较效益。土地规模经营有利于城市村庄依附于基地或园区发展，同时，由于大量工商资本的投入和农业效益的提高，为村庄改造整治、集中建设居住点以及旧宅基地复垦等提供了资金来源。如川南宜宾市翠屏区赵场镇，坚持以花卉产业为基础，推动农业产业化发展。2009年GDP达3.1亿元，以花卉基地为基础建设新村4个，容纳乡村非农人口7000多人❷。

③乡村旅游发展型。乡村旅游通过鼓励城市居民积极参与乡村生活、体验乡村劳作，加强了城乡居民之间的感情沟通，成为城市居民了解当地风土民俗、领略田园风光和回归自然的最佳方式之一，同时也迎合了新世界绿色旅游、生态旅游的大趋势，具有广阔的发展前景。凭借旅游资源，吸引各地来客，利用旅游业强关联带动效应加快城镇第三产业发展和乡村非农产业发展。通过发展乡村旅游，可以使大量农民进入城市村庄，一批特色旅游城市村庄也会应运而生。如成都市东南三圣乡幸福村，通过实施农房川西民居改造、微水治旱工程、道路建设和绿化景观打造，形成梅林、农居、湖面交相辉映的都市特色农业景观，发展都市乡村旅游观光农业的幸福梅林片区（图7.8）。

2. 成渝城镇密集区“城市村庄”实现的基本策略

城市村庄可以在成渝城乡产业融合发展的基础上，通过对现有农村居民点的迁并得以实现。它的实现可分为四种基本途径：

---

❶ 资料来源：四川省建设厅. 成都统筹城乡推进城镇化研究［R］. 2010。

❷ 资料来源：宜宾市规划和建设局. 翠屏区新村建设规划［R］. 2010。

图 7.8　2005 年成都市三圣乡幸福梅林修建后

资料来源：建设部山地规划与设计研究中心，重庆大学城市规划设计研究院．成都市非建设用地规划[R]．2005。

1）现有保存完好，拥有优美自然乡村景观，具有旅游开发潜力的自然村落、林盘的保护与完善。2）各自然村内部的调整，变零散布局为组团布局。3）在行政村内部进行自然村之间的合并集中，将分散的几户、几十户小居民点集中至较大村庄。4）突破行政区划边界做更大规模与深层次的合并集中，主要是规划建设集中居住区，即农村新型社区。通过整治改造，撤并规模小的居民点，引导它们就近向规模大的村庄和规划集中居住点集聚；通过村庄整治，改造空心村，促使摆动于村庄和城镇之间的农民放弃原有的宅基地，或是将其宅基地置换流转到城镇或集中居住点，从而实现居住集中化，形成城市村庄。城市村庄的实现是一项投资大、历时长、难度大的工程，但它可以成为成渝城乡空间融合的一个主要空间载体。

3. 成渝城镇密集区“城市村庄”实现的空间形式

城市村庄的规模可大可小，小到 500 人左右，大到几万人，它与相邻城镇或产业区的通勤距离不大于 30 分钟的车程（这里的车程即可以是公交车也可以是摩托车或自行车的车程，根据不同地区出行方式具体确定）。它们具有一定的人口聚集度，距离城市和城镇距离较近，兼具城市现代生活的便利和乡村生活良好的生活环境，是实施成渝城乡住区空间融合的主要载体。城市村庄概念的建立使城乡体系形成“城市—城镇—城市村庄”的城乡网络体系结构（图 7.9）。

从本质上说，城市村庄是城乡空间融合下的新型农村社区。由城乡产业融合发展带来的城镇化道路，不强调以城市为主体或以小城镇为主体，而是对农村本身进行城镇化建设。农民可以向小城镇集中，可以到城市务工，也可以通过将农村社区建设与产业发展结合起来的“城市村庄”空间载体，来实现农村城镇化，最终实现城乡住区空间的融合。城市村庄是兼有城市生活的便利、乡村生活的安宁、配套设施完善、环境优美，并与相邻城镇保持有通勤能力的新型农村社区（图 7.10）。“城市村庄”的建设是在城镇密集区内经济相对发达、空间资源相对紧缺的状况下，在城乡产业空间融合的推动下，实现区域空间集约发展的有效选择。

7.3.3　三个集中：成都市城乡空间统筹协调的发展模式

城乡空间融合发展是在保存城市和乡村鲜明特色的前提下建立的一种新型城乡关系，即效益共享、责任共担、相互协调、共同发展，它是城乡空间走向综合协调发展的阶段模式，是通往城乡空间综合协调发展的较高级阶段模式，目前成都地区开展的“三个集中”的建设正是这一模式的实践反映。

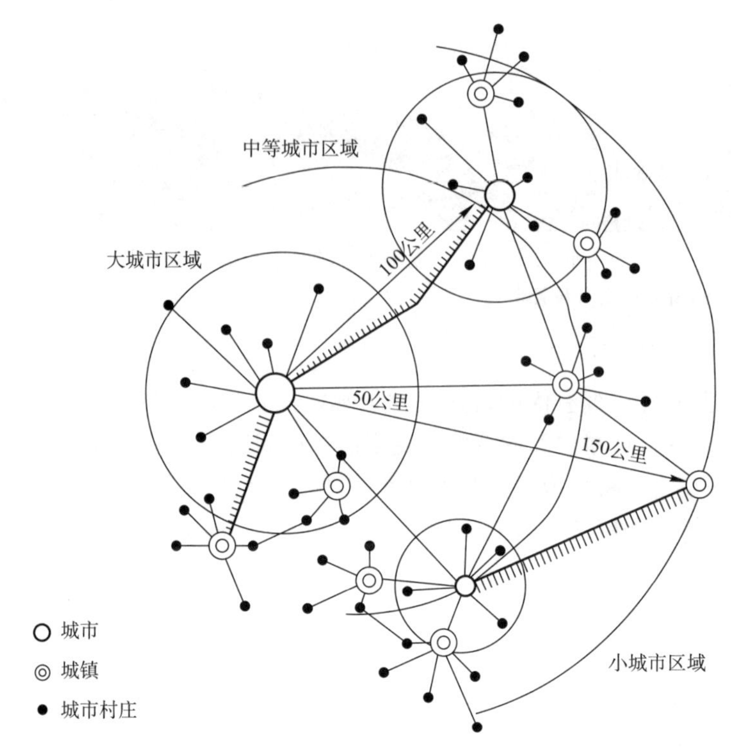

图 7.9　多层次、开放的城乡网络体系

资料来源：改绘自曾菊新．《现代城乡网络化发展模式》[M]．北京：科学出版社，2001。

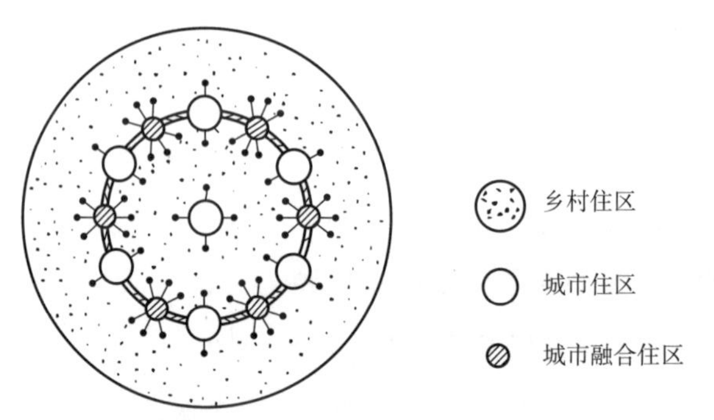

图 7.10　城乡互动融合的住区模式

资料来源：肖辉．城乡融合住区：一种新的住区模式 [J]．南方建筑，2000，(2)：64。

1. 成都城乡空间统筹发展的必然性

虽然经过改革开放 30 多年的稳步发展，成都农民收入仍大大低于城镇居民，且差距在继续拉大（1985 年，二者之比为 1∶2.06；2007 年，变成 1∶2.66）。另几组数字更凸显城乡间的失调：中心城区（及卫星城）与远郊区人口大致相当，前者的 GDP 却是后者的 2.7 倍；80%的卫生资源集中在城镇，城镇居民的卫生费用是农民的 3 倍；农村中小学危房面积高达 13.7 万平方米；在许多乡镇，文化设施几乎为零。成都 19 个区（市）县中，14 个属农业区（市）县，人均耕地仅 0.83 亩[1]。有人说：如果按传统的农耕方式，哪怕种金子，农民也不可能致富。这也正是成都市“三农”问题的症结所在：农村人多地少，农业生产方式落后。同时，在改革开放 30 多年的稳步发展中，成都奠定了在西部地区较好的基础条件，人均 GDP 超过 3000 美元，总体上已进入工业化中期，正处于城市化进程和城市文明普及率快速发展的重大历史机遇期；中心城区已形成巨大的辐射带动功能，区域经济发展很大程度上依赖城市带动，经济增长 90%来自非农产业，初步具备了统筹城乡发展、“反哺”农村的条件。基于诸方面因素的综合考量，并经过科学的试点总结，2003 年，成都市开始制定了“统筹城乡经济社会发展，推进城乡一体化”的战略决策和部署，2007 年国家设立成渝统筹城乡综合改革配套实验区[2]。

2. 三个集中：成都城乡空间统筹发展的方法和路径

城乡空间统筹协调的实质是协调城市与乡村的各类空间资源要素，打破城、镇、村空间脱节的格局，通过将公共服务设施与交通等市政基础设施由城市向农村覆盖，逐步实现城乡一体化。成都选择以“三个集中”（工业向集中发展区集中，农民向城镇和新型社区集中，土地向规模经营集中）为核心，以市场化为动力，以城乡统筹规划和土地、户籍政策改革为保障，推进城乡一体化，积极探索以城带乡、城乡融合发展的新途径。

1）工业向集中发展区集中：强力推进工业集群化发展

为了促进工业向集中发展区集中，形成产业集群优势，成都市出台了《成都市工业用地分类及工业项目建筑规划管理暂行办法》、《成都市工业集中发展区考核办法》等 11 个文件，形成了促进工业集群集约发展的政策引导机制、利益分配机制和投资促进机制。2003 年以来，将全市 119 个开发区整合为 21 个工业集中发展区，其中国家级工业开发区 2 个，到 2020 年规划总面积达到 240.78 万平方公里（图 7.11）。每年财政安排 1 亿～2 亿

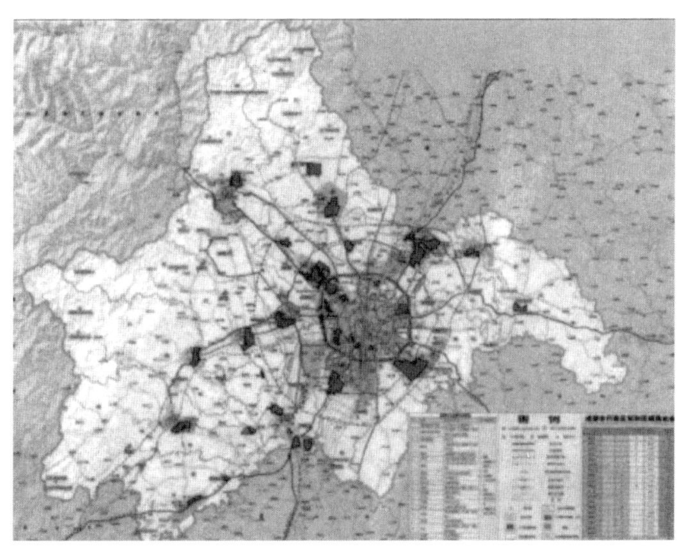

图 7.11　成都市工业集中区发展布局（点）图

资料来源：成都市规划局．成都市工业集中区发展布局规划（2006～2020 年）。

---

[1] 资料来源：四川省建设厅．成都统筹城乡推进城镇化研究［R］．2010。

[2] 赵柯．城乡空间规划的生态耦合理论与方法研究［D］．2007：162-163。

元专项资金用于工业园区基础设施建设补贴，完善工业发展区各项功能；对异地招商落户工业集中区的项目，实行引荐地与工业园区按 7：3 的比例招商引资任务数、项目税收和社会固定资产投入考核指标。

经几年努力，逐步形成了机械（含汽车）、医药、食品（含烟草）、电子信息、石油化工、冶金建材等“六大工业基地”和高新技术产业集聚区、现代制造业集聚区和特色产业集聚区等“三大区域”。同时，布局 10 个重点镇工业点，着重发展主业突出的特色工业和农业产业化项目，从根本上改变了过去“村村点火、户户冒烟”的状况，城镇逐步成为区域就业中心（表 7.1）。2008 年年底，全市规模以上工业增加值达到 1278 亿元，增长 24%；工业集中发展区入驻规模以上企业 1775 户，工业集中度达到 68.2%，规模以上工业增加值同比增长 21%。

成都市工业集中发展点产业定位 **表 7.1**

区（市）县	工业集中发展点	重点发展领域
青羊区	青羊蛟龙工业港	机电
新都区	石板滩镇工业点	农机
	新繁镇工业点	家具、泡菜
双流县	双流蛟龙工业港	机电
郫县	安德镇工业点	调味品
彭州市	蒙阳镇工业点	服装
邛崃市	羊安镇工业点	盐气化工和精细化工
大邑县	沙渠镇工业点	新型建材
蒲江县	寿安镇工业点	印务
金堂县	淮口镇工业点	服装、鞋业

资料来源：四川省建设厅．成都统筹城乡推进城镇化研究［R］．2010。

2）农民向城镇和新型社区集中：建设新型“城市村庄”。实现城乡空间的融合、推进城乡一体化，如何有序、协调地实现城乡人口在城乡产业和城乡空间中的分布是一个关键因素。在这一过程中，成都市分层次推进农民向中心城市、区县、小城镇和农村社区集中，走出了梯度引导新型城镇化的道路。

成都市规划了由 1 个特大中心城市、14 个中等城市、30 个小城市、156 个小城镇和数千个农村新型社区构成的城乡空间体系，梯度引导农民向城镇和新型社区集中（图 7.12）。一些纯农业落后乡镇，一举转变为现代小城镇。远离中心城区的郫县安德镇，城镇建成区面积由 2004 年的 0.65 平方公里扩大到 4.2 平方公里，城镇人口由 0.8 万增加到 2.5 万，城镇化率达到 65%。新型农村社区的建设走“农业集约化＋集中城市村庄”的发展道路，在将分散发展的乡村产业向规模经营、特色经营转化的同时，通过土地流转制度鼓励村民进入新的“城市村庄”居住。统一规划建设的“城市村庄”利用土地更集约，集中居住后的村民享受到更好的基础设施和公共服务设施条件，在促进空间集约利用的同时，实现了村民居住环境的现代化（图 7.13）。

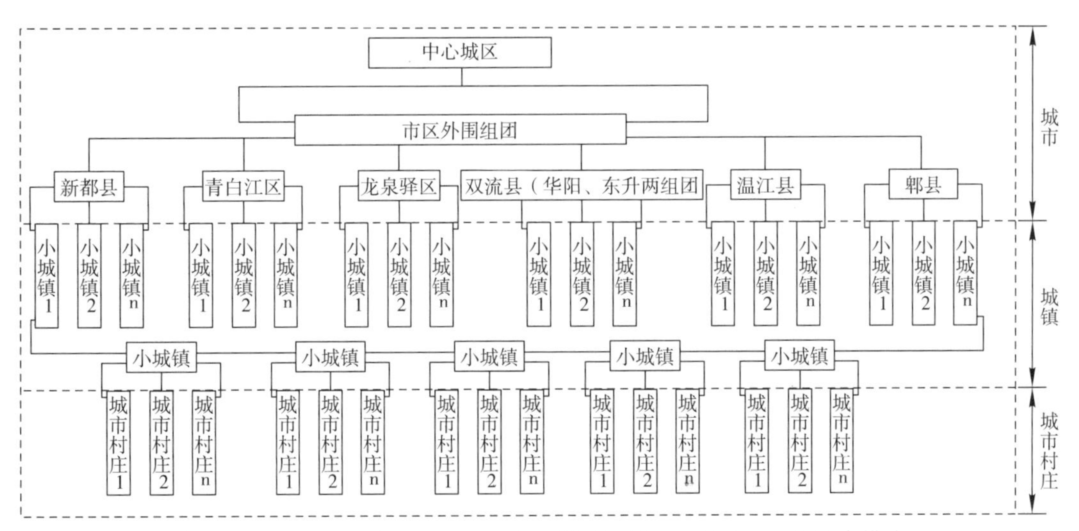

图 7.12　成都市城市、城镇、城市村庄三级体系下的城乡空间融合模式

资料来源：根据建设部山地规划与设计研究中心，重庆大学城市规划设计研究院．成都市非建设用地规划［R］.2005 相关成果改汇。

图 7.13　成都市都江堰天马镇以川西林盘为特征的向荣新村新型“城市村庄”

3）土地向适度规模经营集中：促进农业产业化

成都市采取培育农业龙头企业、农村集体经济组织、农民专业合作经济组织和鼓励支持种植大户等多种方式，推进土地向信誉度高、实力雄厚、资源整合能力强的规模企业流转。通过及时出台配套政策、积极搭建农用地流转平台、创新流转方式等方式，成都市高质量推进农用地向规模经营集中，大力实施现代农业发展战略。截至 2008 年底，全市农用地流转面积达到 2020 平方公里，占农用地总面积的 28.7%。其中耕地流转面积达到 1508 平方公里，占耕地总面积的 43.7%。初步形成了近郊以都市生态休闲观光农业为主，中远郊平原以优质粮油、蔬菜、花卉苗木等产业为主，中远郊平原和盆周山区以优质水果、蔬菜、茶叶、蚕桑和林竹、水产等产业为主的土地规模经营。在推进土地规模化经营的过程中，不断提高农产品加工水平，规模以上农产品加工企业达到 608 家。

成都市“三个集中”模式的本质思想是在充分挖掘城乡空间资源优势的基础上通过改

变城乡空间相对分离的发展状态，实现城乡空间的融合、互动。它通过工业集群化、土地规模经营、农业产业化、一、二、三产业结合等措施，形成了城乡合作的城乡产业空间融合发展的模式；通过农民向城镇和新型社区集中，形成了建设“城市村庄”这一城乡住区空间融合发展的模式，取得了不错的社会、经济效益[1]。

7.4 成渝区域城乡空间统筹综合协调的保障机制

城乡统筹的政策机制是一个复杂的系统，涉及诸多方面。从综合协调城乡空间的角度来看，空间规划管理是协调城乡空间的主要着力点，土地政策是盘活城乡空间资源、实施空间规划的基础，二者对于综合协调城乡空间关系的保障机制建设具有核心意义。

作为国家统筹城乡综合配套改革实验区，成都和重庆城乡统筹的经验为区域城乡空间融合发展提供了很好的实证研究对象。对其城乡统筹相关经验的总结，为我国其他区域特别是中西部欠发达城镇密集区区域城乡空间统筹综合协调工作提供了典型经验。

7.4.1 全域规划：区域空间城乡统筹综合协调的规划保障

传统规划管理只服务于城镇和独立的工矿区，城镇和独立工矿区之外的建设活动都未纳入规划管理范围，除个别需要征地的建设项目不得已被纳入了规划管理外，大量存在的非征地建设项目都没有被纳入规划管理范围，使得村庄建设用地浪费惊人。要实现成渝城镇密集区内城乡空间统筹发展的综合协调，从规划管理的角度首先应当建立起城乡一体的规划管理体系，通过科学的规划引领成渝城乡空间统筹综合协调发展的过程。

1. 建立覆盖城乡的规划编制体系

要实现城乡规划的统筹管理，首先要建立起覆盖城乡的规划编制体系。虽然2008年实施的《城乡规划法》明确将村规划纳入城市规划的编制体系，但对其法定地位、编制方法却没有进一步明确。为实现城乡统筹管理，有必要尽快建立起完整的覆盖乡村的规划编制体系，并就乡村规划的编制技术标准予以明确。

城镇密集区内城乡空间关系紧密、人工空间密集，且城镇密集区经济发展普遍比较发达，有必要也有条件率先实现城乡规划编制体系的全覆盖。规划编制体系的全覆盖，关键在于建立起适应于乡村实际情况的规划编制技术规范。需要说明的是，对于乡村规划的编制办法不应是一成不变的，在不同的地域环境、经济发展水平、经济区位关系下，乡村规划编制的重点和方式都不尽相同，各城镇密集区应根据自身的实际情况进行探索。

2. 建立覆盖城乡的规划管理机构

由于重“城”轻“乡”的规划管理意识和规划管理人员、经费不足的客观现实，相比沿海发达的城镇密集区，西部地区能真正实现城乡统筹管理的地区确实不多。建立覆盖城乡的规划管理机构应当立足于现实情况，一方面加大规划管理人员的培训，特别是对基层建设管理人员的培训，稳定一批具有一定专业技术水平、扎根于本土的村镇规划管理专业人员；另一方面应结合地方发展的实际情况，设置规划管理机构，在经济较为发达、建设活动频繁的地区可以以镇为单位建立独立的规划管理所，并将服务向村延伸。对于目前经

---

[1] 赵柯．城乡空间规划的生态耦合理论与方法研究［D］．2007：166－167。

济情况较为落后、建设活动较少的地区，可以按地域以中心镇为据点，建立覆盖多个镇的中心镇规划管理所，并向周边乡村延伸。

在城乡统筹战略思想的指导下，随着《城乡规划法》的实施，村庄地区不仅要编制规划，还应当完善实施规划的行政管理主体。规划管理向村庄延伸，是农村居民房屋财产得到国民待遇保障的必然要求。另一方面，农村固定资产和建设空间的精细化管理，也是统筹管理城乡空间的必要条件。特别是在经济相对发达、城乡建设空间密集的城镇密集区，实现城乡空间的综合协调发展，率先实现规划管理向村镇的延伸是必然的趋势。

3. 成渝城镇密集区城乡统筹规划保障的相关经验

1）高度重视城乡规划对于城乡空间发展的统筹作用。作为城乡统筹综合配套改革实验区，成都市委、市政府明确提出，科学规划是推进城乡一体化的基础和龙头，要以科学规划引领城乡统筹发展；并对各级领导提出要求，“不重视规划、不研究规划、不严格执行规划的领导，就是不称职的领导”。成都的城乡规划适应成都市情，已成为指导“城乡一体化”战略落实的首要保障。

2）建立完善城乡一体的规划编制体系。在城乡规划的体系方面，成都市建立了城乡一体的规划编制体系。该体系的特点是全面、系统，城乡满覆盖，突出规划的统筹与协调。不仅重视城乡空间布局，而且将产业发展、基础设施、社会事业和生态环境建设一并纳入。体系从6个空间层级开展工作，层层相扣，突出城乡统筹特点，形成以中心城为核心、区（市）县城为骨干、重点镇为补充、小城镇和农村新型社区（城市村庄）为基础的城乡空间规划体系（图7.14）。重庆市各区县城乡统筹规划的编制，首先是实现了城乡建设部门内部自身规划的衔接与整合，主要采取“城市总体规划＋城镇体系规划＋新农村总体规划→城乡总体规划”的模式。这种模式是对原城乡规划编制的相关成果进行发展延伸并适当完善。

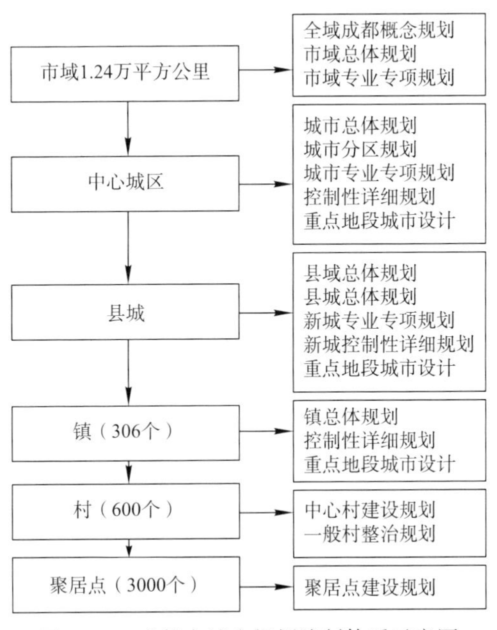

图7.14　成都市城乡规划编制体系示意图

资料来源：成都市规划局，作者整理绘制。

3）建立适应乡村规划的编制技术规范。按照因地制宜、务实创新的指导思想，成都制定了一系列适用于本市、覆盖城乡的技术标准（红皮书系列），作为指导城乡规划、建设与管理的地方性技术文件，包括《成都市小城镇规划建设技术导则》、《成都市社会主义新农村规划建设技术导则》等一系列规范性文件，专门针对各级规划管理人员、镇乡干部、建设业主以及设计单位，因此采用了图文并茂、通俗易懂、简明实用的表现方式。

重庆区县的城乡统筹规划，一方面强调了城镇用地的集约合理布局，另一方面通过中心村新型社区的规划布局，来引导农村居民集中居住、高效用地。对于产业的发展，重庆市区县的城乡统筹规划既注重重点发展、集中布局，也注重城乡协调、农业产业化和现代化，尤其是特色产业的发展。对于生态环境的保护，重庆市区县的城乡统筹规划编制了次区域管制图则。次区域图则详细地明确各类型生态保护用地（主要是山体、水域、林地、农田等）范围，明确了各类型生态用地的保护重点。在公共服务设施方面，重庆市区县的城乡统筹规划主要体现了“将公共服务设施向农村延伸”的思想。一方面，规划布局采取了公共服务设施向中心村集中的思路；同时，规划强调了“基本的公共服务体系”，即重点保障路、水、电、燃料、环卫以及教育、医疗、文体设施等公共用品的全覆盖。

7.4.2 土地有序流转：区域城乡空间统筹综合协调的制度保障

1. 土地流转对于城乡空间融合发展的必要性

我国土地流转主要涉及两个方面：一是农业用地的流转，即农民土地承包经营权的概念化、资产化、规模化流转。二是集体建设用地的流转，解决集体建设用地流转市场的规范问题。

1）农业用地流转的必要性。从农业用地的流转方面来看，鼓励农用地的流转有利于实现农业结构调整和农业区域化、专业化、规模化经营。农用地的流转同时可以促进农村劳动力向非农产业转移，向城镇集中，推动了农村现代化和城市化的进程。农业用地的流转使小块的农业用地得以集中成片使用，促进了农业土地资源的有效配置，有益于提高农产品的质量，降低农产品的生产成本。农业用地流转制度的建立是农业产业化的政策基础。

2）集体建设用地流转的必要性。从集体建设用地的流转方面看，土地流转的意义在于推动小城镇的建设和城乡一体化的发展，盘活集体土地存量，是城乡建设空间融合发展的政策基础。通过集体建设用地与城市建设用地之间的转换，可以在城市土地市场上最终释放集体建设用地的土地价值，并反馈于乡村建设，为农村产业发展和人居环境的改善提供资金。同时，由于集体建设用地的市场价值得以有效挖掘，通过市场机制将会引导乡村采用更为集约的建设方式腾出集体建设用地资源，比如乡村建设将会采用适度集中的“城市村庄”模式。集体建设用地流转制度的建立为城乡空间融合发展提供了有效途径。

2. 土地流转制度改革的关键问题

1）土地产权制度改革。从产权理论看，土地资源配置情况取决于产权制度的安排，土地产权制度明晰能够诱导产权主体产生合理预期，实现土地资源的合理配置，能更有效地使土地财产投入社会再生产过程，土地产权制度的合理安排是农地有效流转的基础（董国礼，李里，任纪萍，2009）。搞好农村土地确权、登记、颁证制度是土地产权制度安排的一项基础性工作，因为农民拥有的土地承包权已经不再是一种债权，而是一种具有物权属性的财产权利（黄祖辉，王鹏 2008）。只有明晰的土地产权制度，完善的农村土地产权登记、确权等管理系统，才能在此基础上开展有效的农用土地和集体土地的流转工作。

2）土地流转路径创新。根据我国国情和目前的基本经济情况，大多数国内学者认为，土地制度要在稳定家庭联产承包责任制的基础上进行市场化流转路径的创新。在此基础上，要适度深化土地产权制度改革，建立健全农用地使用权流转市场，同时完善《农村土地承包法》，增强土地承包经营权的商品性（朱文，2007）。在对流转路径的选择上，只有遵循尊重农民意愿的基本原则，才能保证流转的顺利进行。同时，我国国土广大，不同地区的发展水平和地域情况有很大的不同，土地流转的方式要因地区而异。比如在沿海发达地区的城镇密集区内，农用地的使用水平和和融入城市空间的程度已经很高，农民从事传统农业的比例已经很低，农用地的流转由集体经济推动的股份合作制成为一种较为普遍的方式。而在西部欠发达的成渝地区，土地流转的过程伴随着农业人口非农化和农业产业化的过程，政府主导下的市场交易型方式比较符合地方情况。

3. 成渝城镇密集区土地流转制度创新实践的典型模式

根据国家批准成渝统筹城乡综合配套改革试验区的要求，三年来试验区在行政体制、社会保障制度、户籍制度、土地制度等各个领域不断进行体制改革的探索，目前各界普遍认为，以土地制度改革为重要内容的统筹城乡发展是破解“三农”难题的治本之策，土地管理制度改革是统筹城乡试验区改革的最重要一环。

作为国家确定的统筹城乡综合配套改革实验区，成渝地区在保证土地总面积不变、耕地性质不变、粮食产量不变的“三个不变”前提下，开展了土地流转制度的创新实践，主要包括以下几种典型模式：

1）拆院并院，集中居住，建设“城市村庄”。这种模式在实践中表现为：将农民的原有房屋拆除，通过新农村建设等方式使农民集中居住，将整理出的农村建设用地等量用于城镇建设，实现城镇建设用地增加与农村建设用地减少相平衡。比较有代表性的是成都郫县的“城乡建设用地增减挂钩”。这种模式有利于城乡建设用地指标在城乡之间的融合，优化城乡建设用地空间结构，提高土地集约利用水平，改善村民生产生活条件，促进农村劳动力的转移。四川省在工业集约化、农业产业化、休闲化的基础上，从2008年起大力推进新村建设，就是基于拆院并院、“城市村庄”建设的基本思路，已在省内有条件的地区全面推广（图7.15）。

乐山犍为县平坝新村建设

成都市温江袁山社区新村

都江堰街子镇高敦新村

德阳市中江县罗平镇新村建设模型

宜宾市江安县左邻新村建设

都江堰紫平铺镇新村建设

南充南部县新村建设

宜宾高县新村建设

都江堰向荣新村建设

泸州泸县新村建设

成都彭州市新村建设模型

绵阳江油市新村建设

图7.15　四川省“城市村庄”建设的相关案例

2）“双交换”模式，实现村民变城市居民，集体建设用地指标纳入城镇建设用地。这种模式在实践中表现为：村民凡拥有稳定的非农收入来源，并自愿退出宅基地使用权和土地承包经营权的，可以申报为城镇居民户口，并在子女入学、养老保险等方面与城镇居民享有同等待遇，同时获得宅基地和承包地方面的一次性补偿，宅基地指标纳入区集体建设用地储备库，退出的承包地由各镇土地流转中心统一登记造册，由各村土地流转服务站统一管理和经营。其中，比较有代表性的就是重庆九龙坡地区的“住房换宅基地、社会保障换集体承包地”。此种模式适用于城市化水平较高，且位于主城区，经济实力相对雄厚的地区。通过“双交换”的模式，可以促使乡村内闲置的宅基地资源复耕后，通过城镇建设用地的方式转移至城市中，更好地发挥其建设功能，同时将乡村内复耕的宅基地及退出土地承包经营权后的农地进行集中，作为乡村农业产业化的基础。

3）土地入股，合作经营。这种方式是将单个村民的农用土地经营权从个人转移为公司集体经营控制下的股权。实践来看，农民以土地承包经营权作价入（社）股，集体经济组织以集体建设用地或林地、荒山等非耕地的使用权入（社）股，引入政府（或社会）资金，组成农业合作社（或农业有限责任公司）。其中，农业合作社以成都龙泉驿区大面街龙华村组建的龙华农民合作社为代表；农业股份有限公司以重庆长寿麒麟村村民在资金共筹、财产共有、决策共定、风险共担、盈利共分、充分自愿的前提下组织的重庆宗胜果品有限公司为代表。此外，在农地入股的基础上，成渝地区还尝试了引入外部资金组建有限责任公司的农业产业化经营，以成都邛崃固驿镇仁寿村引入社会资本组建固驿国田生态农业公司为代表。土地入股、合作经营是农业用地流转的一种变通方式，通过公司股权化的方式将分散的农业地集中起来进行农业产业化经营，促进了乡村传统农业向现代农业的过渡。

4. 成渝城镇密集区土地流转制度改革的经验总结

成渝地区在土地流转制度创新方面的研究和实践对全国其他地区的城乡空间统筹发展工作具有指导意义，对其相关实践经验进行总结可以概括为以下几个方面：

1）制定科学的统筹城乡发展规划是土地流转的前提。成渝试验区本着科学发展的原则，从全局的战略高度统筹规划了未来若干年城乡土地利用总体规划，这一超前的战略性举措，为试验区目前以及若干年后能够顺利开展城乡统筹改革试验提供了战略保障。科学的城乡统筹发展规划为土地管理制度的改革试验奠定了坚实的基础。

2）“确权”是土地流转的基础。成渝试验区特别是成都市在土地改革中明确界定土地的集体所有权，所有农村耕地、山林、建设用地与宅基地的农户使用权或经营权，以及住宅的农户所有权。实践说明，确权加流转，消除了土地制度改革的系统性风险，表明了要保护农民利益，首先要让他们的资产具有清楚的权属界定，并且得到普遍的合法表达。

3）土地交易服务机构是土地流转的中心环节。成渝试验区成立了农村集体土地交易的服务机构，建立了较为规范的管理规则与流转程序，初步建立了公开有形的集体土地市场。从试验区实践看，交易服务机构的建立为土地流转提供了集中交易的场所，不仅促进了农民土地的有效、合理流转，而且也为解决城镇土地供需缺口提供了路径。近期成都、重庆农村建设用地指标“地票”交易制度出现的火爆交易场面，标志着成渝两市在农村集体土地交易服务机构的建设上已经迈出了实质性的步伐。

4）改革要因地制宜。成渝试验区地处西部地区，属于全国的欠发达地区，土地制度改革模式对于欠发达地区的发展更具有借鉴意义。而且试验区内各个地区又存在环境与条件的差异，改革做法也因地制宜，各不相同。因此，其他地区绝不能照搬试验模式，应结合试验区的改革经验，探索一条适合本地区发展的改革方式。

我国的城乡统筹工作具有鲜明的城乡二元体制特征，政策体制突破是实现城乡统筹的关键问题。成渝地区城乡统筹在城乡二元体制政策上的突破尝试，正是国家2007年设立统筹城乡综合配套改革试验区的初衷所在，从这个意义上来说，对城乡二元体制的改革尝试还远未结束。而从成渝城镇密集区区域城乡空间统筹综合协调的研究来看，对相关的规划保障、土地流转政策方面的进一步研究和创新，将会是相当长一段时间内为实现城乡空间融合发展需要持续开展的重点工作。

第8章 结　语

伴随我国经济的快速发展和转型需要，城镇密集区对于国家经济发展的重要性日益突出。近两年《珠三角改革发展规划》、《广西北部湾经济区发展规划》、《关中—天水经济区发展规划》和《成渝经济区发展规划》等一批以城镇密集区为对象的发展规划在国家层面陆续出台或即将出台，标志着城市密集区的发展已经上升为一种国家发展战略引起社会广泛的关注。另一方面，随着资源与生态环境对发展的约束，建设"两型社会"已成为我国经济发展和转型的必然要求。温家宝总理提出，"要在全社会大力倡导节约、环保、文明的生产方式和消费模式，让节约资源、保护环境成为每个企业、村庄、单位和每个社会成员的自觉行动，努力建设资源节约型和环境友好型社会。"在此背景下，城镇密集区集约发展模式的选择对于国家建设两型社会的要求具有重要的战略意义。

本书以成渝城镇密集区为研究案例，从城镇密集区空间发展过程中"不集约"的问题与原因出发，深入研究了城镇密集区空间集约发展的内涵，并结合系统理论提出了促进城镇密集区空间集约发展的理论方法体系，形成了如下结论：

1. 在城镇密集区集约发展的内涵方面，提出了城镇密集区集约发展具有多层次、多维性的综合性内涵。

在总结土地集约利用相关概念与理论研究的基础上，本书结合城镇密集区的特性提出了城镇密集区集约发展的内涵具有多层次和多维性特征。"多层次"特征是指城镇密集区空间集约发展目标的实现依赖于在宏观区域空间、中观城镇空间和微观建设空间多层次界面上的协同调控。"多维性"特征是指城镇密集区的集约发展应当从单纯强调经济效率转向追求区域发展过程中经济、社会和生态目标综合效益的最大化。

2. 在城镇密集区集约发展综合性内涵界定的基础上，将其空间目标具体化。将城镇密集区空间集约发展的目标聚焦于区域城镇协调发展、城镇空间有效拓展、生态空间有效保护和区域城乡空间统筹四个方面。

集约发展是一个相对宽泛和综合性的概念，城镇密集区空间的集约发展则更是一个复杂的系统。要形成针对性、可操作性的理论方法，需要从集约发展综合性的内涵出发，简化提炼出具体的空间目标。结合城镇密集区集约发展多层次、多维性的综合内涵，本书从宏观、中观、微观层面对城镇密集区的空间要素进行提炼，作为空间集约发展的研究对象，以此为基础结合城镇密集区集约发展的经济维度、社会维度和生态维度目标，将城镇密集区空间集约发展的目标简化提炼为区域城镇协调发展、城镇空间有效拓展、生态空间有效保护和区域城乡空间统筹四个方面。

3. 提出为达成城镇密集区空间集约发展的目标，应当采用综合协调的基本方法。总结了综合协调方法的基本原则，并将协调的核心关系、协调的调控对象、受控对象的组织策略和协调的保障机制作为城镇密集区空间集约发展综合协调作用机理的基本环节。

城镇密集区空间集约发展是多因素影响的复杂系统，研究集约发展的问题应当采用强调整体性、综合性的系统思维方式。在总结系统论、协同论和控制论基本方法的基础上，提出为了实现城镇密集区的空间集约发展，需要针对其空间发展的主要目标在不同的空间层次上运用协调的基本理念，从而达到区域空间系统发展过程中经济、社会、生态综合效益的最大化，本书将这种方法概括为“综合协调论”，并将其确定为研究城镇密集区空间集约发展的基本方法。

4. 分别从综合协调的角度对成渝城镇密集区空间集约发展的四大目标进行了研究，形成了为促进成渝城镇密集区空间集约发展进行综合协调的基本对策。

本书运用综合协调论的作用机理，以成渝城镇密集区为研究对象，对区域城镇协调发展、城镇空间有效拓展、生态空间有效保护和区域城乡空间统筹四大目标进行研究，提出：要实现区域城镇协调发展，应当从综合协调空间的竞争与合作关系入手，构建系统共生的区域城镇关系；要实现城镇空间有效拓展，应当从综合协调空间的集中与分散关系入手，引导紧凑的城镇空间布局与建设模式；要实现生态空间有效保护，应当从综合协调建设空间与生态空间的关系入手，形成多层次的生态化空间发展战略；要实现区域城乡空间统筹，应当从综合协调空间的分离与融合入手，促进区域城乡空间的融合发展。

本书的研究工作力求在以下两方面实现创新：

1. 将集约的思想运用于城镇密集区空间发展研究，并将其提炼为区域城镇协调发展、城镇空间有效拓展、生态空间有效保护和区域城乡空间统筹四大具体目标，对于从空间角度认知和引导城镇密集区的集约发展具有积极意义。

关于城镇密集区规划的相关研究较多，本书针对目前城镇密集区发展过程中面临的关键问题，以集约发展为切入点，将集约发展的理念总结提炼后运用于城镇密集区，并尝试将相对抽象的集约发展理念提炼落实为具体的空间发展目标，为城镇密集区空间集约发展的相关规划提供了切入点。

2. 创新性地运用综合协调的理论方法，以成渝城镇密集区为案例，研究了城镇密集区空间集约发展的基本对策，对成渝城镇密集区空间发展的研究与导控具有重要的参考价值。

关于区域协调、紧凑发展、生态规划和城乡统筹，虽然国内外学界均有大量的研究成果，但在城镇密集区集约发展理念的基础上，为了强调空间集约发展的综合性内涵和研究的系统性思维，本书着重从协调的理念出发，以成渝城镇密集区为实证案例，运用综合协调论的基本方法从新的视角对上述问题进行了研究，具有一定的创新性。

本书的研究工作尚存在以下不足，需要在今后进一步的研究工作中加强：

“城镇密集区空间集约发展研究”这一论题，既有传统的城市空间规划研究的内容，又包含现代城市地理学研究的新领域；既涉及经济和社会关系，又与生态环境、城乡统筹、基础设施、公共政策、制度创新等社会现实有密切关系。显然，本书研究领域宽泛，所及内容庞杂，使命题论证跨度增大，难度增加。作者深知，本书目前还仅仅是个框架，虽然作者试图将城镇密集区空间集约发展的问题进行集中研究，但仍存在为了照顾到面而有些散、或许面宽够了但是深度上尚须挖掘的问题。作者还知道，由于城镇密集区规划的广泛开展在我国还是近十年以来的事，实证分析和例证说明还难以完全到位，导致命题的论证过程显得比较抽象、晦涩和空泛，这些都有待于作者在今后的研究工作中进一步完善。

图 表 索 引

图 1.1　研究框架 …… 14
图 2.1　成渝城镇群的区域范围 …… 15
图 2.2　成渝经济区的区域范围 …… 16
图 2.3　成渝城镇密集区范围 …… 17
图 2.4　重庆都市区在市域内的区位 …… 22
图 2.5　成都都市区在市域内的区位 …… 22
图 2.6　成渝城镇密集区片区分布图 …… 23
图 2.7　川渝地均 GDP 分布（2008 年，万元/平方公里） …… 26
图 2.8　川渝人均 GDP 分布（2008 年，元/人） …… 27
图 2.9　成渝城镇密集区城镇化水平分布（2008 年,%） …… 27
图 2.10　成渝相关规划确定的区域发展结构 …… 29
图 2.11　川渝地区城市化发展进程 …… 30
图 2.12　川渝城市建设用地增长速度比较 …… 30
图 2.13　成渝城市建设用地增长速度比较 …… 31
图 2.14　重庆市主城区现状毛容积率分布图 …… 32
图 2.15　主要城市土地产出率比较（2008 年） …… 34
图 2.16　2008 年四川省地表水水质状况图 …… 37
图 2.17　2008 年重庆市次级河流水质状况图 …… 37
图 2.18　成渝地区水土流失分布图 …… 37
图 2.19　1991～2008 年川渝地区酸雨变化趋势 …… 38
图 2.20　川渝地区森林覆盖率历史变化 …… 38
图 3.1　土地集约利用多领域概念研究图解 …… 42
图 3.2　城镇密集区空间集约发展目标体系图解 …… 46
图 3.3　城镇密集区空间集约发展图解 …… 47
图 3.4　城镇密集区空间集约发展对象体系分析框架图 …… 49
图 3.5　城镇密集区区域空间结构示意图 …… 50
图 3.6　城镇密集区集约发展的空间选择 …… 53
图 3.7　城镇密集区空间集约发展目标导向多层次解析的概念模型 …… 56
图 3.8　协同系统自组织过程的作用机理 …… 59
图 3.9　控制系统他组织过程的作用机理 …… 61
图 3.10　系统综合协调过程的作用机理 …… 64
图 3.11　基于综合协调论的城镇密集区空间集约发展路径 …… 66

图 4.1　成渝地区目前的机场分布 …… 70
图 4.2　成渝地区目前的港口分布 …… 70
图 4.3　共生关系的三要素与城镇密集区空间系统类比示意图 …… 73
图 4.4　城镇密集区城镇空间综合协调调控对象体系 …… 74
图 4.5　成渝城镇密集区各级城市数量与人口两极化比例关系图 …… 76
图 4.6　成渝城镇密集区建设用地分布现状 …… 77
图 4.7　规划 2020 年成渝城镇密集区城镇等级体系与 2008 年对比 …… 83
图 4.8　“点-轴”空间结构系统的形成过程模式 …… 84
图 4.9　成渝城镇密集区“两核多极、四轴一带”的总体空间战略结构 …… 85
图 4.10　城镇密集区聚合要素之间的关系 …… 87
图 4.11　成渝城镇密集区规划交通体系与城镇空间规划关系 …… 88
图 4.12　成渝城镇密集区主要港口、机场分布构想 …… 89
图 4.13　成渝城镇密集区重要交通走廊与相关城市关系构想示意图 …… 91
图 4.14　成渝城镇密集区协调机制构想 …… 94
图 5.1　田园城市与卫星城市 …… 100
图 5.2　玛塔的带形城市 …… 100
图 5.3　柯布西耶的“巴西利亚和光明新城” …… 101
图 5.4　城镇空间紧凑拓展综合协调的受控对象分析 …… 103
图 5.5　成渝地区平原宏观集中式用地布局图示 …… 104
图 5.6　成渝部分山地、水系城市组团式用地布局形态示例 …… 105
图 5.7　重庆市都市区用地地形卫星影像分析图 …… 107
图 5.8　高强度开发下的重庆 …… 108
图 5.9　成渝城镇密集区内部分二级城市旧城区 …… 109
图 5.10　成渝城镇密集区部分城市现状人均建设用地指标比较图示 …… 112
图 5.11　成渝地区用地布局模式集散关系分类 …… 114
图 5.12　重庆市主城区密度分区方案 …… 118
图 5.13　山地城市空间结合地形地貌的整体化设计 …… 119
图 5.14　宜宾市临港经济开发区基于自身基础和临港机遇进行的产业选择 …… 120
图 5.15　重庆北部新区汽车产业集中发展区 …… 121
图 5.16　单中心界内高强度开发模式 …… 121
图 5.17　德阳市中心城区建设用地规划图 …… 122
图 5.18　环形公路城市的土地投标租金 …… 122
图 5.19　多中心界外混合开发模式一（平原城市） …… 123
图 5.20　成都市中心城区建设用地规划图 …… 123
图 5.21　多中心界外混合开发模式二（河谷城市） …… 123
图 5.22　泸州酒类工业集中区房、地分离供地模式下政府统一规划建设的传统风貌厂房 …… 129
图 6.1　成渝城镇密集区地势分布 …… 134

图 6.2　成渝地区地形地貌 …… 134
图 6.3　成渝城镇密集区城镇与长江上游干支流水系关系图 …… 135
图 6.4　城市非建设空间相关概念解析 …… 136
图 6.5　成渝城镇空间“人地关系”的几种典型形式 …… 137
图 6.6　成渝地区滨水城市岸线处理图示 …… 139
图 6.7　成渝城镇密集区相关次区域规划中的生态空间区划图 …… 142
图 6.8　建设用地规划与“非建设用地规划”的图底转换关系 …… 143
图 6.9　成都市非建设用地状况 GIS 分析 …… 144
图 6.10　成都市中心城区非建设用地布局结构 …… 144
图 6.11　成都市中心城区非建设用地分类保护图 …… 145
图 6.12　成都市中心城区非建设用地分级控制图 …… 145
图 6.13　成都市中心城区建设增长边界控制图 …… 146
图 6.14　空间同质：就地取材的川西“碉楼” …… 147
图 6.15　空间同构：契合山地地形的西南地区吊脚楼 …… 147
图 6.16　生长与传承：复杂地形条件下建设空间现代演绎 …… 148
图 6.17　成渝城镇密集区生态功能区划 …… 151
图 7.1　城乡空间互动融合过程示意图 …… 163
图 7.2　区域空间城乡统筹综合协调的调控对象体系 …… 164
图 7.3　城乡区域空间综合体结构示意图 …… 165
图 7.4　泸州市“中国酒谷”酒类集群化工业集中区 …… 167
图 7.5　成都平原城市群主要农产品占四川省的比重 …… 168
图 7.6　成渝地区乡村休闲旅游的几种类型 …… 169
图 7.7　城乡层级化的体系结构示意图 …… 169
图 7.8　2005 年成都市三圣乡幸福梅林修建后 …… 171
图 7.9　多层次、开放的城乡网络体系 …… 172
图 7.10　城乡互动融合的住区模式 …… 172
图 7.11　成都市工业集中区发展布局（点）图 …… 173
图 7.12　成都市城市、城镇、城市村庄三级体系下的城乡空间融合模式 …… 175
图 7.13　成都市都江堰天马镇以川西林盘为特征的向荣新村新型“城市村庄” …… 175
图 7.14　成都市城乡规划编制体系示意图 …… 177
图 7.15　四川省“城市村庄”建设的相关案例 …… 179

表 1.1　2008 年三大城镇密集区经济发展状况 …… 2
表 1.2　我国主要城镇密集区发展状况对比分析 …… 3
表 1.3　我国近年来有关“城镇密集区规划”部分项目一览表 …… 9
表 2.1　成渝城镇密集区范围 …… 18
表 2.2　成渝城镇密集区城镇空间层级结构 …… 20
表 2.3　全国及川渝主要污染物排放强度统计表（2008 年） …… 36

表 2.4　全国与川渝废污水收集处理指标对比表（2008 年） …… 36
表 3.1　核心节点与一般节点的比较 …… 51
表 3.2　开敞区与生态敏感区的比较 …… 51
表 4.1　四种共生行为模式特征对比 …… 72
表 4.2　四种共生组织模式特征对比 …… 72
表 4.3　成渝城镇密集区 2008 年城镇规模等级结构 …… 76
表 4.4　我国主要城镇密集区竞争力比较分析 …… 79
表 4.5　成渝城镇密集区主要城市职能分工构想 …… 81
表 4.6　成都平原城镇密集区首位度比较 …… 82
表 4.7　规划 2020 年成渝城镇密集区城镇结构体系与 2008 年对比 …… 83
表 4.8　成渝城镇密集区 2020 城镇空间结构层级 …… 83
表 4.9　成渝城镇密集区机场布局规划规模（2020 年） …… 90
表 4.10　成渝城镇密集区港口布局规划规模（2020 年） …… 90
表 4.11　成渝城镇密集区近年开展的相关区域规划情况 …… 94
表 5.1　成渝城镇密集区部分中心城市人均建设用地指标 …… 107
表 5.2　重庆市主城区部分地块现状毛容积率一览表 …… 109
表 5.3　宜宾市中心城区 2008～2009 年选址地块及相关指标统计 …… 109
表 5.4　重庆市北部新区北部片区规划工业用地开发利用状况一览表 …… 110
表 5.5　国内外部分城市建设的毛容积率比较 …… 116
表 5.6　密度影响要素及表征变量 …… 117
表 5.7　成渝城镇密集区城镇空间紧凑布局模式分类表 …… 124
表 5.8　成都市容积率奖励标准规定 …… 128
表 6.1　国内相关区域生态足迹对比表 …… 140
表 6.2　美国东北海岸城镇密集区城镇空间与生态空间构成比例统计 …… 141
表 6.3　四川省生态功能区划表 …… 149
表 6.4　重庆市生态功能区划表 …… 150
表 7.1　成都市工业集中发展点产业定位 …… 174

参 考 文 献

1 埃比尼泽．霍华德．金经元（译），1987．明日的田园城市［M］．北京：中国城市规划设计研究院情报所．

2 岸根卓朗［日］．何鉴译，1999．环境论——人类最终的选择［M］．南京：南京大学出版社．

3 Brahm Wiesman，2007．可持续发展的危机与机遇［C］．山地人居环境可持续发展国际研讨会论文集．

4 重庆市环保局，2004．重庆市生态功能区划［R］．

5 成都市人民政府，2005．成都市总体规划（2004～2020）［R］．

6 重庆市人民政府，2007．重庆市城乡总体规划（2007～2020）［R］．

7 重庆市规划设计研究院，2008．重庆市主城区密度分区规划［R］．

8 重庆市规划设计研究院，2008．重庆市一小时经济圈规划［R］．

9 蔡昉、刘从政等，2005．成都市城乡一体化的模式探索及其普遍意义，中国社会科学院、成都市社会科学院联合课题报告［R］．

10 陈绍愿，张虹鸥，林建平，邹仁爱，2005．城市共生：发生条件、行为模式与基本效应［J］．城市问题，（02）：25－29．

11 陈玮，2005．土地集约利用规划管理探讨［J］．中国科协学术年会论文集，（2）：123－128．

12 “长江上游经济带协调发展研究”课题组，2005．长江上游经济带协调发展研究［R］．

13 陈静，张虹鸥，吴旗，2010．我国生态补偿的研究进展与展望［J］．热带地理，（05）：65－72．

14 段进，1999．城市空间发展论［M］．第一版．南京：江苏科学技术出版社．

15 戴铜，金广君，2010．美国容积率激励技术的发展分析及启示［J］．哈尔滨工业大学学报（社会科学版），（04）：42－47．

16 傅伯杰，刘国华，孟庆华，2000．中国西部生态区划及其区域发展对策［J］．干旱区地理，（4）：25－29．

17 顾朝林等，1999．中国城市地理［M］．北京：商务印书馆．

18 顾朝林等，2000．集聚与扩散——城市空间结构新论［M］．南京：东南大学出版社．

19 国家发改委，2007．中西部综合交通运输枢纽战略规划［R］．

20 国家发改委，重庆市人民政府，四川省人民政府，2010．成渝经济区区域规划［R］．

21 高吉喜，2001．可持续发展理论探索——生态承载力理论、方法与应用［M］．北京：中国环境科学出版社．

22 GUALINIE．袁媛（译），2002．多样化集约式土地使用政策的制度构建——在大都市高度分化环境中的协调行动［J］．国外城市规划，（6）：45－52．

23 戈峰等，2002．现代生态学［M］．北京：科学出版社．

24 国家土地督察成都局课题组，2008．“连城诀”成渝统筹城乡改革试验区土地制度创新的分析与建议［J］．中国土地．（9）：53－59．

25 H·哈肯［美］，徐锡申等译，1984．协同学引论：物理学、化学和生物学中的非平衡相变和自组织［M］，北京：原子能出版社．

26 Hall，P．1985．城市和区域规划［M］．邹德慈，金经元译．北京：中国建筑工业出版社．

27 何芳，吴正训，2002．国内外城市土地集约利用研究综述与分析［J］．国土经济，（3）：17－21．

28　黄光宇，1994．山地城镇规划建设与环境生态［M］．第一版．北京：科学出版社．
29　何芳，2002．城市土地集约利用研究［D］．同济大学博士论文．
30　郝寿义等，2005．中国城市化快速发展期城市规划体系建设［M］．武汉：华中科技大学出版社．
31　黄亚平，2002．城市空间理论与空间分析［M］．南京：东南大学出版社．
32　黄鹏，2003．国外大都市区治理模式［M］．南京：东南人学出版社．
33　黄祖辉、王朋，2008．农村土地流转现状、问题及对策——兼论土地流转对现代农业发展的影响［J］．浙江大学学报（人文社会科学版）．（3）：83－87．
34　金经元，1998．近现代西方人本主义城市规划思想家（霍华德、格迪斯、芒福德）［M］．北京：中国城市出版社．
35　建设部山地规划与设计研究中心，重庆大学城市规划设计研究院，2005．成都市非建设用地规划［R］．
36　蒋芳等，2007．城市增长管理的政策工具及其效果评价［J］．城市规划学刊，（5）：65－69．
37　靳乐山．李小云，2007．生态环境服务付费的国际经验及其对中国的启示［J］．生态环境，（12）102－107．
38　孔凡斌，2010．生态补偿机制国际研究进展及中国政策选择［J］．中国地质大学学报（社会科学版），（02）：45－49．
39　刘贵利，2002．城市生态规划理论与方法［M］，南京：东南大学出版社．
40　卢祖国，2010．流域内各地区可持续联动发展路径研究［D］．暨南大学．
41　李程磊，2007．城市轨道交通TOD开发模式研究［D］北京交通大学硕士学位论文．
42　李浩，2008．城镇群落自然演化规律初探［D］．重庆大学博士论文．
43　黎鹏，2007．区域经济协调发展研究［M］．北京：北京经济管理出版社．
44　黎鹏，王谷城，王培县，2003．跨行政区经济协同发展研究［J］．发展研究，（10）：24－26．
45　刘伯恩，2003．城市土地集约利用的途径与措施［J］．国土资源，（2）：45－51．
46　刘荣增，2003．城镇密集区发展演化机制与整合［M］．北京：经济科学出版社．
47　林凌，2007．共建繁荣：成渝经济区发展思路研究报告——面向未来的七点策略和行动计划［M］．北京：经济科学出版社．
48　Levy，J．M，李玲译，2003．现代城市规划［M］．北京：中国人民大学出版社．
49　罗怀良，朱波，刘德绍，贺秀斌，2006．重庆市生态功能区的划分［J］．生态学报，（09）：65－72．
50　李广斌，谷人旭，2005．政府竞争：行政区经济运行中的地方政府行为分析［J］．城市问题，（6）：76－80．
51　吕斌，佘高红，2006．城市规划生态化探讨——论生态规划与城市规划的融合［J］．城市规划学刊，（4）：35－39．
52　刘荣增，2006．共生理论及其在我国区域协调发展中的运用［J］．工业技术经济，（3）：19－24．
53　李琳，2006．“紧凑”与“集约”的并置比较——再探中国城市土地可持续利用研究的新思路［J］．城市规划，（10）：65－72．
54　刘文秀，刘丽琴等，2006．对城市土地集约利用的规划响应［J］．规划师，（5）：12－18．
55　李翅，2006．土地集约利用的城市空间发展模式［J］．城市规划，（1）：25－28．
56　罗震东，2007．中国当前非城市建设用地规划研究的进展与思考［J］．城市规划学刊，（1）：78－83．
57　李国英，2008．关于建立流域生态补偿机制的建议［J］．治黄科技信息，（02）：65－72．
58　李和平．谭敏，2010．城镇密集区空间协调发展的规划对策——以成渝城镇密集区为例［J］．南方建筑，（4）：45－48．
59　马晓河，2004．统筹城乡发展要解决五大失衡问题，宏观经济研究，（4）：3－6．
60　毛蒋兴等，2005．20世纪90年代以来我国城市土地集约利用研究述评［J］．地理与地理信息科学，(3)：22 - 26.

61 南充市人民政府，2009. 南充市城市总体规划（2009 - 2020）[R].

62 Park，R. E. 等. 1987. 城市社会学 [M]. 宋俊岭，吴建华译. 北京：华夏出版社.

63 戚攻，2008. 我国工业化进程中的农村土地流转——以重庆统筹城乡发展中的农民工土地流转为例 [J]. 试验区建设.（7）：24 - 27.

64 上海市城市规划管理局，2004. 上海市城市规划管理技术规定 [Z].

65 上海同济城市规划设计研究院，2005. 鳌江流域中心城市沿江地区发展协调规划 [R].

66 Saarinen. E. 1986. 城市：它的发展、衰败与未来 [M]. 顾启源译. 北京：中国建筑工业出版社.

67 四川省环保厅，2003. 四川省生态功能区划 [R].

68 四川省城乡规划设计研究院，2009. 成都平原城市群发展规划 [R].

69 四川省城乡规划设计研究院，2009. 川东北城镇群协调发展规划 [R].

70 四川省城乡规划设计研究院，2006. 川南城镇群协调发展规划 [R].

71 四川省建设厅，2010. 成都统筹城乡推进城镇化研究（征求意见稿）[R].

72 四川省国土资源厅，2010. 加快我省新型城镇化对策研究——四川新型城镇化进程中土地资源集约利用研究 [R].

73 石忆绍，2003. 城乡一体化理论与实践：回眸与评价，城市规划汇刊，(1)：50.

74 沈雅琴，2005. 对当前我国农业产业化研究的再思考 [J]. 当代经济研究，(12)：53.

75 沈小平、马士华，2006. 复杂系统问题求解技术路线探讨 [J]. 软科学，(1)：3 - 6.

76 宋劲松，罗小虹，2007. 从“区域绿地”到“政策分区”——广东城乡区域空间管制思想的嬗变 [J]. 城市规划，(11)：25 - 29.

77 汤燕，2005. 交通引导下的城市群体空间组织研究 [D]. 浙江大学博士学位论文.

78 唐子来、付磊，2003. 城市密度分区研究——以深圳经济特区为例 [J]. 城市规划汇刊，(3)：54 - 59.

79 陶志红，2000. 城市土地集约利用几个基本问题的探讨 [J]. 中国土地科学，(5)：22 - 27.

80 谭敏，2008. 遵循生态优先基本原则 寻求城市建设图底关系——关于推进城市非建设性用地的规划与建设 [J]. 四川建筑 (5)：34 - 38.

81 谭敏，李和平，2010. 城镇密集区集约发展的空间选择与规划对策——以成渝城镇密集区为例 [J]. 城市规划学刊.（5）：111 - 117.

82 谭敏，魏曦，2010. TOD模式下城市轨道交通站点地区规划设计实践探索——以广珠城际轨道“中山站”片区规划设计为例 [J]. 建筑学报，(8)：101 - 104.

83 吴彤，2001. 自组织方法论研究 [M]. 北京：清华大学出版社.

84 王振亮，1998. 城乡空间融合论 [D]. 同济大学博士论文.

85 王长坤，2007. 基于区域经济可持续发展的城镇土地集约利用研究 [D]. 天津大学博士论文.

86 王朝晖，2000. “精明累进”的概念及其讨论 [J]. 国外城市规划，(3)：33 - 36.

87 魏仁兴、杨长福，2004. 复杂性思维解析 [J]. 重庆大学学报（社会科学版），(3)：58 -59.

88 吴勤堂，2004. 产业集群与区域经济发展耦合机理分析 [J]. 管理世界，(2)：25.

89 吴豪，虞孝感，2001. 长江源自然保护区生态环境状况及功能区划分 [J]. 长江流域资源与环境，(03)：25 - 29.

90 吴旭芬，孙军，2000. 开发区土地集约利用的问题探讨 [J]. 中国土地科学，(2)：64 - 69.

91 王如松，2005. 生态政区规划与建设的冷思考 [J]. 环境保护，(10)：28.

92 王慎刚，2006. 中外土地集约利用理论与实践 [J]. 山东师范大学学报，(3)：12 - 15.

93 王莉莉，史怀昱，杨晓娟等，2010. 关中-天水经济区的城镇协同发展 [J]. 城市规划学刊，(2)：29 - 31.

94 许学强，周一星，1995. 宁越敏. 城市地理学 [M]. 北京：高等教育出版社.
95 王慎刚等，2006. 中外土地集约利用理论与实践 [J]. 山东师范大学学报，(3)：35－39.
96 谢正峰，2002. 浅议土地的集约利用和可持续利用 [J]. 国土与自然资源研究，(4)：54－59.
97 邢忠等，2005. 城市规划对合理利用土地与环境资源的引导 [J]. 城市规划发展研究，(3)：55－59.
98 邢忠，黄光宇，颜文涛，2006. 将强制性保护引向自觉维护——城镇非建设性用地规划与控制 [J]. 城市规划学刊，(1)：73－80.
99 谢英挺，2005. 非城市建设性用地控制规划的思考——以厦门市为例 [J]. 城市规划学刊，(4)：65－69.
100 香港规划署，2004. 香港规划标准与准则 [Z].
101 (英)Howard，E，2002. 明日的田园城市 [M]. 金经元译. 北京：商务印书馆.
102 夏葵媛，2007. 浅论城市空间环境的空间治理 [A]. 秩序与进步：社会建设、社会政策与和谐.
103 宜宾市人民政府，2008. 宜宾市城市总体规划（2008－2020）[R].
104 宜宾市发改委，2008. 宜宾市沿江经济带发展总体规划 [R].
105 宜宾市临港经济开发区，2010. 宜宾市临港经济发展战略研究 [R].
106 袁利平，2002. 中国城市土地使用效率研究 [D]. 北京大学博士学位论文.
107 杨培峰，2002. 城乡空间生态规划理论与方法研究 [D]. 重庆大学博士论文.
108 俞孔坚等，2005. 论反规划途径 [M]. 北京：中国建筑工业出版社.
109 姚士谋等，2006. 中国城市群 [M]. 合肥：中国科学技术大学出版社.
110 虞孝感，2002. 长江流域生态环境的意义及生态功能区段的划分 [J]. 长江流域资源与环境，(04)：112－116.
111 杨更，张慧利，郭建强，杨俊义，2004. 四川省生态功能区划探讨 [J]. 环境保护，(08) 81－87.
112 殷少美等，2005. 城市规划与城市土地集约利用 [G]. 中国科协学术年会论文集.
113 严冰，2009. 城镇化的“土改”路径——以成都统筹城乡改革实践为例 [J]. 城市发展研究.(1)：25－29.
114 于立，2007. 关于紧凑型城市的思考 [J]. 城市规划学刊，(1)：56－61.
115 朱国宏，1996. 人地关系论——中国人口与土地关系问题的系统研究 [M]. 上海：复旦大学出版社.
116 曾菊新，2001. 现代城乡网络化发展模式 [M]．北京：科学出版社.
117 赵春光，2009. 我国流域生态补偿法律制度研究 [D]. 中国海洋大学博士论文.
118 中国城市规划设计研究院，2008. 成渝城镇群区协调发展规划总报告 [R].
119 中国城市规划设计研究院，2008. 德阳市城市总体规划（2008－2020）[R].
120 中国城市规划设计研究院，2010. 成都市战略发展规划 [R].
121 中国工程院，2007. 大城市连绵区项目专题研究——我国大城市连绵区国内案例 [R].
122 赵鹏军，彭建，2001. 城市土地高效集约化利用及其评价指标体系 [J]. 资源科学，(5)：34－38.
123 周婕，龚传忠，2002. 基于管治思维的中国城市建设行政管理体制 [A]. 湖北省土木建筑学会学术论文集（2000～2001 年卷）[C].
124 张全，2004. 我国城镇密集区环境基础设施协调发展研究——以珠江三角洲城镇群环境基础设施研究为例 [J]. 城市规划，(10)：85－92.
125 朱英明，2006. 中国城市群区集聚式城市化发展研究 [J]. 工业技术经济，(2)：41－46.
126 赵振军，2006. 中国城市化的制度背景与体制约束 [J]. 城市问题，(2)：25－29.
127 章光日，顾朝林，2006. 快速城市化进程中的被动城市化问题研究 [J]. 城市规划，(5)：105－109.
128 张明，刘箐. 适合中国城市特征的 TOD 规划设计原则 [J] 城市规划学刊，2007 (1)：35－39.

129 钟国平，罗浩，田湘攸，2007. 轻轨对中小城镇商业发展的影响 [J] 城市问题，(2)：40-46.
130 朱文，2007. 新农村建设中农村集体土地流转制度改革与创新 [J]. 农村经济. (9)：74-78.
131 周映华，2008. 我国地方政府流域生态补偿的困境与探索 [J]. 珠江现代化建设，(03)：25-29.
132 Bob Walter etals，1993. Sustainable cities：concept and strategies for eco-city.
133 Bengui L，Czamanski D，Marinov M，2001. City growth as a leap-frogging process：an application to the Tel-Aviv metropolis. Urban Studies，(10)：1819-1839.
134 Benguigui L，Daoud M，1991. Is the suburban railway system a factal，Geographical Analyais，(23)：362-368.
135 Batty M，1992. The fractal nature of geography，Geographical Magazine (5)：32-36.
136 Baigent，E. Patriek Geddes，2004. Lewis Mumford and Jean Gottmann：divisionsover 'megalopolis'. Progressin Human GeograPhy，24 (6)：687-700.
137 Batty M，Longley P A. 1986，The fractal simulation of urban strcture，Environment and Planning A (9)：1143-1179.
138 Crompton A，2001. The Fractal Nature of the Everyday Environment，Environment and Planning B：Planning and Design，(28)：243-254.
139 Corey，K. E，1995. Inmemoriam：JeanGottmaim 1915-1994. Allnals of the Association of Ameriean Geographers，(2)：356-365.
140 City Bureau (Ministry of Construction，Government of Japan) and Institute for Future Urban Development，1996. Urban Land Use Planning System in Japan.
141 Christopher H. Exline etal，1982. The city：pattern and processes in the urban ecosystem. Westview Press. Colorado，USA.
142 Duany，A.，Plater-Zyberk，1998，Time-Saver Standard for Urban Design (5)：11-15.
143 F. Archibugi and P. Nijkamp，1989. Economy and ecology：towards sustainable development，
144 Frankhouser P，1994. La Fractalitédes Structures Urbanies，Paris，Anthropos Kluwer Academic Publisher.
145 Grossman，Gene M. and Alan Krueger，1995. Economic Growth and the environment，Quarterly Journal of Economics (2)：353-373.
146 Herold M，Clarke K C，Scepan J，2002. Remote sensing and landscape metrics to describe structures and changes in urban landuse. Environment and Planning A.
147 James N. Rosenau，2002. Governing Globalization：Power，Authority and Global Governance，London，Polity Press.
148 Longley P，Mesev V，1997. Beyond analogue models：space filling and density measurements of an urban settlement. Papers in Regional Sciences.
149 Michael Batty，Nancy Chin，Elena Besussi，2003. State of the Art Review of Urban Sprawl impacts and Measurement Techniques.
150 Noordwijk M，Chandler F，Tomich T P，2005. An Introduction to the Conceptual Basis of RUPES. ICRAF Working Paper.
151 Osaka City Government，1997. City Planning in Osaka City.
152 R. Schmidt，1912. Denkschrift betreffend Grundsaze zur Aufstellung eines General Siedlungsplaes furden Regierungsbezirk Dusseldorf.
153 Sven W，2005. Payments for Environmental Services：Some Nuts and Bolts. CIF ORO ocasional Paper，(42)：105-110.
154 University of Pennsylvania，2005. Reinventing Megalopolis：The northeast Megaregion.